"十三五"国家重点出版物出版规划项目

国家出版基金项目
NATIONAL PUBLICATION FOUNDATION

感知地球
——卫星遥感知识问答

罗 格 主编

中国宇航出版社

·北京·

图书在版编目(CIP)数据

感知地球：卫星遥感知识问答 / 罗格主编. --北京：中国宇航出版社，2018.3

ISBN 978-7-5159-1412-1

Ⅰ.①感… Ⅱ.①罗… Ⅲ.①卫星遥感－问题解答 Ⅳ.①TP72－44

中国版本图书馆 CIP 数据核字(2017)第 302096 号

审图号：GS(2018)1275 号

责任编辑 黄 莘
责任校对 王 妍 汪秀明 　**装帧设计** 宇星文化

出 版
发 行　**中国宇航出版社**

社 址	北京市阜成路 8 号　**邮 编** 100830	**版 次**	2018 年 3 月第 1 版
	(010)60286808 　(010)68768548		2018 年 3 月第 1 次印刷
网 址	www.caphbook.com	**规 格**	787×960
经 销	新华书店	**开 本**	1/16
发行部	(010)60286888 　(010)68371900	**印 张**	25
	(010)60286887 　(010)60286804(传真)	**字 数**	383 千字
零售店	读者服务部	**书 号**	ISBN 978-7-5159-1412-1
	(010)68371105	**定 价**	57.00 元
承 印	北京画中画印刷有限公司		

本书如有印装质量问题，可与发行部联系调换

《感知地球 —— 卫星遥感知识问答》组织机构名单

指导委员会

主　任　栾恩杰

委　员　（按姓氏音序排列）

范一大　顾行发　李国平　童旭东　杨　军

编写委员会

主　编　罗　格

副主编　于登云　徐　文

编　委　（按姓氏音序排列）

白照广　陈世平　方宗义　高志海　龚威平

李强子　李杏朝　林明森　刘顺喜　潘　腾

庞之浩　唐文周　唐新明　王　赤　王　桥

卫　征　张庆君　张铁钧　张　伟

办　公　室

主　任　张铁钧

副主任　卫　征　冯　春

成　员　芦祎霖　许夏妃　汪秀明　刘　凯

序

  半个世纪以来，全球遥感科技日新月异，发展迅猛，人类已经能够坐地日探八万里，巡天遥感一千河，实现笼天地于形内，挫万物于图端。我国的遥感事业在习近平总书记航天强国、科技创新等重要讲话精神指引下，在国家军民融合、大数据、"一带一路"、京津冀协同发展等重大战略引导下，在民用航天、高分辨率对地观测系统重大专项、国家空间基础设施等重大工程推动下，不断披荆斩棘，连克难关，成果丰硕，迅速拉近乃至赶超国际先进水平，并紧密结合各行业、各区域的主体业务，加速向工程化、业务化、产业化方向发展。

  遥感虽然是国际公认的高新科技，但实际上离我们大家并不遥远，早已应用于气象预报、防灾减灾、国土普查、城市管理、环境保护、森林开发、出行服务等各个方面，为经济建设、社会发展和国家安全提供着日益明显的有力支撑，并且结合土地确权、林权交易、碳指数交易、智慧城市、大宗作物期货交易、环境治理、土地监督与执法、矿业监督与治理、大洋渔业、应对全球气候变化、反恐维稳等众多领域的重大紧迫需求，加强与卫星通信、卫星导航、地理信息等技术的综合应用，不断向大众层面扩展，在我们身边发挥着越来越重要的作用，并加速形成以空间信息资讯服务为核心的空间信息产业。

因此，越来越多的各级政府管理人员和社会大众，尤其是广大青少年朋友，日益关注遥感，并迫切需要科普读物帮助他们便捷有效地了解遥感是什么、有什么用、将要如何发展。《感知地球——卫星遥感知识问答》是中国遥感应用协会为推动社会各界尤其是青少年朋友了解遥感基本知识和应用情况，组织十多个部门或单位的数十名专家，历经数年编写而成的，内容图文并茂，文字通俗易懂，具有很强的科学性、可读性和普及性。

我相信，该书的出版发行是我国遥感走向大众、深化应用的标志性事件，将为全国各级政府推广遥感应用、为更多企业和社会力量参与空间信息产业发展、为培养社会大众尤其是青少年朋友对遥感的兴趣爱好，乃至为我国早日建成航天强国，起到不可估量的积极作用。

国家国防科技工业局科技委主任

中国工程院院士

2017 年 12 月

前　言

　　随着人类社会发展和航天科技进步，我国遥感卫星无论在数量上，还是在质量上，均有了跨越式发展，卫星遥感数据保障和应用的深度、广度有了很大提高。以"资源三号""海洋二号"和"风云四号"的成功发射和顺利运行为标志，卫星遥感在农业、林业、矿产资源、土地管理、城乡建设、环境监测、灾害防治、公共安全、地理测绘、气象、海洋、空间探测、天文观测、军事侦察等领域，都得到了广泛的应用。

　　但是，社会大众对于卫星遥感知识还比较陌生，一些与卫星遥感应用相关的部门和单位的领导人员、科技人员、管理人员，对卫星遥感知识也缺乏全面的了解，甚至一些行业部门和地方政府的相关人员，对卫星遥感的主要功能和重要作用也缺乏足够的认识。这种情况不利于卫星遥感应用的普及和推广，不利于卫星遥感技术更好地服务于国民经济和社会发展。

　　为了向有关行业、部门和单位的科技人员、管理人员及广大读者普及卫星遥感知识，使他们理解、支持并投身卫星遥感事业，提升卫星遥感应用的业务化、产业化和商业化水平，更好地发挥卫星遥感在社会生活和经济建设中的作用，中国遥感应用协会组织相关专家，编写了《感知地球——卫星遥感知识问答》一书。

　　本书共包括6篇、23章、118个问题，以问答形式，分别从遥感卫星基础知识、陆地遥感卫星应用知识、气象遥感卫星应用知识、海洋遥感卫星应用知识、天文和空间遥感卫星应用知识、军事遥感卫星及应用知识等方面，介绍了遥感卫星及卫星遥感的科技知识。本书力求结构清晰、概念准确、图文并茂、深入浅出，适合具有中学以上文化程度的读者阅读。

国家国防科技工业局科技委主任栾恩杰院士担任本书指导委员会主任，并亲笔为本书作序，来自我国遥感卫星研制、运行、应用领域的70多名专家、学者，结合各自的理论成果和实践经验，对本专业领域的内容进行了精心撰写和认真审订。国家国防科技工业局、国家航天局、中国航天科技集团有限公司、中国航天科工集团有限公司等部门和单位对本书的出版给予了很大的关心与支持。我谨代表中国遥感应用协会，对有关部门、单位和专家在本书撰写和审订过程中付出的辛勤劳动表示衷心的感谢！

由于时间仓促，书中差错和疏漏在所难免，敬请广大读者批评指正。

罗　格

2017 年 12 月 8 日

目 录

第一篇 遥感卫星基础知识

第七章 卫星遥感应用

第二篇 陆地遥感卫星应用知识

第八章 卫星遥感在农业中的应用

第九章 卫星遥感在林业中的应用

第三篇　气象遥感卫星应用知识

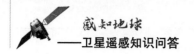

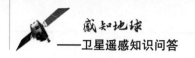

感知地球
——卫星遥感知识问答

第六篇　军事遥感卫星及应用知识

第二十二章　成像侦察卫星及其应用

1. 什么是成像侦察卫星？主要包括哪些类型？ / 337

2. 成像侦察卫星分辨率是越高越好吗？它与民用遥感卫星的区别是什么？ / 340

3. 美国锁眼12号光学成像侦察卫星有何优势？有何短板？ / 343

4. 以色列光学成像侦察卫星为什么都很小？现已发展了几代？ / 347

5. 法国为何青睐光学成像侦察卫星？其发展途径有什么特点？ / 350

6. 研制雷达成像侦察卫星的初衷是什么？雷达成像侦察卫星有何绝活？ / 354

7. 欧洲与美国的雷达成像侦察卫星有哪些不同？ / 358

8. 侦察卫星在空袭利比亚行动中有何突出表现？都有哪国卫星介入？ / 361

第二十三章　其他军用遥感卫星及其应用

1. 导弹预警卫星是怎样预警来袭导弹的？ / 363

2. 美国"国防支援计划"的软肋是什么？有哪些应对措施？ / 367

3. 苏联/俄罗斯与美国的导弹预警卫星有什么不同？ / 370

4. 海洋监视卫星有几种？美国为什么采用星座方式？ / 373

5. 为什么研制军用气象卫星？ / 377

6. 美国第七代"国防气象卫星计划"有什么特点？未来将研制哪种军用气象卫星？ / 380

第一篇
遥感卫星基础知识

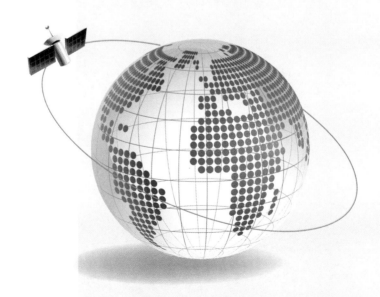

第一章
遥感卫星基本概念

1 什么是卫星遥感?

  在认识卫星遥感之前,首先需要了解什么是遥感。遥感这一术语是美国地理学家艾弗林·普鲁伊特于1962年提出的。广义上,可以理解为遥远的感知,泛指一切无直接接触的远距离探测;狭义上,可以理解为使用对电磁波敏感的仪器设备,在非接触条件下探测目标反射、辐射或散射的电磁波,并进行加工处理,获得目标信息的一门科学和技术。与遥感相对立的是近感(又称原位测量),即与物体有直接接触的探测(如图1所示)。例如,将温度计插入土壤中测量土壤温度,就是近感;而应用红外辐射计或微波辐射计等仪器,距土壤数米(载于地面或车辆等)、数千米(载于飞机),或数百千米(载于卫星)测量土壤温度,就是遥感。再如,用几何三角法在地面测绘地图属于近感;而将测绘相机载于飞机或卫星上测绘地图便属于遥感。

图1　近感（有直接接触）不属于遥感的范畴

遥感的基础主要是以电磁波为媒介，得以实现无接触探测。遥感的原理是：电磁波与物体相互作用，使其载有物体的有关信息；对电磁波敏感的遥感器接收载有信息的电磁波，得到含有信息的遥感数据；再经过处理，反演和解译出物体所含的信息。卫星遥感系统主要由用于获取遥感数据的遥感器，装载遥感器并保障其正常工作的卫星平台，以及对遥感数据进行接收、处理、完成信息提取和生成遥感信息产品的设施共同组成。

遥感有不同的分类方法（如图2所示）。按工作机理可分为被动遥感和主动遥感（如图3所示）；按探测谱段可分为光学遥感和微波遥感；按数据表现形式可分为成像遥感和非成像遥感；按装载遥感器的平台可分为地面遥感、航空遥感、临近空间遥感和航天遥感等（如图4所示）。

被动遥感的遥感器仅具有被动接收电磁波的功能，接收自然界电磁辐射（如太阳光）与物体作用后的电磁波，代表性的遥感器有可见光及红外相机、微波辐射计等。主动遥感的遥感器具有主动发射并接收电磁波的功能，先主动发射电磁波照射要探测的物体，遥感器再接收与物体相互作用后的电磁波。其典型的遥感器包括合成孔径雷达（SAR）、激光雷达和微波散射计等。

光学遥感又可分为紫外、可见光、红外遥感等。微波遥感也可以按谱段划分，从米波、分米波、厘米波、毫米波到太赫兹遥感。

遥感数据表现为图像形式的称为成像遥感，代表性的遥感器有光学相机、成像光谱仪和合成孔径雷达等；遥感数据表现为非图像形式的称为非成像遥感，代表性的遥感器有雷达高度计、微波散射计以及大气垂直探测仪等。

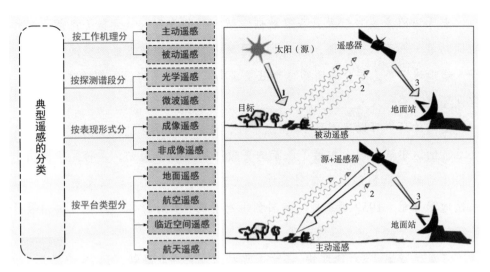

图 2　典型遥感的分类　　　　　　　　图 3　被动遥感和主动遥感示意图

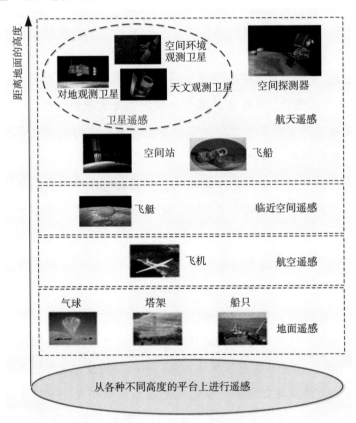

图 4　不同平台的遥感示意图

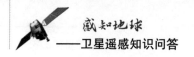
航天遥感主要靠航天器获取数据，航天器分为载人航天器（包括飞船和空间站等）和无人航天器，无人航天器又分为人造地球卫星和空间探测器。以人造地球卫星为平台的遥感称为卫星遥感。卫星遥感的任务包括对地观测、空间环境观测和天文观测等。

遥感的历史可以追溯到 19 世纪中叶，法国物理学家达盖尔发明了摄影术之后，纳达尔从气球上拍摄了巴黎的鸟瞰照片。20 世纪初，莱特兄弟发明了飞机，为航空摄影创造了有利条件。1957 年 10 月 4 日，苏联发射了第一颗人造地球卫星。1959 年 2 月，美国利用发射的"先锋 2 号"卫星首次拍摄了地球云图，开启了卫星遥感时代。

卫星轨道高、飞行速度快，不受国界和地理条件的限制，可以充分发挥"站得高、望得远"的优势，观测幅宽可达数千米甚至上千千米，能够在短时间内获得大面积的数据，探测到地面遥感和航空遥感所不能涉及的区域，具有极大的应用价值。

在过去 60 年时间里，卫星遥感获得了迅猛发展，世界各国发射的遥感卫星超过 2500 颗，这些卫星在资源调查、测绘、天气与海况预报、防灾减灾和军事侦察领域发挥了重要作用。如今，卫星遥感已成为人类认识世界、理解人与自然的相互关系、维护国家安全、促进可持续发展不可或缺的手段。

遥感（包括卫星遥感）是一门新兴、年轻的科学和技术，高分辨率的精细化观测已经成为主流发展方向之一。光学遥感正在向更高空间分辨率、时间分辨率、光谱分辨率和辐射分辨率等方向发展，微波遥感正在向更高频段、多频带、多极化、更多探测功能、高时空分辨率、高测量精度等方向发展。多颗卫星组网运行及多种类型的遥感器的应用，使得全天时、全天候观测能力日趋增强，将建成大小卫星相辅相成、天地结合的全球性、立体多维的遥感体系。各种新型高效遥感处理方法和算法，将被用来解决海量遥感数据的处理、校正、融合和遥感信息可视化问题。遥感分析技术从定性向定量转变，定量遥感成为遥感应用发展的方向。遥感提取技术将建立适用于遥感图像自动解译的专家系统，逐步实现遥感图像专题信息提取自动化。

　　随着卫星遥感与移动互联网、物联网等新一代信息技术的融合，基于空间信息的内容服务产业正在形成，并引领遥感卫星及其应用技术与服务的创新发展。遥感数据可以用于人们生活的方方面面，随着大数据时代的到来，必然掀起一场大变革。预计未来的15年，人类将进入一个多层次、立体化、多角度、全方位、全天候和全天时对地观测的新时代。高中低分辨率互补的全球对地观测系统，以星座形式实现多种成像系统的综合集成，将能快速、及时地提供多种空间分辨率、时间分辨率和光谱分辨率的对地观测海量数据。同时，高精度参数测量、多角度测量、偏振测量、激光测高和成像等技术正在逐步走向实用。随着高分辨率遥感卫星性能以及遥感卫星综合应用能力不断提升，卫星遥感与新一代信息技术融合发展的趋势日益明显，卫星遥感的应用模式加速创新，卫星遥感产业将进入一个新时代。

　　　　　　　　　　　　（撰写：满益云　时红伟　审订：陈世平）

2 遥感卫星由哪几部分组成？都有哪几类遥感卫星？

在介绍遥感卫星之前，先讲讲卫星遥感系统。卫星遥感系统由空间段的遥感卫星、地面段的地面系统和应用系统组成（如图1所示）。遥感卫星主要由遥感器和卫星平台两大部分组成，遥感器直接执行特定的遥感任务，卫星平台为遥感器的正常工作提供必要保障（如所需的能源、温度和力学环境等），存储和向地面传输遥感数据。地面系统负责遥感数据的接收和处理，以及任务的运行管理。应用系统负责遥感信息提取和生成遥感信息产品。

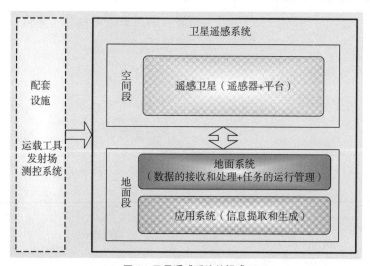

图1 卫星遥感系统的组成

遥感卫星需要运载火箭在发射场将其发射升空并进入运行轨道，还需要测控系统测量卫星轨道了解卫星每时每刻的位置、接收遥测数据了解卫星的工作状态、发送遥控指令指挥卫星进行有关操作。运载火箭、发射场和测控系统对于实现卫星遥感任务非常重要，属于卫星工程支持设施系统，不是卫星遥感系统的组成部分。

空间段（遥感卫星）是卫星遥感系统的核心，由若干分系统组成，按照基本功能可划分为遥感器和卫星平台两大部分（如图2所示）。遥感器是直接执行特定遥感任务的分系统，它是遥感卫星的核心部分，是决定卫星的性质、功能和用途的主要因素，不同用途卫星的主要区别在于安装有不同的遥感器。卫星平台是为遥感器正常工作提供支持和保障的各分系统的总称。

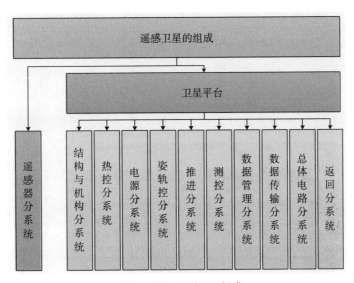

图2 遥感卫星的主要组成

因为应用方向不同和实现技术途径差异大，遥感器的种类繁多，按照遥感器工作电磁谱段，可以分为光学遥感器和微波遥感器。一部分遥感器工作在光学谱段，主要有紫外成像仪、可见光相机、多光谱扫描仪、成像光谱仪、红外相机、激光雷达等。一部分遥感器工作在微波谱段，主要有微波辐射计、微波散射计、雷达高度计和合成孔径雷达等。按照遥感器是否成像，分为成像遥感器和非成像遥感器。典型成像遥感器包括可见光相机、红外相机、成像光谱仪和合成孔径雷达等，典型非成像遥感器包括高度计以及探测大气温度、湿度和成份的探测仪等。

卫星平台是指为遥感器正常工作提供支持、控制、指令、管理和保障服务的各分系统的总称，可以支持一种遥感器或者几种遥感器的组合体。遥感卫星平台组成与其他类型卫星平台大致相同，按照各自服务功能不同，主要包括结构与机构、热控、电源、姿态与轨道控制、推进、测控、数据管理、

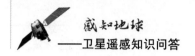
数据传输、总体电路等分系统，返回式遥感卫星还包括返回分系统。为保障遥感器在轨的工作性能，对遥感卫星平台的姿态指向控制、稳定性和高频颤振等往往有很高的要求。

结构与机构分系统：用于支撑、固定卫星上各种仪器设备，传递和承受载荷，并能保持卫星完备性及完成各种规定动作。主要包括卫星（承力）结构、总装直属件、卫星机构等。一般遥感卫星多采用分舱模块化设计，如分为有效载荷舱和服务舱，对于返回式卫星还有返回舱。微小卫星的有效载荷与平台往往采用一体化设计。

热控分系统：用于控制卫星内外的热交换过程，使星上设备和结构部件的温度处于要求的范围内。卫星热控分为被动热控和主动热控两类。

电源分系统：用于产生、存储、变换电能的分系统，遥感卫星上的发电设备主要是太阳电池阵，储能设备则是蓄电池，电源管理器负责电源系统的调节、控制和保护，配电器和电缆网共同实现对用电设备安全可靠的配电控制。

姿轨控分系统：是姿态控制分系统和轨道控制分系统的总称。卫星姿态控制包括姿态稳定和姿态机动两部分，遥感卫星主要采用三轴姿态稳定方式，姿态机动是为了改变遥感器的指向，以便扩大遥感数据获取的范围。卫星轨道控制主要包括轨道保持和变轨控制，变轨是为了改变卫星轨道高度，以便改变卫星回归周期和遥感器成像的地面分辨率。卫星轨道控制还要实现返回式卫星的返回控制。

推进分系统：为姿态控制和轨道控制提供所需动力的分系统。遥感卫星多采用双组元推进技术。

测控分系统：是遥测、遥控和跟踪测轨分系统的总称。遥测分系统用于采集星上各种仪器设备的工作参数，并实时或延时发送给地面测控站，实现地面对卫星工作的监视。遥控分系统用于接收地面遥控指令，直接或者经数据管理分系统传送给星上有关仪器设备并加以执行，实现地面对卫星的控制。跟踪测轨分系统用于测定卫星运行的轨道参数，以提供地面系统和遥感卫星用户使用。

数据管理分系统：用于存储各种程序，采集、处理数据以及协调管理卫星各分系统工作的分系统，简称数管分系统。

数据传输分系统：用于对遥感数据处理、存储和传输的分系统。对于包含冗余信息的遥感数据，往往需要经过压缩，遥感数据经过调制和放大，由天线发送到地面。遥感数据还可以经由数据中继卫星传送至地面。

总体电路分系统：用于整星供配电、信号转换、火工装置管理和设备间电连接的分系统。

返回分系统：是返回式遥感卫星特有的一个分系统，其任务是确保将携带有遥感数据的返回舱安全准确地返回地球指定地点。

各种各样的遥感器装载于适宜的卫星平台上构成了不同种类的遥感卫星，用于实现所需要的各类卫星遥感任务。遥感卫星有各种不同的分类，按照用户群体可以分为民用遥感卫星和军用遥感卫星。民用涉及资源环境和灾害监测等，军用涉及目标侦察、预警、空间目标监视和战场环境监视等。

按照轨道高度不同，可以分为高轨道卫星、中轨道卫星和低轨道卫星。

按照观测对象和任务的不同，遥感卫星可以分为三大类：对地观测遥感卫星、空间环境观测卫星和天文观测卫星（如图3所示）。

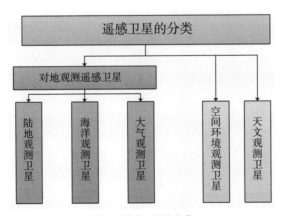

图3　遥感卫星的分类

对地观测是指对地球的观测，包括对地球大气圈、水圈、岩石圈和生态圈的观测，也可以概括为对大气、海洋和陆地的观测。对大气观测的内容主

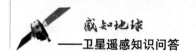
要包括大气温度和水汽廓线、云图、风场、降水、闪电、中上层大气成分、臭氧含量及分布、气溶胶光学厚度、地球大气系统的辐射收支等，大气观测卫星广泛用于气象预报、台风形成和运动过程监测、雾霾监测等；对海洋观测的内容主要包括流域形状和面积、水色、水温、水中叶绿素、滩涂、泥沙、水下地形、海流、大洋环流、波高、波谱、水面风场、冰雪、海面高度和拓扑等，海洋观测卫星广泛用于海水资源、海洋浮冰、海风海浪、海洋盐度的动态监测等；对陆地观测的内容主要包括地质、地貌、水文、土壤、植被和人工目标等土地覆盖内容，涉及农业、林业、水文、地质、矿产、生态、城市等领域，陆地观测卫星广泛用于土地森林和水资源调查、农作物估产、矿产和石油勘探、海岸勘察、地质与测绘、自然灾害监视、农业区划、重大工程建设的前期调查工作以及对环境的动态监测等。

空间环境观测是指对地球稠密大气层之外的地球空间环境、深空环境及太阳系以外的宇宙空间环境的观测。观测要素主要包括地球辐射带、宇宙射线、磁层、电离层等。

天文观测是对宇宙天体和其他空间物质的观测，在距离地面数百千米或更高的轨道上观测，可以不受地球大气层的影响，直接接收宇宙天体辐射的电磁波，包括可见光、红外、紫外、X射线、γ射线等。

（撰写：满益云　时红伟　审订：陈世平）

3 遥感卫星有哪些常用轨道？

卫星环绕地球飞行，其所受的天体引力主要是地球引力，受月球和太阳的引力较小，可以看作是在地球引力场中运动。卫星环绕地球的运动可以用6个参数来描述，其中5个参数描述轨道的大小、形状和在空间的方位，另外1个参数描述运行时间的起点。有了这6个基本参数，可以计算出卫星在任何时刻相对于地球的空间位置和速度。

根据开普勒定律，卫星运行的轨道为椭圆形，其大小和形状可以用半长轴 a 和离心率 e 表示；卫星轨道平面与地球的方位关系，可以用轨道倾角 i（轨道平面与赤道平面的夹角）和升交点赤经 Ω（春分点和轨道升交点对地心的张角）表示；卫星在轨道平面内的具体位置，可以用近地点幅角 ω（近地点和升交点对地心的张角）和卫星过近地点的时刻 t_p 表示（如图1所示）。每一个时刻卫星在轨道上的位置都会在地球表面上有一个投影，叫做星下点。所有星下点连成的曲线叫星下点轨迹。根据星下点轨迹，可以预报卫星何时从何地上空经过。

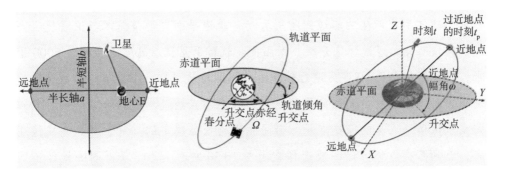

图1 遥感卫星运行的轨道参数

遥感卫星的轨道是根据遥感卫星的任务需求设计的，轨道的选择取决于任务对观测对象、观测范围和观测频次的要求。遥感卫星最常用的轨道有2种，即太阳同步轨道和地球同步轨道（如图2所示）。

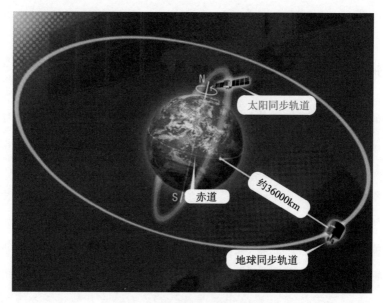

图 2　太阳同步轨道与地球同步轨道

太阳同步轨道：卫星轨道平面围绕北天极进动的方向与地球公转的方向大致相同，进动角速率等于地球公转平均角速率（0.9856 度 / 日）。即卫星轨道平面和太阳照射地球光线的夹角始终保持不变，遥感卫星在地球同一纬度星下点成像时，太阳光的入射角，即太阳光照条件基本不随时间变化。这对于遥感数据的实际应用是十分必要的。卫星轨道平面的进动靠的是地球的非理想球体形状产生的非球对称引力场，轨道平面进动角速率与卫星轨道高度和倾角有关。经过理论分析，太阳同步轨道卫星轨道高度不会超过 6000 千米，轨道倾角大于 90 度为逆行轨道。太阳同步轨道有一个重要的参数是降交点地方时，即卫星由北往南降轨飞行时其星下点经过赤道的地方时刻。太阳同步轨道遥感卫星的降交点地方时是由遥感任务决定的。对于可见光成像遥感，卫星降交点地方时一般选择在上午 10:30 左右。为了获得同一地区不同地方时刻的地物信息，可以采用多颗遥感卫星组网的方法，每颗卫星可选择不同的降交点地方时。由于太阳同步轨道的高度距离地球表面较近，可以获得很高的遥感图像空间分辨率，有的光学遥感卫星获得的图像空间分辨率可以达到 0.1 米。太阳同步轨道遥感卫星可以实现全球范围的对地观测，但对同一地区的重访时间一般较长。我国的"资源"系列卫星、"遥感"系列卫星、"海洋"系列卫星、风云一号气象卫星和风云三号气象卫星，"高分一号""高分二号"和"高分三号"等卫星绝大多数都采用太阳同步轨道。

地球同步轨道：卫星距离地面的高度约为36000千米，轨道周期和地球自转周期相同（约23小时56分4秒），卫星运行方向和地球自转方向一致。因为轨道周期和地球自转周期相同，在地球自转一圈的时间里，卫星星下点构成了一条封闭曲线——呈南北向的"8"字，交叉点处在赤道上。如果轨道倾角为0度，偏心率为0，地球同步轨道就成了地球静止轨道，卫星星下点轨迹就成了一个点，卫星相对于地球呈静止状态。地球静止轨道遥感卫星可以实现大范围的对地观测，还可以对感兴趣的局部区域进行连续观测。我国风云二号气象卫星、风云四号气象卫星和高分四号遥感卫星采用的就是这种轨道。但因为地球同步轨道卫星距离地面很远，难以获取高空间分辨率的遥感图像，一般为数百或上千米量级。我国的高分四号遥感卫星能够获取50米空间分辨率的遥感图像，达到了国际领先水平。

除了上述两类常用轨道，因特殊使命，某些遥感卫星选择了一些比较特殊的轨道。例如，为了对赤道附近低纬度的热带地区进行降雨测量，可以选择低倾角非太阳同步圆轨道（比如，轨道高度约为400千米，轨道倾角35度）。再比如，我国发射的多颗返回式遥感卫星，为了获取特定地区的遥感信息，采用了中等倾角的非太阳同步轨道。为了实现0.1米甚高分辨率侦察成像，美国的KH-12卫星选择了近地点距离地面约300千米，远地点距离地面约1000千米的椭圆轨道，在近地点实现高分辨率详查，在远地点实现宽幅普查。

为了提高对地观测与遥感服务的时效性，可以用多颗卫星组成卫星星座。卫星星座中的卫星常采用相同轨道高度和相同倾角的圆轨道，但是运行的相位不同。需要根据遥感任务的需求，设计组成星座的卫星轨道。卫星星座有多种不同的形式，分为同一轨道平面内的星座（如图3所示）和不同轨道平面内的星座（如图4所示）。运行在同一轨道平面内的多颗同类卫星，轨道高度基本相同，相差固定的相位。也可以是不同类的卫星运行在同一

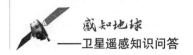

轨道平面内，轨道高度基本相同，相差固定的相位。另外就是在不同轨道平面内形成星座，轨道高度基本相同，轨道倾角相同，升交点赤经相差固定的角度。

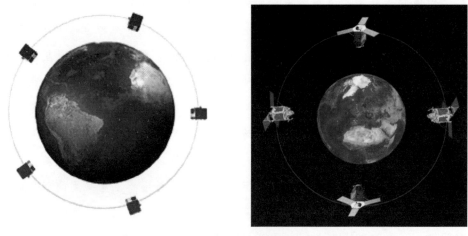

图3　同一轨道平面内的卫星星座

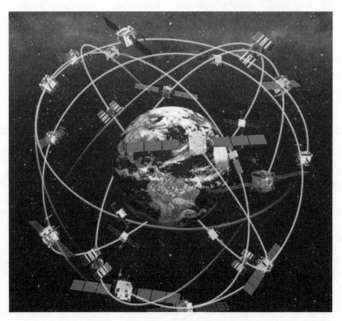

图4　不同轨道平面内的卫星星座

为完成特定的功能，可将多颗卫星编队飞行（如图5所示）。比如双星干涉SAR卫星，双星编队构形具备可调整能力，得到稳定的编队构形，从而对选定区域进行干涉成像。可以利用两颗卫星之间的基线长度实现干涉测量，达到相对高程和绝对测高的全球高精度DEM数据，实现毫米级的形变精度。

图5　双星编队飞行示意图

（撰写：满益云　时红伟　审订：陈世平）

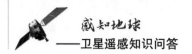
4 卫星遥感数据是怎样获取的？如何从中提取有用信息？

卫星遥感很大程度上是围绕着"电磁波—信号—数据—信息"的数字化转换过程来展开的（如图1所示），具体过程可以概述如下：自然界电磁辐射源（如太阳光）或卫星主动发射电磁波A，透过其传输的媒介B，与目标C发生相互作用，遥感卫星对电磁波进行采集与记录，形成数据D，通过数据传输分系统或者中继卫星把载有数据的调制信号E发送到地面，地面系统接收、解调和处理之后，输出得到不同级别的数据产品F，经过应用系统的反演和解译G，提取得到遥感应用信息产品H，从而理解并揭示人类社会活动和地球环境的相互作用规律，为人们生产和生活中的决策活动提供支持与帮助。

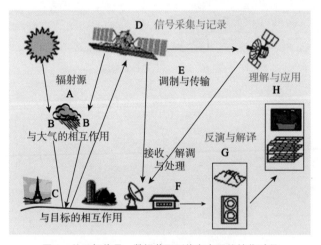

图1 从目标信号、数据获取到信息应用的转化过程

以上卫星遥感过程是由卫星遥感系统完成的，一般由数据获取系统和应用系统组成，可以分为正演过程和反演过程（如图2所示），其中正演是指通过电磁波与物体的相互作用，获取、测量、处理获得相关数据（通过数据获取系统得到），即通过前向模型 $R=f\{a, b, c, d, e\}$，由 $\{a\}$、$\{b\}$、$\{c\}$、$\{d\}$， {e} 获得 {R} 的过程；而反演则是提取数据载有的信息（通过应用系统得到），即通过逆向模型 $a=g\{R,\ b,\ c,\ d,\ e\}$，由 {R}、{b}、{c}、{d}、{e} 获得 {a} 的过程。以植被遥感为例，植被 {a}：包括植被组分（叶、茎等）的光学参数（反射、透射等）、结构参数（几何形状、植株密度等）及环境参数（温度、湿度等）；地面 {b}：包括反射、吸收、粗糙度、含水量等；辐射源 {c}：包括阳光照射的谱密度、方向等；大气 {d}：包括大气组分及特性、大气透过率、背景辐射等；遥感数据获取系统 {e}：包括与植被的几何关系、响应、噪声等；{ } 表示特征及参数集合。

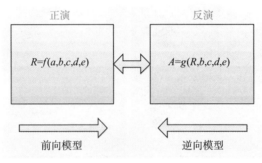

图2　遥感的正演和反演过程示意图

卫星遥感的数据获取正演过程和信息提取反演过程非常复杂，不同类型的遥感器也存在较大的差别。为了较好地说明这两个过程，举一个多光谱遥感用于树木生长状态情况监测的例子。

首先说一下卫星遥感的数据获取过程，多光谱相机作为一种光学遥感器，既可以对物体成像，又可以测量物体的光谱特征。不同的树木，如松树、柳树、榕树、梧桐，等等，在可见近红外谱段有着不同的光谱反射特征，同时它们在不同生长状态的光谱特征也有所不同（如图3所示）。当照射在这些树木上的太阳光被反射时，其反射光中就包含了它们的光谱特征。装载在卫星平台上的多光谱相机可以接收到来自不同树木的反射光、散射光，生成含有图像和光谱信息的遥感数据，并将遥感数据通过信号调制发回地面。地面系统接收信号，加工处理后将图像数据传送给遥感应用系统。以上过程可以称为卫星遥感的数据获取正演过程。以上图像数据获取过程，受到多个成像环节各种要素的影响。太阳光下行穿过大气，树木等目标反射其光照，再上行穿过大气，到达多光谱相机入瞳处，经过光学镜头聚光收集、探测器光电转换、电子学放大量化等生成数字信号，经过压缩和调制之后由数传传送到地面。在这个过程中，会受到大气的吸收散射和湍流、光学镜头畸变、调制传递函数（MTF）、噪声、杂光、误码等多种要素的影响。地面系统接收数据后，经过信号解调、数据解压缩、相对辐射校正、大气校正、图像复原、几何校正等步骤，在得到单个谱段图像数据的基础上，通过对多个谱段的图像进行融合，得到最终图像数据产品。

图3 植被不同生长状态的光谱特征不同

为了从多光谱融合的图像数据中提取信息，需要在对多光谱图像数据产品进行绝对辐射定标的基础上，根据不同树木的光谱反射特征库，经过遥感应用系统的反演，提取不同时间的树木生长状态信息（如图4所示），从而获得树木分布情况和不同生长状态等信息产品，由此完成卫星遥感的信息提取反演过程。从多光谱图像中提取树木信息的过程也非常复杂，通常需要多个步骤来完成。第一步，需要结合多光谱相机的光谱响应特性曲线和绝对辐射定标数据，反推出在探测器上的辐亮度；第二步，需要结合相机光学部分的特性和探测器的光电转换特性参数，反推出相机入瞳处的辐射率；第三步，由卫星姿态等外方位元素和相机内方位元素等几何定标参数，将各像元定位到地表的不同位置，用以确定树木的具体位置；第四步，结合大气状况和大气辐射传输特性，反推地面的光谱出射度；第五步，结合成像时刻太阳、地表和卫星的位置关系，反推树木的光谱反射率；最后，根据不同树木的光谱反射率曲线，提取树木分布以及生长状态等信息。以上过程可以称为卫星遥感的信息提取反演过程。

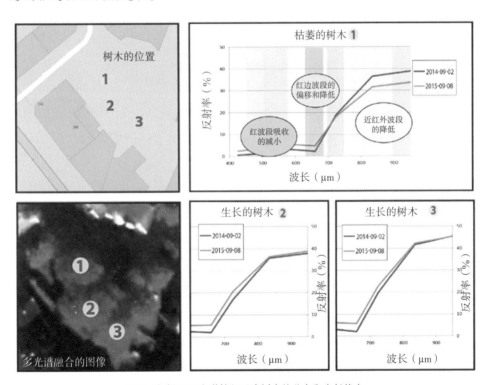

图4 根据不同光谱特征反演树木的分布和生长状态

值得一提的是，无论是遥感数据获取的正演过程，还是从遥感数据中提取目标信息的反演过程，均需要深入地理解其物理规律，对由电磁波到数据的生成过程理解得越透彻，信息反演的应用模型越精确，得到的有用信息就越多。

（撰写：满益云 时红伟 审订：陈世平）

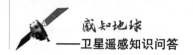

5 如何评估卫星遥感系统的效能?

卫星遥感系统由数据获取系统(包括在轨遥感卫星以及地面系统)和应用系统组成(如图1所示),在轨的遥感卫星发回载有数据的调制信号,经过地面系统的解调和处理之后输出数据产品,应用系统经过遥感信息提取模型反演得到遥感应用信息产品。

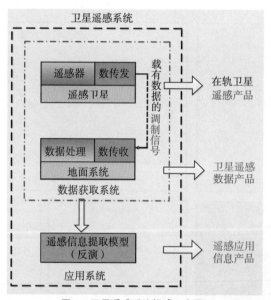

图 1　卫星遥感系统组成示意图

卫星遥感系统的效能目前没有统一的标准,一般定义为对达到一组特定遥感任务目标的满足程度,通常由卫星遥感系统的输出,即遥感应用信息产品满足任务目标的程度来综合表征。遥感系统的效能与遥感卫星本身的性能有关,同时也与地面系统和应用系统的性能等息息相关。系统性能通常与系统效能密切相关(如图2所示),二者既有一定的联系,又有一定的区别。系统性能反映的是卫星遥感系统自身的特性和能力,通常可以由一组性能指标来综合表征;而系统效能则反映卫星遥感系统在一定条件下完成任务目标的程度，不同类型的卫星遥感系统支持不同领域的使命，同样类型的卫星遥感系统对不同任务目标的满足程度有高有低，一般可以根据任务目标关注点的不同，有针对性地选用某些性能指标作为影响效能评估的主要因素。

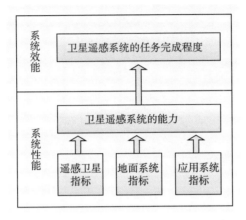

图 2　卫星遥感系统效能和性能之间的关系示意图

通常用很多种不同的指标来表征卫星遥感系统的性能，不同类型的卫星遥感系统有较大的差别。以美国数字全球公司提出的 A3C 性能模型为例，高分辨率光学卫星遥感系统的性能由精度（Accuracy）、时效性（Currency）、完备性（Completeness）和一致性（Consistency）等要素来综合表征（如图 3 所示）。

精度指的是在一定条件下测量值与真实值相比较的准确程度，精度高指的是系统误差和随机误差都比较小。系统误差表征的是多次重复测量的平均值偏离真实值的大小，而随机误差表征的则是多次重复测量的分布情况和彼此相符合的程度。卫星遥感系统的精度通常分为几何精度和辐射精度。几何精度是判定目标位置与实际位置之间的偏差，一般分为无控制点（系统级几何校正）和有控制点（使用控制点进行几何精校正）处理的定位精度。辐射精度是通过模型反演得到的目标/地物的光谱反射和辐射值与真实量值之间的偏差。遥感应用信息产品的精度除了与信息反演的模型精度有关外，还与其输入的数据产品质量和卫星几何/辐射定标精度等有关。以资源三号卫星遥感系统为例，除了与高精度的高程信息反演模型有关外，还与前视、中视和后视三线阵遥感器数据的质量、卫星姿态和轨道的测量精度以及卫星内外方位元素的标定精度等密切相关。

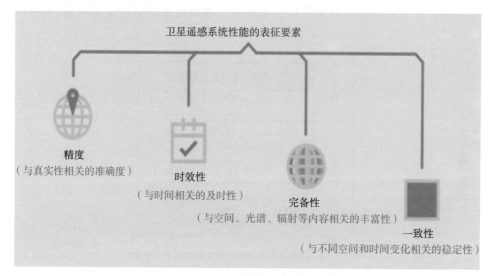

图3 卫星遥感系统性能的表征要素示意图

时效性指的是一定时间范围内，由用户任务请求到获得满足用户要求的信息产品的及时性，包括持续的时间与更新的周期，是评估卫星遥感系统动态监测能力和在多时相分析中应用价值的重要指标。卫星遥感系统的时效性与任务指令上注，卫星数据获取，地面数据接收、处理和分发，信息提取与反演等有关。根据动态信息变化的周期快慢，时间分辨率可分为5种类型：超短期的，以分钟或小时计；短期的，以日计；中期的，以月或季度计；长期的，以年计；超长期的，数十年以上，从用户任务请求到获取信息产品，卫星数据获取的时间间隔相对较长。对于地球同步轨道卫星而言，由于可以持续对特定区域重复观测，单颗卫星的时间分辨率很高，可以达到优于分钟级。对于低轨道卫星而言，受轨道运动的影响，单颗卫星对特定区域的重复观测时间相对较长，一般在数天级。为表征遥感卫星时间分辨率的高低，通常还用卫星重访和覆盖时间来衡量。重访时间指的是卫星连续两次对同一目标获取数据的最小时间间隔，覆盖时间指的是对特定区域全面覆盖获得有效数据的最小时间间隔。通过增大遥感器的幅宽和卫星平台轨道机动及姿态敏捷能力，进行科学的任务调度与任务规划，能够有效提高单颗卫星重访和覆盖的速度。多颗卫星组网形成星座，可以进一步提高卫星遥感系统的时间分辨率。

完备性指的是满足特定任务所需空间、光谱、辐射等的覆盖范围及尺度细分的程度。不同的任务目标对完备性的要求有所不同，通常要综合考虑范围和分辨率等最基本的要求。在空间尺度上，需要有足够的有效覆盖区域面积，也要有足够高的空间分辨率。空间分辨率也叫地面分辨率，是指遥感图像上能区分的两相邻目标之间的最小角度间隔或线性间隔。对于采样式成像系统，通常用地面采样距离来表征，指的是单个像元或与探测器单元对应的最小地面尺寸，也称像元分辨率（GSD）。空间分辨率越高，能够分辨的空间细节越好。通常可以分为低分辨率（不低于30米）、中分辨率（5~30米）、高分辨率（1~5米）、甚高分辨率（优于1米）。在光谱特征上，需要覆盖足够的光谱带宽，又要有足够高的光谱分辨率。光谱分辨率为探测光谱辐射能量的最小波长间隔，确切地讲为光谱探测能力，是指在光谱曲线上能够区分开的两个相邻波长的最小间隔。谱段范围分得愈细，谱段愈多，光谱分辨率就愈高。通常对于多光谱成像，谱段从几个到几十个，光谱分辨率一般在100纳米左右；对于高光谱成像，连续谱段上百个，光谱分辨率一般在10纳米左右；对于超光谱成像，谱段上千个，光谱分辨率一般在1纳米左右。光谱分辨率越高，可分解的光谱数目越多，获得的光谱曲线越精细，越能更真实地反映地物目标的光谱特征，从而能更精确地识别地物和进行分类，提高自动区分和识别目标性质与组成成分的能力。在辐射特征上，需要有足够的动态范围，又要有足够高的辐射分辨率。辐射分辨率是指能分辨的目标反射或辐射的电磁辐射强度的最小变化量。辐射分辨率常用 $(R_{max}-R_{min})/D$ 来表示，其中 R_{max} 为最大辐射量，R_{min} 为最小辐射量（包含噪声），$R_{max}-R_{min}$ 一般定义为动态范围，D 为量化级数（对于8比特量化的系统，$D=2^8=256$）。在成像系统设计时，需要对动态范围和量化位数进行匹配设计。实际在轨运行时，由于成像条件的差异，每一幅图像的辐射分辨率存在较大的差别。在不饱和的前提下，通过优化成像参数设置，尽可能提高有效的动态范围，有利于提高图像的辐射

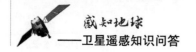
分辨率。

一致性指的是数据产品在不同空间位置和时间序列上的稳定性程度，同一遥感卫星在数据获取过程中，受不同位置光照条件、天气条件、观测条件和参数设置的变化以及在轨性能退化等的影响，很难得到长期一致性好的数据产品，通常需要定期地进行在轨标定，并在地面进行高效的数据均匀化校正、拼接和融合处理，必要时调整模型反演的参数，以便得到一致性好、可追溯性强的信息产品，更好地满足用户的使用要求。

卫星遥感系统的效能评估通常需要根据影响效能的主要因素，运用系统工程分析的方法，在收集不同类型遥感任务的基础上，确定主要分析任务目标，建立综合反映卫星遥感系统达到规定目标能力的模型和算法，最终给出衡量卫星遥感系统效能的定性或定量评估结果。系统效能指标值通常由指标综合模型求得，主要有以下4种模型：加权求和模型、几何均值合成模型、串联指标综合模型、并联指标综合模型。

举一个可见光卫星遥感系统效能评估的例子。例如，我国的资源三号卫星遥感系统，其核心任务目标是完成我国优于1:5万比例尺的地形测绘与地图更新任务；评估该系统的效能高低，重点要看应用系统输出的测绘信息产品对1:5万比例尺测绘任务的满足程度。综合参考以上的A3C性能模型、精度要求（即平面精度优于25米，高程精度优于6米）、优于5米分辨率满足全国区域有效覆盖的完备性要求、更新速率优于半年的时效性要求，以及绝大多数产品在不同空间位置和时间序列上的一致性要求。例如用加权求和模型来进行效能评估，精度（权重w_1=1.0，精度完全符合要求，满足程度p_1=1.0），完备性（权重w_2=0.9，受天气等要素的影响，全国仅80%区域得到有效覆盖，满足程度p_2=0.8），时效性（权重w_3=0.8，单颗卫星更新速率为6个月，满足程度p_3=1.0），一致性（权重w_4=0.8，产品的一致性达到90%，满足程度p_4=0.9），则总的卫星遥感系统的效能约为92.6%。

（撰写：满益云　时红伟　审订：陈世平）

第二章
陆地遥感卫星

1 什么是陆地遥感卫星？

陆地遥感卫星是主要用于观测陆地资源的遥感卫星。主要用于矿产资源监测、环境监测、农业、林业、土地管理、城乡建设、防灾减灾、公共安全、水利、交通、测绘与地理信息管理等方面。传统的陆地遥感卫星大多数部署在太阳同步轨道上，以便定期以同一地方时通过某个特定地区的上空。近年来，我国领先于其他国家发展了地球同步轨道的陆地遥感卫星，又称高轨陆地遥感卫星，可在我国国土上空对指定目标进行持续观测。

与航空遥感手段相比，陆地遥感卫星给遥感器提供了离地面更高、更平稳的平台，不仅观测范围更大，效率更高，对于地球宏观现象和大尺度现象，如矿产资源普查、大面积农林监测、水利监测、环境监测、测绘制图、地球物理现象等方面的观测和研究，更是不可或缺的。卫星的飞行轨道不受领空

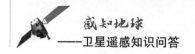

和气象条件的限制，通过轨道设计，可实现对全球范围的观测，并可以长时间、周期性、常态化地进行对地观测，这是使遥感技术真正走向大规模业务应用的主要途径。陆地遥感卫星能迅速地获得动态变化的资料，以我国资源一号 02C 卫星（如图 1 所示）为例，可在 3 天内对任意一地区进行重复观测，可在 55 天内对整个地球进行一遍覆盖观测，组网运行可将覆盖周期缩短为 26 天甚至更短，能够为我们获取全球范围的动态变化资料，对于监视农作物和森林生长、河流变化等，是其他遥感手段难以实现的。高轨陆地遥感卫星更可以做到对指定目标的长时间持续不间断观测，对于减灾防灾（包括地震、洪涝灾害、森林火灾等）、水资源管理等方面有着无可替代的作用。

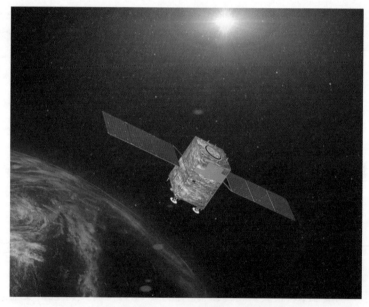

图 1 资源一号 02C 卫星外观示意图

陆地卫星以获取陆地资源信息、环境信息为主要目的，既包括较大尺度和范围的观测，如大尺度矿产资源、农业、林业、环境、土地资源、水资源管理等，也包括精确目标的观测（如图 2 所示），如交通、土地利用动态监测、矿产资源监测、公共安全等。由于观测目标不同，陆地遥感卫星的实现手段多样，例如用于精确目标观测的陆地遥感卫星，会使用高分辨率观测载荷；

用于大尺度目标观测的陆地遥感卫星，会使用宽覆盖观测载荷；而用于测绘的陆地遥感卫星，会使用高几何精度观测和立体观测载荷。

图 2　资源一号 02C 卫星拍摄的高分辨率图像（首都机场）

（撰写：贺玮　审订：张庆君）

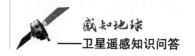

2 陆地遥感卫星发展状况如何？

世界上具有研制陆地遥感卫星能力的国家包括美国、法国、俄罗斯、中国、日本、印度、加拿大、以色列、巴西和韩国等。美国和法国在陆地遥感卫星的商业化进程中具有明显优势，占据了世界遥感信息市场的大部分份额。近年来，随着遥感卫星技术和遥感应用的发展，各国对高性能遥感数据产品的需求日益增加，国内外高性能遥感卫星发展迅速。

（1）美国

美国 1972 年发射了第一颗陆地资源卫星系列（Landsat 系列）卫星，并通过商业运营模式向全球出售图像数据，使得美国陆地遥感卫星在 20 世纪 70 年代至 80 年代中后期几乎独占了国际商业遥感卫星图像数据市场。Landsat 卫星系列见表 1。

表 1　Landsat 卫星系列

阶段	卫星	发射时间	有效载荷	设计寿命
第一代	Landsat-1	1972.07.23	多光谱扫描仪（MSS） 反束光导管摄像机（RBV） 数据采集系统（DCS）	1 年
	Landsat-2	1975.01.22		
	Landsat-3	1978.03.05		
第二代	Landsat-4	1982.07.16	主体制图仪（TM） 多光谱扫描仪（MSS）	3 年
	Landsat-5	1984.03.01		
第三代	Landsat-6	1993.10.05 （发射失败）	增强主体制图仪（ETM）	5 年
	Landsat-7	1999.04.15	增强主题制图仪改进型（ETM+）	7 年
第四代	Landsat-8	2013.02.11	业务型陆地成像仪（OLI） 热红外遥感器（TIRS）	5 年

21 世纪以来，随着美国政府对商业企业的扶植，以数字地球（Digital Globe）公司和地球眼（GeoEye）公司为代表的美国高分辨商业卫星影像公司，研制了多颗多系列世界顶级的高分辨率遥感卫星。与 Landsat 卫星系列发展重

点不同，这些卫星以高分辨率、较窄幅宽载荷为主，配合卫星平台的机动能力，可实现更为灵活的高分辨率成像，一再突破的高分辨率卫星的发射，改变了过去高分辨率卫星都属于军事侦察卫星的状况。而随着在美国加州范登堡空军基地发射的 GeoEye-1（如图 1 所示）与 Google 互联网公司的签约，其 0.41 米的分辨率通过我们熟知的 Google Earth 等应用，使更多的受众体会到了高分辨率卫星图片的震撼。美国商业卫星公司代表性陆地遥感卫星见表 2。

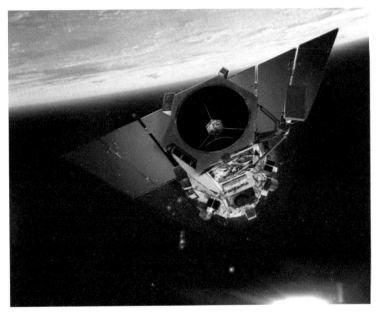

图 1   GeoEye-1 卫星外观示意图

表 2   美国商业卫星公司代表性陆地遥感卫星

卫星名称	发射时间	分辨率
Ikonos-2	1999 年	0.82m/3.28m
QuickBird-2	2001 年	0.61m/1.64m
OrbView-3	2003 年	1m/4m
WorldView-1	2007 年	0.5m
WorldView-2	2009 年	0.46m/1.84m
WorldView-3	2014 年	0.3m
GeoEye-1	2008 年	0.41m/1.64m
GeoEye-2（后更名为 WorldView-4）	2016 年	0.3m

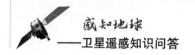

（2）欧洲国家

欧洲航天领域以两种发展思路共同开展，一种是多国合作集中资源进行空间探索和发展先进技术，另一种是传统优势国家发展具有本国技术特点的卫星。

第一种发展思路由欧空局主导。欧空局现有奥地利、比利时、丹麦、芬兰、法国、德国、爱尔兰、意大利、荷兰、挪威、西班牙、瑞典、瑞士、英国等22个成员国，总部设在巴黎，同时在荷兰、德国和意大利等国都设有专门机构，下属有欧洲空间研究与技术中心（ESTEC）、欧洲空间研究院（ESRIN）、欧洲空间操作中心（ESOC）、欧洲宇航中心（EAC）等研究部门和圭亚那航天发射中心（CSG）。现在欧空局发展有"伽利略"导航系统、ERS-1/2卫星，以及Envisat环境卫星和军民两用"哨兵"系列卫星。

第二种发展思路以法国、德国等为代表。法国作为传统遥感强国，光学遥感是其优势项目，20世纪80年代开始发展SPOT卫星系列，与美国Landsat卫星系列齐名，是世界范围内较早获得普遍应用的商业遥感卫星，至今已发展到第四代（SPOT-6/7），并于近年在SPOT卫星系列基础上发展了高分辨率并具有灵活机动能力的"昴宿星"Pleiades卫星，目前两颗Pleiades卫星和SPOT-6卫星实现组网运行，极大地提高了数据提供能力。

欧洲的微波观测卫星也有较好的发展。COSMO-SkyMed卫星星座由4颗卫星组成，携带X频段合成孔径雷达，主要任务是提供陆地监测、环境资源管理、海岸线监控、地形测绘和科学研究等服务；TerraSAR-X卫星携带高分辨率X频段合成孔径雷达，主要用于获取高精度干涉测量数字高程模型。

（3）中国

1975年11月，我国发射了返回式遥感卫星，揭开了我国航天遥感的序幕。此后又多次发射遥感卫星。这些卫星为我国经济建设提供了大量的图像数据资料。目前我国已形成了以"资源"系列、"环境"系列、"高分"系列等为代表的陆地卫星系列。

从 1999 年我国发射第一颗陆地资源卫星——资源一号 01 星（CBERS 01）以来，我国成功发射了五颗资源一号系列卫星（资源一号 01 星、02 星、02B 星、02C 星、04 星），2011 年 12 月发射的资源一号 02C 星和 2014 年 12 月发射的资源一号 04 星（如图 2 所示）目前在轨服役。资源一号系列卫星是中国与巴西合作研制的资源卫星，是南南合作的典范，对促进国际友好关系和经济发展十分有利，也为中国航天开拓了国际合作的研制模式。资源一号系列卫星不仅在国内外多个领域得到广泛应用，也已经成为我国许多业务应用领域的重要遥感信息源，产生了很大的国际影响力和社会效益。

环境和灾害监测小卫星星座第一期由两颗光学成像卫星环境一号 A/B 和一颗合成孔径雷达卫星环境一号 C 组成。环境一号 A/B 卫星于 2008 年 9 月成功发射，两颗卫星运行于同一轨道平面内，可实现 2 天 1 次全国覆盖。环境一号 C 卫星是环境监测与灾害预报小卫星星座中的一颗业务应用卫星，于 2012 年 11 月发射，具有全天时、全天候的工作能力，与星座中的光学卫星互补，对环境生态、环境污染和多种灾害实现动态监测。

图 2　资源一号 04 星外观示意图

我国于 2012 年 1 月发射了第一颗民用立体测绘卫星——资源三号 01 星（如图 3 所示），其立体影像分辨率为 3.6 米，用于 1∶5 万比例尺地图测绘，

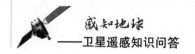

同时星上安装了一台分辨率为 2.1 米的高分辨率相机，用于 1：2.5 万比例尺地图的修测。2016 年 5 月发射的资源三号 02 星作为测绘业务星，其性能在 01 星的基础上有了进一步提高。

我国高分辨率对地观测系统首批启动了七颗卫星。"高分"系列卫星各有特色，分别重点攻克不同技术难点。例如，2013 年 4 月发射的"高分一号"的特点是大幅宽，实现 2 米 /8 米分辨率对地观测的同时，可利用宽幅相机实现 16 米分辨率、800 千米幅宽广域普查。2014 年 8 月发射的"高分二号"分辨率达到 0.81 米，是我国民用领域首颗实现优于 1 米分辨率的光学遥感卫星，且卫星具有 35 度的侧摆机动能力。2016 年 8 月发射的"高分三号"是高分专项中唯一一颗"雷达星"，分辨率高达 1 米，是我国首颗 C 频段多极化高分辨率合成孔径雷达卫星，也是世界上成像模式最多的合成孔径雷达卫星。它能够不受天气影响，实现全天候成像。同时，它还是我国第一颗达到 8 年设计寿命的遥感卫星。2015 年 12 月发射的"高分四号"是我国首颗地球静止轨道高分辨率光学遥感卫星，也是国际上空间分辨率最高的静止轨道光学遥感卫星，它配置一台全色分辨率 50 米的可见光 / 红外共口径凝视相机，能够覆盖我国国土及周边地区的 7000 千米 ×7000 千米的区域，实现近实时观测。"高分五号"是高光谱观测卫星。"高分六号"是"高分一号"的后续星。

图 3　资源三号卫星外观示意图

"高分七号"是立体测绘卫星，将提供高分辨率的空间立体测绘数据。"高分"系列数据具有重要的应用价值和商业价值，将对经济建设、生态文明建设、民生安全保障和推进国家治理能力现代化起到信息支撑作用。同时，对信息应用企业开展商业化信息增值服务、开拓国际市场、推动空间信息产业发展等具有重要意义。

此外，我国还于 2015 年 10 月发射了吉林一号商业遥感卫星星座，包括一颗光学遥感主星、一颗灵巧成像验证星、两颗灵巧成像视频星。吉林一号卫星探索了我国商业遥感的新途径。

（4）其他国家

自从苏联于 1957 年 10 月 4 日发射第一颗人造地球卫星后，人类进入了航天时代。在冷战时期，苏联的卫星制造能力一直与美国处于并驾齐驱的地位，甚至在某些方面领先于美国，但苏联解体后，俄罗斯航天工业受到了较大影响，目前仍处于恢复阶段，但其发展仍具有一定借鉴意义。俄罗斯现役和正在研制的成像侦察卫星几乎囊括了所有类型，波段覆盖可见光、红外、微波，传输方式覆盖胶片返回、光电传输和中继转发，重量上包括从十几吨的大卫星到不超过 1 吨的小卫星，可见光分辨率达到 0.3 米，雷达分辨率达到 1~2 米。

印度已发射了近 50 颗应用卫星，其卫星研制和应用技术接近国际先进水平。印度研制成功了"印度遥感卫星"（IRS）系统，从其演化而来的印度"制图卫星"（Cartosat）已经系列化，形成了较强的绘图与监视能力。

日本自 20 世纪 80 年代开始，已经先后发射了日本地球资源卫星 –1（JERS–1）和先进地球观测卫星 –1（AOEOS–1）。2006 年发射的先进对地观测卫星（ALOS）代表了该时期日本遥感卫星领域的最高水平。

（撰写：贺玮 审订：张庆君）

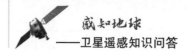
3 **陆地遥感卫星有哪些类型？可以应用于哪些方面？**

陆地遥感卫星种类很多，从不同角度可以有多种归类方法。例如按照轨道类型划分，可分为中低轨陆地遥感卫星和高轨陆地遥感卫星；按照用途划分，可分为资源遥感卫星、测绘遥感卫星、环境遥感卫星等；按照载荷类型，又可分为光学陆地遥感卫星、微波陆地遥感卫星等。

一般地，中低轨陆地遥感卫星设计为太阳同步近圆轨道（如图1所示），轨道高度一般在几百至上千千米，绕地球飞行进行观测，通过轨道设计，其观测范围可以覆盖全球。通常以同一地方时通过某个特定地区的上空，方便做观测数据比对。较低的轨道也便于实现较高的分辨率，可根据具体应用设计为亚米级至千米级，观测幅宽一般在十几千米至几百千米。中低轨陆地遥感卫星广泛应用于陆地遥感的各领域，目前世界范围内大多数陆地遥感卫星都采用这种轨道。中低轨陆地遥感卫星还包括椭圆轨道，可实现近地点高分辨率观测和远地点宽幅观测。高轨陆地遥感卫星设计为地球静止轨道，

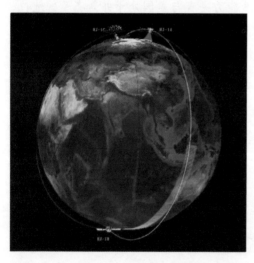

图1 中低轨陆地遥感卫星太阳同步轨道示意图

卫星位置相对于地球是近似静止的，轨道高度约为36000千米，卫星定点在地球上空，对覆盖范围内指定目标可以进行持续凝视观测（如图2所示），并可利用卫星姿态能力对地球进行大范围覆盖。静止轨道遥感卫星的特点是可以根据用户要求实现分钟级甚至秒级的时间分辨率，在灾情预警、减灾防灾、灾情评估等领域具有重大意义，同时，也可广泛应用于国土资源、环境保护、农林等众多领域。

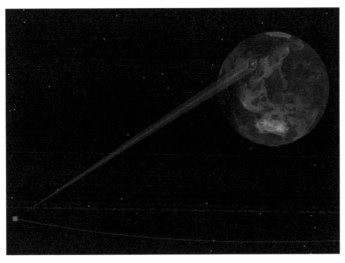

图2　高轨陆地遥感卫星对地凝视示意图

按卫星用途划分，资源遥感卫星通常指主要用于国土资源、矿产资源、农业、林业、牧业、渔业、城乡建设等方面的遥感卫星；测绘遥感卫星通常指主要用于测绘地形图、修测地形图、编绘专题图等方面的遥感卫星；环境遥感卫星指主要用于大气、沙尘暴等环境监测方面和洪涝等灾害管理方面的遥感卫星。它们有时作为专用卫星，有时也能够身兼多用。

按卫星载荷类型划分，光学陆地遥感卫星指装载各种光学遥感器的陆地遥感卫星，如全色／多光谱成像仪、红外成像仪、高光谱成像仪、激光测高仪等光学遥感器，形成反映地物信息的光学影像，可用于多领域；微波陆地遥感卫星指装载各种微波遥感器的陆地遥感卫星，如合成孔径雷达、微波辐射计、干涉合成孔径雷达（InSAR）等。与光学遥感载荷相比，微波遥感载荷具有全天时、全天候的观测能力，同时能穿透一定深度的地表或植被，获取被植被覆盖的地面信息，甚至地表下一定深度目标的信息。微波陆地遥感卫星也可用于资源、测绘、环境等诸多领域。根据各载荷的特点和优势，陆地遥感卫星可能同时装载多种载荷，利用多种手段进行综合观测。

（撰写：贺玮　审订：张庆君）

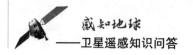

 陆地遥感卫星一般由哪几部分组成？通常装载哪些载荷？各有什么特点？

陆地遥感卫星一般由结构与机构、热控、电源、姿轨控、推进、测控、数据管理、数据传输、总体电路、有效载荷等分系统组成。有效载荷是完成航天任务的一个重要分系统。为保证航天任务的完成，所有分系统都必须正常工作。遥感卫星的特征主要是根据有效载荷的要求而确定和体现的。

陆地遥感卫星有效载荷种类繁多，其中使用较为广泛的载荷有可见光成像仪、高光谱成像仪、红外成像仪、合成孔径雷达、微波辐射计等。可见光成像仪还可细分为单色成像仪、多光谱成像仪、微光成像仪等。此外，紫外观测仪、激光测高仪等载荷也被用在有针对性的陆地遥感探测中。陆地遥感卫星一般可装载一种或多种载荷，在这里介绍几种有代表性的载荷及其特点。

可见光成像仪通常工作于可见光谱至近红外的 0.4~0.9 微米波长，它们的工作波长短，可以达到很高的分辨率，但由于其工作需要依靠目标对太阳光反射，因此只能在白天工作。可见光成像仪可以产生被观测景物的可见光图像，类似我们常用的照相机拍摄的照片，因此常常被称为"相机"。由于可见光波段即人眼可见的光波段，所以其图像具有很好的视觉效果，非常易于判读。全色单谱段可见光相机在可见光范围内使用一个波段来成像，其图像使用灰度来表现，目视效果类似黑白照片；而多光谱相机将可见光划分为几个谱段来成像，其图像经处理后，即可做出彩色照片。图 1 为装载了光学相机的高分二号卫星。

高光谱成像仪与传统的多光谱成像仪相比，将光谱段划分得更细，可分为几十个至几百个非常窄的光谱段，覆盖的光谱段可以设计为可见光、近红外、红外、紫外等范围。光谱分得越细，物质类型揭示得越彻底，比如一张桌子，高光谱观测可识别它是金属的还是塑料的。高光谱成像仪可以获得几十或上百通道、连续波段的图像，每个图像像元可以提取一条光谱曲线，因此，高光谱遥感获取的地物信息包含了地物的空间、辐射和光谱三重丰富的信息。

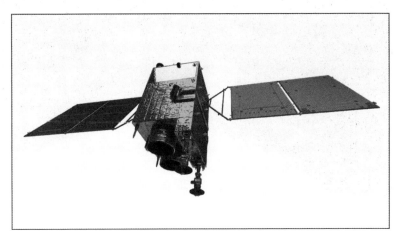

图1　装载了光学相机的高分二号卫星

红外成像仪的工作波段一般是波长为 0.75~15 微米的中长波红外，但也可能是波长达 100 微米的远红外。红外成像仪探测到的信号强度是与被观测地物的发射率和地物温度的四次方成正比的函数，换言之，红外成像仪探测的是地物的发射率和温度信息，因此它具有能够昼夜工作的优势。云、雨等天气条件会使地面图像的对比度减弱，但在恶劣的天气条件下，红外成像仪仍能获得信息。

雷达成像仪工作于厘米和毫米波段，是主动探测系统，探测从被观测地物反射的回波信号。雷达成像仪的信号路径比被动式载荷的信号路径长1倍。与传统光学遥感器相比，雷达成像仪不受昼夜及天气影响，具有全天候、全天时工作的能力，还能够穿透地表进行探测。只有雷暴时产生的大粒子才会造成强反射，因而一般的天气环境对雷达的影响较小。侧视雷达（SLAR）包括真实孔径雷达与合成孔径雷达。合成孔径雷达系统可以获得与可见光和红外成像仪相同的分辨率且不受距离的影响，不仅可以进行高分辨率成像，而且可以对地面运动目标进行检测，还可以对地形、地貌进行三维测绘，其纹理特性能还能获取其他遥感载荷所难获取的断层信息。图2为装载了合成孔径雷达的高分三号卫星。

图2 装载了合成孔径雷达的高分三号卫星

微波辐射计工作于射频波段，主要是毫米波（20GHz~200GHz），其分辨率比同样孔径的可见光遥感器低3~5个数量级，但可以对大面积的陆地进行探测。微波辐射计是被动式探测系统，探测到的信号强度是景物发射率乘以测温温度的函数，因此产生的信号要比红外探测信号弱得多。同雷达成像仪一样，微波辐射计也能穿透地表进行探测，且昼夜都能良好地工作。云、雨、雪等天气因素也会造成其成像模糊和对比度降低，但影响程度没有对可见光和红外图像那么严重。许多目标特征还具有不同的极性响应，因而微波辐射计通常使用水平和垂直极化天线。与主动微波遥感器（雷达成像仪）相比，微波辐射计具有体积小、重量轻等优点，并且对目标表面粗糙度等宏观结构特征不敏感，在大气、植被和土壤湿度的测量等方面应用广泛，特别适合于星载，是目前数量最多的星载微波遥感器。

（撰写：贺玮　审订：张庆君）

5 陆地遥感卫星有哪些发展方向？如何进一步提高卫星观测能力与数据质量？

陆地遥感卫星经过几十年的发展，早已从解决有无的阶段上升到了追求高品质发展的阶段，卫星也在向着提高观测能力、提高数据质量等方向发展，主要包括以下几个发展方向。

（1）卫星组网建设

单颗卫星数据受测控能力、时间周期、气象因素等影响，连片数据获取能力不高。没有按照组网建设设计的卫星，通常轨道不一、分辨率不一、数据类型不一，造成组合时间分辨率不同，难以统筹利用。对于太阳同步轨道卫星，组网使用可以有效提升卫星的覆盖周期和重访周期；而对于地球同步轨道卫星来讲，单颗卫星无法完成全球覆盖，若有三颗互成120度角的地球同步轨道卫星组网，就可以实现全球（除极区外）覆盖。目前，国内和国外都已开始重视卫星组网建设，发射的系列卫星也已取得了较好的效果，但面对迫切的需求，卫星建设将进一步加强组网规划，提高卫星协同观测能力。

（2）多载荷综合使用

陆地遥感卫星有效载荷各有特点、各有所长，综合使用能够互补，也能够满足更多应用领域的需求。例如，传统的光学卫星应用较为成熟，但易受时间、天气等诸多因素的影响，而微波遥感载荷能够克服上述影响，进行全天时、全天候的观测。不仅多载荷联合使用能提高观测效率，而且多数据源融合技术应用还能够将微波遥感的地下结构细节信息、红外遥感的辐射信息、高光谱遥感的光谱信息等与光学遥感信息综合使用，取得更全面的观测目标信息。

（3）中继星的使用

由于地面测控站和数据接收站网络覆盖的限制，对遥感卫星的控制指令

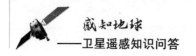
不能及时上行注入，卫星获取的遥感数据也不能及时下传，卫星下传的数据量乃至卫星对地观测的时间都受到地面接收站覆盖面的限制。引入中继卫星对遥感卫星测控和数据传输的中继支持，地面测控站发出的指令随时通过其传给卫星，卫星下传的遥感数据也能通过其中继到地面接收站，将大幅度提高遥感卫星的使用效率。

（4）机动能力增强

遥感卫星发展初期，卫星对地面成像轨迹就是沿着卫星运行轨道的星下点进行计算的；现有的大部分成像卫星具备一定的姿态机动能力，但其工作模式是基于卫星对地指向固定的成像方式，两次成像任务之间切换时所需的时间较长，导致卫星在有限的阳照区时段只能完成少数几个条带目标的成像；而卫星利用更高的姿态机动能力能够实现高效灵活的成像模式，满足复杂区域目标的监测，也能够更高效充分地使用卫星，为用户提供更强的连续观测服务及快速响应服务。

（5）长寿命设计

目前我国主要遥感卫星的设计寿命为3~5年，国际主流光学遥感卫星的设计寿命都已超过5年，多数为7年，并进一步向10年方向发展，业务化的长寿命遥感卫星不仅可以降低研制成本和发射成本，还能够降低用户地面系统对新卫星的适应改造成本，并可减少因短期多发卫星而造成的空间垃圾和空间碎片，为世界范围的空间安全作出应有的贡献。

（6）加强星地联合设计

遥感卫星技术和遥感应用技术的发展对遥感数据提出了更高的要求，许多关于遥感数据质量的指标都涉及卫星研制和地面处理两方面，如定位精度、图像几何精度、图像辐射精度，等等，且越来越多新型载荷的使用也需要星地共同探索数据的处理、反演、应用等工作。星地一体化联合设计将实现卫星更高品质应用。

（撰写：贺玮　审订：张庆君）

第三章
气象遥感卫星

1 什么是气象遥感卫星？

气象遥感卫星是指从太空对地球大气层进行观测的人造卫星，主要服务于天气预报、气候变化预测、灾害天气预警等。随着卫星工程技术的不断发展，气象遥感卫星业务已从单一的气象观测发展到了多学科综合监测。气象遥感卫星的探测数据被广泛地应用于大气科学、海洋学、水文学、环境监测等多个领域。具体地，气象遥感卫星通过获取全球温、湿度廓线，以及云、辐射等相关的气象参数，为提高天气预报的准确率服务；通过监测全球辐射收支、冰雪覆盖、海面温度、温室气体与臭氧分布等，为气候变化预测提供服务；通过监测海洋、陆地、自然灾害、生态与环境等，为水利、林业、草原、农业、航空和交通等多个应用领域提供全球以及区域的遥感信息服务；通过获取空间环境监测数据，为提高国家空间天气监测

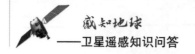

预警业务能力服务。气象遥感卫星通过观测云图实现对暴雨、台风等灾难性天气的预报（如图1所示）。

图1　风云四号气象卫星观测到的暴雨云图

气象遥感卫星的出现使得天气预报的模式发生了颠覆性变化。传统的气象观测通过地面气象站中的温度表、气压表等传感器与目标物的直接接触测得气压、气温、风等要素的物理状态，结合生活经验对天气的变化趋势进行预测，以实现对未来天气的预报，预报准确率低，且无法有效地对灾害天气进行预测。气象遥感卫星通过扫描仪、雷达成像仪、辐射计、光谱仪等遥感仪器接收和记录云、大气、海洋、陆地等不同目标物体发射、反射和吸收的电磁波信息，经处理即可获得大气目标的物理状态信息，代入由热力学方程、水汽方程、状态方程、运动方程等组成的大气动力学模型中，通过数值计算，求解出温度、气压、空气密度、比湿等数据与预报方程，即可实现对未来天气的预报。气象遥感卫星的快速发展提升了获取数据的尺度和效率，经数值天气预报处理，大大提高了天气预报的准确率，不仅方便了人民的生活，还在政府决策、防灾减灾、经济社会发展、国家安全和国防建设方面发挥了重要作用。

与传统的地面站气象观测相比，气象遥感卫星具有观测范围广、次数多、时效强、不受自然条件限制等特点。①观测范围广：一颗太阳同步极轨气象卫星每 12 小时就可以基本完成一次对全球大气的观测，一颗地球静止轨道气象卫星能够获得地球上近一亿平方千米的气象资料，能够观测到旋风、台风等气象灾害的全过程与全貌；②观测次数多、时效强：静止轨道气象卫星一般每 10~20 分钟即可获得一次观测资料，与极轨气象卫星配合后，可用更短的时间间隔实现较小范围的观测，有利于灾害性天气预防；③不受自然条件的限制：气象遥感卫星的观测范围可以覆盖沙漠、海洋、高原等一系列人烟稀少的地区，填补这些地区气象观测资料的空白。图 2 为高低轨气象遥感卫星的组网观测示意图。

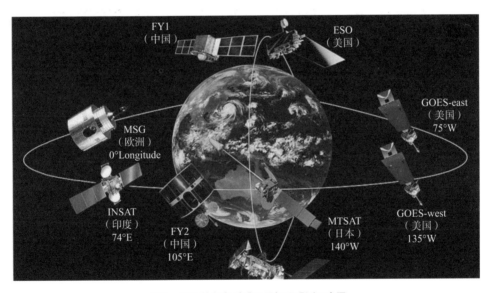

图 2　高低轨气象遥感卫星组网观测示意图

（撰写：满孝颖　审订：张伟）

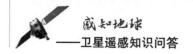
2 气象遥感卫星发展状况如何?

作为人造卫星的一种,气象遥感卫星的发展起步较早。自从 1957 年第一颗人造卫星上天以后,在卫星上搭载相机对地面进行观测就成为了航天工作者不断努力的方向。仅仅在第一颗人造卫星斯普特尼克 1 号上天后不到 2 年,美国海军就于 1959 年 2 月 17 日发射了人类历史上第一颗气象遥感卫星先锋 2 号(Vanguard2,卫星模型见图 1)。然而由于设计上的问题,先锋 2 号的自转轴不稳定,因此它的数据无法被利用。

图 1 先锋 2 号气象遥感卫星模型(本体目前仍在轨)

先锋 2 号的失败并没有使人们放弃,经过探险者 6 号和 7 号的相关气象探测试验,美国于 1960 年 4 月 1 日发射了泰罗斯 –1 卫星(TIROS–1,见图 2),正式拉开了人类从太空对地面进行气象观测的序幕。泰罗斯 –1 卫星配备了两部摄像机,虽然只有 78 天的可用时间,但是仍传送回了 22952 张照片,进一步证明了从太空对地球进行气象观测的可行性。图 3 为泰罗斯 –1 卫星从太空发回的第一张照片。

 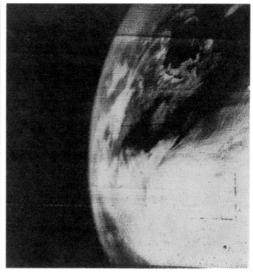

图 2　泰罗斯 –1 卫星　　　　　图 3　泰罗斯 –1 卫星从太空发回的第一张照片

在这之后，气象遥感卫星发展迅猛。除美国外，目前研制并发射气象遥感卫星的主要国家和地区还有欧洲、俄罗斯、日本和中国等。下面简要介绍其中几个国家或地区的气象遥感卫星发展情况。

（1）美国

极轨气象卫星方面，美国在 1960 年 ~ 1965 年间共发射了 10 颗泰罗斯卫星。1966 年，美国第一代业务气象卫星系统"艾萨"投入运行，获取了全球云图。1966 年~1978 年，美国的极轨气象卫星历经"艾萨""诺阿"（NOAA）和"泰罗斯–N/诺阿"三代的发展。自诺阿–6 卫星之后的卫星按顺序命名。美国的极轨气象卫星已经发展到了第五代。1994 年 5 月，美国政府决定将诺阿卫星系统与国防气象卫星系统（DMSP）合并为国家极轨环境卫星系统（NOPESS）。2010 年，美国终止了军民两用的 NPOESS，以 NOPESS 为基础启动了两个新项目：国防气象卫星系统（DWSS）和联合极地卫星系统（JPSS）。

戈斯卫星系列（GOES）是美国目前唯一的地球静止轨道气象卫星系列，自 1975 年以来，GOES 系列卫星经历了三代的发展。其最新一代静止轨道气

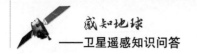
象卫星 GOES-R 配备了多种先进载荷，于 2016 年年底发射。

（2）欧洲

欧洲的极轨气象卫星主要是 METOP 系列，起步较晚，当前与美国在极轨气象卫星领域合作，分别负责提供上午轨道和下午轨道的卫星，共同组建气象卫星网。

欧洲气象卫星组织（EUMETSAT）从 1977 年开始发射静止轨道气象卫星，经历了第一代 MFG 和第二代 MSG 的发展，形成了自己的静止轨道气象卫星系列。从 2001 年起，欧空局开始研制第三代静止轨道气象卫星。

（3）日本

在静止轨道气象卫星方面，日本从 1977 年发射第一题 GMS-1 以来，已经历了两代的发展。不同于欧洲，日本前两代静止轨道气象卫星采用的是美国的卫星平台。2014 年，日本发射了自己的第三代静止轨道气象卫星 Himawari-8，并采用了自己的卫星平台。

（4）中国

我国是世界上第三个自行研制和发射气象卫星的国家。其中极轨气象卫星包括"风云一号"和"风云三号"两代（见图 4、图 5），地球静止轨道气象卫星包括"风云二号"和"风云四号"两代。

图 4　风云一号气象卫星　　　　　图 5　风云三号气象卫星

第一颗第二代极轨气象卫星风云三号 01 星于 2008 年 5 月 27 日成功发射。

目前，我国现役的风云三号气象卫星可实现全球、全天候、多光谱、三维、定量综合对地观测，探测能力达到国际先进水平。国际气象卫星协调组织已经将风云三号卫星与美国和欧洲的气象卫星一起，纳入新一代世界极轨气象卫星网发展规划。

我国的静止轨道气象卫星起步于 20 世纪 80 年代中期。1997 年，我国成功发射第一颗静止轨道气象卫星风云二号（见图 6）。自此以后，我国已成功发射多颗静止轨道气象卫星，并成为世界上少数几个能同时研发、运行、维护极轨和静止轨道气象卫星的国家。根据我国气象卫星更新换代的要求，风云四号气象卫星作为中国第二代静止轨道气象卫星接替"风云二号"对地进行观测。"风云四号"系列的第一颗星已于 2016 年 12 月 11 日发射。

图 6　风云二号气象卫星

（撰写：满孝颖　审订：张伟）

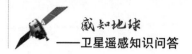
3 气象遥感卫星有哪些类型？可以应用于哪些方面？

按照运行轨道的不同，气象遥感卫星分为两大类，即：极轨气象遥感卫星（也称太阳同步轨道气象卫星）和地球静止轨道气象遥感卫星（也称地球同步轨道气象卫星）。极轨气象遥感卫星，距地面高度 600 ~ 1500 千米，围绕南北极跨越赤道飞行，飞行一圈约 100 分钟，一昼夜可以两次经过同一地区上空，卫星的轨道平面和太阳始终保持相对固定的交角，并且可以保证卫星总是在相同的地方时经过观测地点，从而使地球上的云和地物有相同的光照条件。地球静止轨道气象卫星，运行高度约 36000 千米，其轨道平面与赤道平面基本重合，与地球保持同步运行，相对地球是静止不动的，从地球上看，卫星静止在赤道某个经度的上空，可以对地球近五分之一的地区连续进行气象观测，实时将资料送回地面，用四颗卫星均匀地布置在赤道上空，就能对全球中、低纬度地区气象状况进行连续监测。极轨气象遥感卫星和地球静止轨道气象遥感卫星如果同时在天上工作，可以优势互补，提供更有效的气象服务。国际气象卫星协调组织称它们为骨干气象卫星。我国是世界上少数几个同时拥有极轨和静止轨道系列气象卫星的国家之一，极轨系列气象卫星以风云一号、三号、五号……奇数排序，地球静止轨道系列气象卫星以风云二号、四号、六号……偶数排序。

按照是否有军事用途，气象遥感卫星可以分为军事气象遥感卫星和民用气象遥感卫星。按照观测目的不同，气象遥感卫星也可以分为综合观测卫星和专用观测卫星。

我国幅员辽阔，位于多种气候带，为全球自然灾害频发区域。暴雨、洪涝、台风、干旱、高温、龙卷风、冰雪冻害、大雾、雷电灾害等，对我国工农业生产影响巨大，对人民生命财产安全形成不同程度的威胁。气象卫星能够载有多种仪器、实现多种项目的观测、生成多种观测产品、提供多种应用服务。随着气象卫星的稳定运行与数据的广泛共享，卫星应用领域与水平也有了快速的拓展与提高，逐步从定性应用向定量应用发展，在台风、洪涝、干旱等多种灾害监测中发挥了重要作用，应用领域由气象逐步拓展到减灾、农业、林业等多个方面。气象卫星在我国民用遥感卫星中效益发挥非常好、应用范围非常广，其应用领域主要包括：①气象卫星在天气气候领域的应用。气象卫星为台风、暴雨、冰雹、暴雪、沙尘暴、龙卷风等灾害性天气的监测提供了更有力的手段，为短期气候预测提供了更多有用的参数，如海表水温、雪盖、植被指数等，为改善天气预报和短期气候预测作出了贡献。②气象卫星资料在环境和自然灾害监测中的应用。我国是环境和自然灾害种类较多、发生频繁的国家之一，气象卫星在洪涝、森林草原火情、沙尘暴、雪灾和海冰等监测中发挥了重要作用。③气象卫星在农业方面的应用。气象卫星遥感植被信息与地面观测资料的综合，还可以用于农作物估产，利用气象卫星资料，可获得全国范围的干旱分布图，有效地反映中国北方大范围干旱及对农作物生长的影响。④气象卫星在全球生态气候领域的应用。北极海冰变化对全球气候变化有着重要的指示意义，从我国研制的风云三号卫星获取的北极地区 2008 年夏季资料分析，格陵兰岛东北角以南、丹麦港以北的大块冰体在一个月的时间内迅速融化（见图 1），为研究全球气候变化对北极地区的影响提供了依据。通过对南极臭氧洞形成、发展与消亡全过程的监测（见图 2），为世界气候变迁方面的研究作出了重大贡献。⑤气象卫星在军事方面的应用。气象卫星的应用在军事领域具有十分重要的战略地位，在海湾战争、科索沃战争、阿富汗战争和伊拉克战争中，气象卫星的军事应用都比较突出。

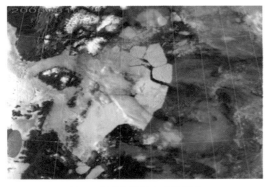

图 1　北极格陵兰岛冰盖消融

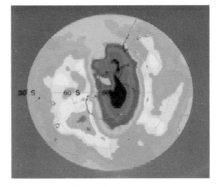

图 2　南极臭氧洞

（撰写：满孝颖　审订：张伟）

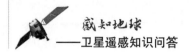

4 **气象遥感卫星一般由哪几部分组成？通常装载哪些载荷？各有什么特点？**

气象遥感卫星系统主要由卫星平台和有效载荷两大部分组成。

卫星平台为有效载荷在空间工作提供支持和保证，由以下分系统组成：①姿态轨道控制分系统，保持卫星姿态指向和轨道的稳定；②推进分系统，为卫星保持轨道和控制姿态提供动力；③电源和供配电分系统，为卫星工作提供电力；④测控分系统，和地面控制中心联系，接受地面指令并向地面传输卫星状态监测数据；⑤数传分系统，将有效载荷获取的气象数据传到地面；⑥星务管理分系统，负责卫星运行管理等；⑦热控分系统，保证卫星工作在合适的温度环境下；⑧结构分系统，形成卫星构型、安装仪器设备，为卫星上设备提供良好的力学环境。

气象卫星有效载荷指获取气象信息（大气温度、湿度、云、风和辐射等）的遥感仪器，按照卫星轨道，气象卫星可分为极轨气象卫星和地球静止轨道气象卫星两大类，根据不同的轨道特点和应用需求，分别配置不同的有效载荷，如图1所示。

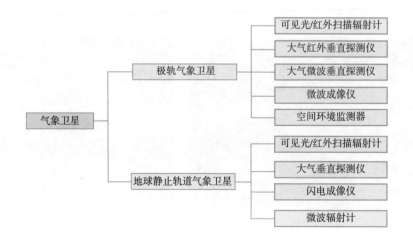

图1 气象卫星有效载荷配置

极轨气象卫星上通常搭载可见光/红外扫描辐射计，主要用于获取昼夜云图、地表影像、地表温度；大气红外/微波垂直探测仪，主要用于获取温度、湿度垂直分布廓线；微波成像仪，主要用于获取降水、地表影像、云中含水量；空间环境监测器，主要用于监测轨道高能粒子（质子、电子等）。

地球静止轨道气象卫星的有效载荷受制于卫星姿态控制方式，自旋稳定气象卫星装载的有效载荷数量有限，主要载荷为可见光/红外扫描辐射计，用于获取昼夜云图及水汽分布。三轴稳定气象卫星载荷承载能力有了大幅提升，装载的有效载荷通常有可见光/红外扫描辐射计，主要用于获取昼夜云图及水汽分布图；大气垂直探测仪主要用于获取大气温度和湿度垂直分布；闪电成像仪主要用于获取覆盖区域内闪电成像分布；微波辐射计主要用于获取全天候大气温度、湿度及地面影像。

气象卫星有效载荷种类及数量多，相对其他遥感卫星，气象卫星具有以下特点。

（1）探测精度高、灵敏度高

为保证遥感数据能准确反映气象信息及变化规律，气象卫星对载荷探测精度、探测灵敏度、探测通道波长及中心频率准确度、带宽都提出了很高要求，以我国风云三号卫星为例，光学载荷的测温灵敏度达到0.2K，绝对精度达到1K（红外通道）；微波载荷的测温灵敏度达到0.5K。这对载荷光学系统和探测器、天馈系统和接收机性能提出了很高要求。

（2）光谱范围广、探测通道多

气象卫星作为综合型遥感卫星，星上配置了光学、微波等多类载荷，光学载荷光谱范围从真空紫外到远红外。同时各类载荷通常设置数十个探测通道，通过多谱段、多通道数据融合，提供气象、气候和灾害等全面探测信息。

（3）探测视场宽、重访周期短

与资源调查、地面目标识别相比，气候变化具有大尺度、高动态的特性，

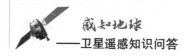
需要气象卫星提供全球范围强时效探测数据，一般要求极轨气象卫星每天覆盖地球2次，地球静止轨道气象卫星每10~20分钟获取一幅地球圆盘图（见图2），需要有效载荷具有足够宽的探测视场，确保相邻探测轨道间不存在缝隙。

图2　地球静止轨道气象卫星观测的地球圆盘图

（撰写：满孝颖　审订：张伟）

5 气象遥感卫星有哪些发展方向？如何进一步提高卫星观测能力与数据质量？

随着气象卫星的广泛应用，国民经济和国防建设对气象卫星的发展提出了更多、更高的要求。同时，综合国内外技术发展的现状和趋势，气象遥感卫星发展的主要趋势有：

（1）卫星系统能力将实现飞跃性提升

后续的气象遥感卫星除维持气象观测任务的连续性外，重点着眼于卫星技术性能的全面升级，在设计理念、系统结构和遥感仪器等方面都将得到显著改进。卫星通过集成更先进的遥感仪器，在时空分辨率、探测精度等方面将实现跨越式发展。

（2）多种探测能力集成发展

由于大气动力、热力过程是多种因素作用的综合过程，需要多种遥感仪器的探测。美国新一代极轨气象遥感卫星系统集成了大气、海洋、空间环境等多种探测能力。

（3）新技术概念不断涌现、逐步发展成熟并应用

静止轨道微波探测、高光谱观测、高精度平台等一系列新概念不断涌现，并逐步发展成熟，将大幅提升现有气象遥感卫星的系统观测能力。从新理念到成熟技术再到新的理念，周而复始，不断发展。

总的来说，广大用户对气象遥感卫星的需求集中于更强的观测能力和更好的数据质量。为实现这一要求，需要重点提升以下几个方面：

（1）性能提升的有效载荷

气象遥感卫星主要通过有效载荷进行对地目标观测，有效载荷是气象遥

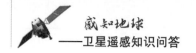

感卫星的重要组成部分,决定了气象遥感卫星的探测精度和探测时空分辨率。有效载荷的发展方向包括:更高的时空分辨率;更多的遥感仪器观测通道数量;采用新的遥感频段;多种遥感仪器配合探测;研发新型的遥感仪器,获取更多的地球大气和环境信息。图1为风云三号卫星观测到的全球云图。

图1　风云三号卫星观测到的全球云图

（2）精度更高的姿态与轨道控制

目前,新一代的气象遥感卫星都采用三轴稳定姿态控制方式。三轴稳定姿态控制方式较自旋控制方式可使卫星对地观测的时间大幅提升,同时提高遥感仪器灵敏度和卫星的姿态控制精度。面对后续卫星发展的更高要求,需要重点发展更高精度的姿态测量仪器与更精密的执行部件。

（3）效率更高的数据传输系统

随着气象卫星遥感仪器数量的增加和精度的提高,数据传输量也大大增加,必须提高卫星数据传输的时效性和质量。

（撰写：满孝颖　审订：张伟）

第四章
海洋遥感卫星

1 什么是海洋遥感卫星？海洋遥感卫星通常装载哪些载荷？各有什么特点？

海洋遥感卫星（Ocean remote satellite）是用于海洋要素、海洋环境等探测的专用卫星，为海洋生物资源开发利用、海洋污染监测与防治、海岸带资源开发、海洋科学研究等领域服务。海洋要素包括海洋水色、海洋动力、海上目标等。

海洋遥感卫星一般由平台和有效载荷组成，通常装载光学和微波遥感载荷。光学载荷一般有水色水温仪、海岸带成像仪等，主要用于水色、水温探测，主要特点是窄谱段、高信噪比、低偏振、大视场等。微波载荷包括散射计、辐射计、高度计、合成孔径雷达等，高度计具有高的海面测高精度，其他载荷具有大视场、全天候等特点，合成孔径雷达还具有高空间分辨率的特点。

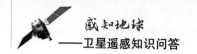

海洋遥感卫星通常包括海洋水色卫星、海洋动力卫星、海洋目标监测卫星。

海洋水色卫星采用多光谱遥感器获取海水信号，可见光和近红外获取海洋水色信息，红外获取海洋水温信息。海洋水色卫星可用于海水叶绿素浓度、悬浮泥沙含量、可溶性有机物含量及海洋水温、水冰等探测，还可用于海洋环境监测、海洋渔业资源开发利用、海洋污染监测、海洋环境评估、海洋权益维护，以及全球环境变化研究等方面。

海洋动力卫星通过发射雷达信号，并测量回波来确定海面高度、海面后向散射系数，反演海面风速和风向；用被动式微波技术测量海面微波辐射亮度温度，得到海面温度，反演风速。主要用于探测海面风场、温度场、海面高度、浪场、流场等，以获取全球海洋风矢量场和表面风应力数据，以及全球高分辨率大洋环流、海洋大地水准面、重力场和极地冰盖数据等。

海洋目标监测卫星利用微波合成孔径雷达来获取高分辨率全天候海洋目标信息，用于对海上目标和对海洋环境进行实时监测，获取海洋浪场、海面风速场、风暴潮漫滩、内波、海冰和溢油等信息，为海洋监察执法、海岸带调查、海洋资源调查开发、海洋环境监测保护、海洋权益维护等提供服务。

（撰写：王丽丽　审订：白照广）

② 海洋遥感卫星发展状况如何?

1978 年 10 月, 美国发射了雨云 –7 卫星, 搭载 9 种试验遥感器, 轨道高度 955 千米。卫星首次搭载了试验型海洋专用遥感器, 海岸带水色水温扫描仪和扫描式多通道微波辐射计, 海洋学家还利用水色水温扫描仪资料绘制了世界上第一张全球大洋初级生产力分布图。此后, 1997 年 8 月 1 日, 美国发射了专用海洋水色观测卫星——"海星"(见图 1)。该卫星有效载荷只有一台宽视场海洋水色仪, 用于海洋水色探测和海洋生产力研究。1999 年 12 月 18 日发射的 EOS–AM1 卫星(后改名"土卫星")和 2002 年 5 月 4 日发射的 Aqua 卫星(水卫星)是综合型遥感卫星, 采用太阳同步轨道, 高度 705 千米, 倾角 98.2 度, 交点地方时分别为上午和下午, 重访周期 16 天, 用于海洋水色观测的主要遥感器是中等分辨率成像光谱仪。美国国家极轨环境卫星系统计划(NPOESS)和美国国家极轨环境卫星系统计划预备计划(NPP)中, 卫星将装载可见光红外成像仪 / 辐射器和锥形微波成像仪 / 探测器。其中可见光红外成像仪 / 辐射器将用于水色观测, 设置有 22 个通道, 包括可见光、近红外、短波红外、中波红外和长波红外。可见光红外成像仪 / 辐射器具有海洋水色观测专用能力, 可分为高分辨率和中分辨率两种工作模式, 高分辨率模式水平采样间距为 400 ~ 800 米, 幅宽为 3000 千米, 而中分辨率模式水平采样间距是高分辨率模式的两倍。

欧空局于 1991 年 7 月 17 日和 1995 年 4 月 21 日, 分别发射了 ERS–1、ERS–2 综合型遥感卫星, 其中 C 波段合成孔径雷达用于探测海面风场, 雷达高度计用于海面高度测量, 沿轨扫描辐射计和微波探测器用于全球海面温度测量。2002 年 3 月 1 日, 欧空局发射了 Envisat–1(见图 2)。Envisat–1 是一颗多功能卫星, 以海洋和大气探测为主, 也可用于陆地环境探测。该卫星配置了 8 台遥感器, 其中用于海洋观测的有: 先进合成孔径雷达、雷达高度计、微波辐射计、先进沿轨扫描辐射计、中分辨率成像光谱仪。2014年4月3日和2016年4月26日，欧空局分别发射了哨兵–1A和哨兵–1B卫星，主要装载C波段合成孔径雷达，用于全球陆地与海洋环境探测。2016年，欧空局发射了哨兵–3A卫星（见图3），该卫星装载有雷达高度计和新一代海洋水色遥感仪，用于海洋和陆地植被监测。

图1　海星卫星　　　　　　　　　图2　Envisat–1卫星

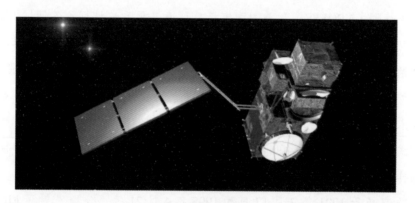

图3　哨兵–3A卫星

　　苏联/俄罗斯从1979年开始，发射了一批用于海洋和极区冰况观测的海洋卫星，称为"海洋"系列卫星（见图4），至1995年8月共发射12次。俄罗斯从1997年起发射新一代大型海洋系列卫星，设计寿命增加到3年，重量6.5吨，共安装9台遥感器，主要特点是光学遥感器分辨率提高了，可见光分辨率为25~200米，红外分辨率为100~600米。

图4 苏联 / 俄罗斯的海洋 –01 系列卫星

　　日本分别于 1987 年和 1990 年，发射海洋观测卫星 MOS–1A 和 MOS–1B，主要用于观测海洋水色和海表温度，观测数据在农业、林业、渔业和环境保护等领域得到了广泛应用。1992 年 2 月，又发射了地球资源卫星（JERS–1），该卫星上安装有海洋探测遥感器，可探测海浪、海流及海洋与大气的关系，为环境和渔业部门提供服务。在 MOS–1 系列卫星和 JERS–1 卫星的基础上，日本于 1996 年 8 月发射了先进地球观测卫星（ADEOS–1）（见图 5），卫星采用太阳同步轨道，高度 831 千米，倾角 98.6 度。ADEOS–1 卫星用于海洋观测的遥感器包括海洋水色和温度扫描仪和微波散射计。2002 年12 月，日本发射了 ADEOS–1 的后续卫星 ADEOS–2，卫星轨道与 ADEOS–1卫星相同，重访周期 4 天，交点地方时为上午 10:30，该卫星用于海洋观测的遥感器包括：先进微波扫描辐射计、全球成像仪和"海风"微波散射计。

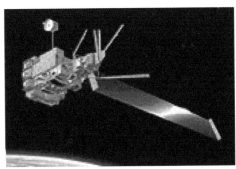

图5 日本的先进地球观测卫星

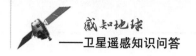

印度于 1996 年 3 月发射了一颗试验型海洋卫星 IRS-P3，卫星采用太阳同步轨道，高度 817 千米，倾角 98.7 度，该卫星用于海洋观测的遥感器是模块式光电扫描仪。1999 年 5 月，发射了一颗业务型海洋卫星 OceanSat-1（IRS-P4）。OceanSat-1 卫星装载的遥感器包括海洋水色监测仪和多频扫描微波辐射仪。2009 年 9 月，OceanSat-1 的后继星 OceanSat-2 成功发射，该卫星装载的遥感器包括海洋水色监测仪和一个 Ku 波段微波散射计。

1999 年，韩国发射了多用途卫星，其上装载有海洋水色成像仪，用于海洋水色观测，设置有 6 个多光谱谱段，分辨率为 850 米，幅宽为 800 千米。2010 年，韩国发射首颗地球静止轨道气象卫星 COMS-1（见图 6），又名"千里眼"，该卫星上装载有新一代海洋水色遥感器，地面采样距离为 500 米时，时间分辨率为 1 小时。

图 6　韩国地球静止轨道卫星 COMS-1

我国第一颗海洋水色观测卫星海洋 -1A 于 2002 年 5 月 15 日成功发射，实现了我国海洋卫星零的突破，卫星装载十波段海洋水色扫描仪和海岸带成像仪，水色扫描仪具有 1.1 千米分辨率、1300 千米成像幅宽能力，海岸带成像仪具有 250 米分辨率、500 千米成像幅宽能力。卫星在轨运行 685 天，获取了中国近海及全球重点海域的叶绿素浓度、海表温度、悬浮泥沙含量、海冰覆盖范围、植被指数等动态要素信息，以及珊瑚、岛礁、浅滩、海岸地貌特征，研发制作了 42 种遥感产品，用户范围覆盖了国内的海洋管理和生产作业、科研院所、高等院校、军事应用等部门。我国第二颗海洋水色观测卫星海洋–1B 于 2007 年 4 月 11 日成功发射，实现了卫星由试验型向业务服务型过渡，该卫星海洋水色扫描仪成像幅宽提升到 3000 千米。2011 年 8 月 16 日，我国发射了海洋–2 卫星（见图 7），星上装载散射计、辐射计、高度计，主要任务是监测和调查海洋环境。

我国台湾也于 1999 年 1 月发射了一颗海洋卫星 ROCSAT–1，卫星装载有海洋水色成像仪，专门用于海洋水色观测。

图 7　中国海洋 –2 卫星

（撰写：王丽丽　审订：白照广）

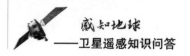

3 **海洋遥感卫星有哪些发展方向？如何进一步提高卫星观测能力与数据质量？**

海洋卫星主要有以下发展方向。

（1）进一步提高观测精度与时空分辨率

如进一步提高叶绿素反演精度，海面温度观测精度由 1K 提高到 0.3K ~ 0.5K，测高精度由米级提高到厘米级，海面风场观测精度中风速优于 2 米 / 秒，风向优于 20 度等。通过不断扩展遥感器观测谱段，提高空间分辨率、探测灵敏度等产品数据精度。通过扩展观测幅宽及采用星座技术，将全球海洋遥感覆盖观测时间分辨率提高到小时级，通过高轨海洋卫星将区域观测分辨率提高到分钟级。

（2）提高定量化应用水平

由海洋卫星数据生产的叶绿素、悬浮泥沙、海温、海冰、海面高度、海面风场、海浪场等遥感产品均属于定量化反演应用范畴。提高定量化应用，不但要提高星上产品数据质量，同时要不断进行定标与真实性检验，以抵销遥感器老化等带来的性能变化，这需要建设针对海洋应用的定标场及不断发展星上自主定标技术。

（3）面向应用的星上数据自主处理技术不断增强

海洋的高动态性及海面服务对象的稀疏性，造成海面服务对象不可能像陆地那样通过数据中心站接收服务产品，要实现海洋遥感数据的实时性服务，海面服务对象直接接收卫星处理的遥感数据产品将成为海洋卫星的重要发展方向。

（4）发展新型海洋遥感技术

国际上列入发展计划的卫星上出现一些新型高性能海洋遥感载荷，如表面水和海洋地形高度计卫星（SWOT）的 Ka 频段雷达干涉仪的测高精度将达到 1.5~3 厘米，空间分辨率将达到 0.5~1 千米。光学遥感器向紫外谱段、多角度、高光谱方向延伸，微波遥感器向高频、多极化等方向发展。

（5）为提高遥感效率及保证成像质量，综合遥感卫星向专用遥感卫星方向发展

典型的以欧洲的综合遥感卫星 Envisat-1 发展到哨兵系列卫星为代表，哨兵 -1 装载 C 波段合成孔径雷达，具备全球陆地、海洋全天候成像监测能力。哨兵 -2 系列卫星装载多光谱成像仪，以可见光光学遥感探测为主，用于陆地植被、土壤、水资源、内河水道和沿海区以内的全球陆地观测。哨兵 -3 系列装载海洋和陆地彩色成像光谱仪、海洋与陆地表面温度辐射计、合成孔径雷达高度计、微波辐射计和精准定轨系统，以全球海洋和陆地遥感为主。哨兵 -4 系列卫星装载高空间分辨率和高时间分辨率观测大气成分的有效载荷，用于对臭氧、二氧化碳、二氧化硫、氧化溴、乙二醛、甲醛和气溶胶等进行观测，并以 1 小时的高时间分辨率对欧洲地区的空气质量进行监测。哨兵 -5 卫星装载紫外 - 可见光 - 近红外 - 短波红外推扫光栅分光计，可进行大气化学元素测量，配合哨兵 -4 系列卫星进行全球实时动态环境监测。

提高卫星观测能力与数据质量的手段主要包括：

1）从遥感器出发，需要扩展和提升遥感器技术性能，包括扩展谱段、提高探测灵敏度、扩展视场等，确保海洋遥感数据质量。

2）从卫星系统设计出发，增强卫星振动抑制、多载荷协同工作能力，增加卫星自主任务规划、卫星自主定标能力，强化星上数据处理能力，提高卫星实时服务能力，提高卫星可靠性，提升卫星运行稳定性和运行寿命，不断提高卫星整体性能与效能。

3）从地面系统出发，需要开展南、北极数据接收站建设，实现成像数据

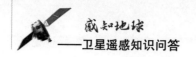

及时下传；加强海面定标场建设，促进真实性实时定标的实现；提高数据反演处理算法精度，不断提升定量化应用产品的质量。

4）丰富新的探测载荷和探测卫星，如盐度卫星、双频多极化雷达卫星等，不断拓展海洋卫星的应用领域。

5）加强天地一体化协同工作能力，以好用、易用为目标，从任务目标、探测要素、遥感手段、平台配置与优化、数据接收、任务规划、数据处理、应用产品等各个环节开展优化与协同设计，密切产、学、研、用的紧密结合。

（撰写：王丽丽　审订：白照广）

第五章
天文与空间遥感卫星

① 天文遥感卫星有哪些类型?

天文观测的目标是极遥远的天体及宇宙空间,从这个意义上看,天文卫星也可以称为天文遥感卫星。考虑到天体和天文现象的多样性和复杂性,天文遥感卫星采用的技术手段和观测模式五花八门,可以被划分为多种不同类型。

最常见的划分是基于探测信号的种类:是电磁波的哪一个波段?亦或非电磁信号?一般按照光子的能量从高到低(即电磁波长从短到长),分别有γ射线天文遥感卫星、X射线天文遥感卫星、紫外天文遥感卫星、光学天文遥感卫星、红外天文遥感卫星、射电天文遥感卫星以及多波段天文遥感卫星,此外还有非电磁信号的天文遥感卫星。

γ射线天文遥感卫星和X射线天文遥感卫星又统称为高能天文遥感卫

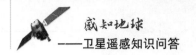

星，数目在天文遥感卫星中占较大比重，实际上绝大部分的 γ 射线和 X 射线天文观测也只能在太空中完成。在光子能量小于10keV（eV 为能量单位"电子伏"，$1eV \approx 1.6 \times 10^{-19}J$）的软 X 射线波段，多采用掠入射式望远镜进行聚焦成像，焦面采用 CCD 等面阵探测器。掠入射聚焦成像已经能扩展到光子能量为几万电子伏的硬 X 射线。而对于光子能量为几十万电子伏的硬 X 射线和兆级电子伏的软 γ 射线，则可通过反演编码遮罩下的阴影图案来实现编码孔径成像。在更高能的 γ 射线波段，利用康普顿散射和正负电子对生成的成像探测技术也都有应用。

紫外天文遥感卫星的数目相对不多，观测波段可进一步细分为极紫外（波长 10~100 纳米）、远紫外（波长 100~200 纳米）和近紫外（波长 200~400 纳米）。极紫外天文遥感卫星因所采用的光学技术和探测器都与软 X 射线天文遥感卫星类似，一般也可归入高能天文遥感卫星。近紫外和远紫外天文遥感卫星则使用正入射光学成像技术。

一般将波长为 400~1000 纳米波段的天文观测通称为光学天文观测，对应的天文遥感卫星即为光学天文遥感卫星。这种观测的主要目的是彻底摆脱大气湍动的干扰，以便能获得高质量的观测数据，如望远镜衍射极限的高分辨率成像和最暗弱天体的探测（如哈勃空间望远镜）、高精度的光度时变监测（如搜索系外行星的开普勒空间望远镜），以及高精度的天体位置测量（如盖亚空间望远镜）等。

红外天文遥感卫星也很多见，以观测中红外（波长 5~25 微米）和远红外（波长 25~350 微米）为主，也有兼顾近红外（波长 1~5 微米）的，或延伸到亚毫米波段。为消除自身热发射造成的探测背景，望远镜需要制冷到深低温，太空的深冷真空环境对此大有助益，为此红外天文遥感卫星优选太阳同步、绕日地 L2 点或地球尾随轨道。因为制冷的需要，红外天文遥感卫星一般都会携带大量的消耗性制冷剂，这将带来巨大的重量和体积成本，并且导致其在轨工作寿命普遍较短（往往仅 1~2 年），而脉管等机械制冷机的逐步应用有望解决这一难题。

射电天文遥感卫星较少见，主要为实现甚长基线的天地联合干涉测量，如日本及俄罗斯的射电天文号。此外，还有毫米／亚毫米波卫星和测量宇宙微波背景的卫星。绕月卫星也开展过地球电离层截止频率之下的甚低频天文观测。

一些天文遥感卫星如太阳观测卫星往往会携带多个不同电磁波段的载荷，构成多波段卫星，部分高能天文遥感卫星也配备光学望远镜作为辅助。在非电磁信号天文遥感卫星方面，可以有引力波卫星、宇宙线或暗物质粒子探测卫星等。

天文遥感卫星还有一些基于观测对象的特别类型。这其中，太阳观测卫星的数目尤为众多，它们常与空间环境卫星相互配合，轨道选取多样，除了多波段电磁观测，往往同时开展高能粒子探测。伽马暴卫星则是一类特殊的高能天文遥感卫星，用于宇宙伽马射线暴（宇宙中随机出现的亮度极高的伽马射线爆发）的触发和观测，一般配备有多波段载荷，具备快速响应和天体联合观测的能力。此外，还有专门用于测量宇宙微波背景辐射的天文遥感卫星，数目不多但意义重大。而开普勒空间望远镜开启了系外行星探测这一全新的重要类型。

最后，也可以依据观测模式从天文遥感卫星中划分出天文台卫星和巡天卫星这两大类。天文台卫星主要是对不同的天体开展定点观测，目标选取和时间分配一般是在运行期间经自由申请和同行评议后确定，典型的如哈勃空间望远镜。巡天卫星则是对全天或大部分天区开展普查性的巡视观测，获得天体源表或天图供长期的数据挖掘和深入观测，有些也在完成巡天任务后转为天文台卫星。巡天卫星中还有一类天体测量卫星，主要工作在光学和近红外波段，观测技术较特殊，专用于获取高精度的天体位置和自行速度等普查性数据。

（撰写：邓劲松　审订：王竞）

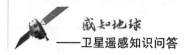
2 为什么要到太空去开展天文观测?

地球厚厚的大气层为生命的繁衍不息提供了所需的氧气、二氧化碳和水,也保护着生命不受来自宇宙空间的紫外线和高能粒子的危害,但它对人类的天文观测来说却构成巨大的障碍,就像是用一层厚厚的纱布蒙住了望远镜和各种天文探测器的"眼睛"。可以说,摆脱大气层各种无形的阻挠,是人类进入太空开展天文观测的最大动力。

宇宙中的天体类型繁复多彩,天文物理过程奇谲诡异,所发出的信号能涵括全部的电磁波段,从低频端的射电、毫米波/亚毫米波,经红外、光学(即可见光)、紫外,一直到高能端的 X 射线和 γ 射线;但地球大气层却仅对其中的可见光(现代天文一般将波长 400~1000 纳米的电磁波通称为可见光)、大部分的射电以及部分近、中红外是透明的,也就是说,只存在少数几个对地面天文观测开放的宝贵的大气窗口(如图 1 所示)。

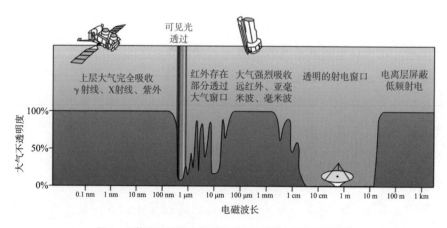

图 1 天体不同波长的电磁波对应的地球大气层不透明度

虽然在平流层已经可以用高空气球在红外、硬 X 射线及 γ 射线波段开展一些短时间的天文观测,但大气层只有在海拔约 40 千米以上的高空才对远红外、亚毫米波和硬 X 射线基本透明,而只有在海拔约 120 千米以上的超高空才对软

X 射线和紫外基本透明。探空火箭虽然能达到这样的高度，但停留时间过于短暂，只能用来开展极少量低灵敏度的天文观测。因此，要摆脱大气吸收并开展充分有效的天文观测，必须借助太空中的天文遥感卫星及类似的航天器。

地球大气层还以强背景及噪声源的方式影响着地面天文观测。昼间是无法开展光学天文观测的，夜间观测的灵敏度则依赖于月光的强弱，而夜间光发射也限制着暗源的光学探测以及光谱测量。大气的热发射对红外观测的限制尤为严重，背景强度从波长 2 微米到 3 微米增加 2 到 3 个数量级，再到 5 微米又增加 2 到 3 个数量级，而在 10 微米附近的峰值处，每平方角秒的天空亮度换算成织女星（Vega）等约为 –1 等，已与最亮的恒星相当。此外，地面观测还受到人为的光污染、空气污染和无线电污染的困扰。而天文遥感卫星能避开大气背景和其他地面干扰，大幅提高探测灵敏度，从而可以观测更暗弱的天体和更深远的宇宙。

由于中低层大气存在对流湍动，地面的光学和红外天文观测难以充分发挥大中型望远镜的能力，一般无法实现接近衍射极限水平的高分辨率。一个好的地面天文台址，大气视宁度（长时间曝光下大气湍动对应的点源像斑大小）在 0.4″~1″ 之间，仅相当于约 20 厘米口径的望远镜在光学波段的衍射极限。假如不考虑复杂的局限性大的自适应光学技术，2 米口径的哈勃空间望远镜的实际成像分辨率要远高于目前地面最大的口径 8~10 米的光学望远镜。

大气湍动也大大增加了高精度的天体测光特别是时变测量的难度。很大程度上因为如此，通过高精度时变测光来搜寻系外行星的经典的凌星法，其效率能在一朝之间被开普勒空间望远镜成数量级地提高。

在太空开展天文观测还可以获得其他一些在地面无法实现的有利之处。例如，可以不再受昼夜更替的限制对天体开展更长时间的连续监测，可以选择太阳同步轨道和绕日地 L2 点轨道观测深空天体，选择绕日地 L1 点轨道监测太阳活动等。又如，可以建立超地球尺寸的甚长基线开展高空间分辨率的射电干涉测量，甚至可以计划建立百万千米的干涉基线来测量中低频的引力波信号等。总之，选择太空作为"台址"可以给人类的天文观测带来更大自由度和更多的可能性。

（撰写：邓劲松　审订：王竞）

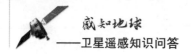

3 **空间环境对天文遥感卫星有哪些影响?**

空间环境使得天文遥感卫星能摆脱极不利于天文观测的地球大气层,获得相对地面望远镜而言的巨大优势,但空间环境也会带来一些新的干扰和影响,需要加以考虑。

首先是在空间环境中大量存在的高能带电粒子,它们除了以单粒子事件的方式跟影响其他卫星一样影响天文遥感卫星的正常工作和安全性外,还会直接干扰天文观测,减弱天文探测的性能。

X射线和γ射线天文遥感卫星所用的探测器通常也对环境中的高能带电粒子有敏感的响应,而这些带电粒子的数量一般远远超出来自天体的X射线和γ射线,因此采用适当的屏蔽技术对X射线和γ射线天文探测来说至关重要。除了直接阻挡带电粒子的被动屏蔽技术,还常采用依据响应信号的不同特性来甄别带电粒子本底和有效探测信号的主动屏蔽技术。此外,高能天文遥感卫星也可选择倾角接近零度的近地轨道,以避开高能粒子相对集中的南大西洋异常,或选择大椭圆轨道,从而使卫星大部分时间运行在地球的范·艾伦辐射带之外。

高能带电粒子的长期辐照还会造成材料损伤,对多使用半导体材料作为焦面探测器(如CCD)的光学和红外天文遥感卫星,以及使用CCD的部分X射线天文遥感卫星的影响尤为显著。高能粒子诱发的半导体材料缺陷会导致暗电流的局部增大,造成热点和暗场不均匀,从而影响探测信噪比。特别是对于CCD,辐照损伤会降低电荷转移效率,导致信号电荷不能被完美地转移读出,造成星像拖尾现象(如图1所示),对面源成像、暗源探测、天测、测光、光谱测量等产生不利影响,目前待用CMOS图像传感器来取代CCD以彻底解决该问题。

图 1　哈勃空间望远镜 ACS/WFC 相机因 CCD 所受高能粒子辐照损伤造成的星像拖尾现象

在高能带电粒子打上或穿过 CCD、CMOS 图像传感器和红外半导体面阵探测器的瞬间，会在材料中产生大量电荷，从而在光学或红外天文图像中留下较强的伪信号，称为"宇宙射线事件"。由于其瞬态特性和随机性，"宇宙射线事件"一般可通过连续获取同一目标的多帧图像加以去除。

在真空度极高的空间环境中，材料部件会在表面出现升华或内部吸附气体的释放现象，天文遥感卫星的望远镜等光学表面可能会受到所释放气体分子的污染，导致探测性能下降。特别是制冷到低温的部件如 CCD 等焦面探测器，表面成为极易再次吸附并积聚气体分子的"热沉"，需要重点考虑相应的防污与去污措施。

由于频繁进出地影区，天文遥感卫星常会处于一个变化显著的动态热环境之中。若温控设计不充分，由此产生的温度变化和温度不平衡会造成望远镜的焦距变化、光学像质劣化、焦面探测器性能漂移、观测的指向稳定性下降等问题。

此外，在天文遥感卫星光学载荷的高精度装配和对齐准直设计中，需要考虑与地面全然不同的近似零重力环境，对于超大尺寸的光学载荷，还要考虑不同部件存在所受重力的径向差异即"潮汐重力"问题。

（撰写：邓劲松　审订：王竞）

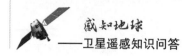
4 空间遥感卫星有哪些? 发展趋势如何?

空间物理学是伴随人造卫星发射进入空间而迅速发展起来的一门新兴的多学科交叉的前沿基础学科,它的研究对象包括太阳,行星际空间,地球和行星的大气层、电离层、磁层,以及它们之间的相互作用和因果关系,特别关注的是地球表面 20 千米以上直到太阳大气这一广阔的日地空间环境中的基本物理过程。卫星遥感技术是促进空间科学技术不断深入发展的不可或缺的重要组成部分,被称为人类探索宇宙未知世界的"眼睛",空间遥感卫星指对日地空间进行遥感探测的卫星,是当前空间物理研究中最重要的手段之一。图 1 为美国国家航空航天局的日球空间的太空计划和 NSF 的地基探测设备构成的协同监测网 HSO。

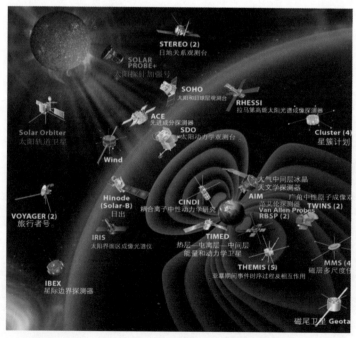

图 1 美国国家航空航天局的日球空间的太空计划和 NSF 的地基探测设备构成的协同监测网 HSO

(图片来源: 美国国家航空航天局)

空间遥感卫星探测的区域就是空间物理研究关心的区域，由于人类无法对太阳进行实地观测，所以太阳探测卫星多以遥感探测为主；而在地球空间，卫星实地测量和遥感探测并重，用于地球空间探测的遥感卫星相较之用于太阳探测的数量较少，但是与此同时有地基遥感探测作为补充。

按照探测区域不同，对遥感卫星分类介绍如下：

（1）太阳／行星际遥感卫星

SOHO（Solar and Heliospheric Observatory）卫星是美国国家航空航天局和欧洲空间局 1995 年联合发射的卫星，位于日地连线之间的拉格朗日点，对太阳爆发性事件，可提前 30 多分钟提供准确的预报和警报。卫星上搭载了多个遥感器：太阳整体低频速度震荡测量仪（GOLF），测量太阳表面的纵向速度，获得低频日震信息；MDI/SOI（Michelson Doppler Imager/Solar Oscillations Investigation），一种修改版的傅立叶光谱仪，利用光线在太阳大气中的塞曼效应测量多普勒频移，同时可测量太阳磁场；日冕诊断分光计（CDS），通过研究极紫外区的发射线特征来获得太阳大气的等离子体特征（包括密度、温度、流速及丰度等）；太阳极紫外成像望远镜（EIT），用于研究色球和日冕小尺度结构的动力学过程，耀斑活动等；日冕仪（LASCO），利用人工日食的方法研究日冕物质抛射；太阳紫外辐射测量仪（SUMER），测量紫外谱上的辐射，研究太阳日冕和过渡期活动。

Hinode（Solar-B）卫星是由日本、英国和美国联合研制的太阳观测卫星，于 2006 年发射升空。这颗卫星的主要目的是观测太阳磁场的精细结构，研究太阳耀斑等剧烈的爆发活动。卫星上搭载的遥感器有：50 厘米太阳光学望远镜（SOT），进行光球磁场和速度场的高分辨率观测；EUV 成像分光计（EIS），诊断日冕热特性和动力学特性；X 射线望远镜（XRT），用于日冕 X 射线、EUV 高分辨率成像。

STEREO（Solar Terrestrial Relations Observatory）日地关系观测台是 2006 年发射的两颗太阳探测卫星，分布在地球的两侧，像人的两只眼睛一样，形成了针对太阳的立体观测视角，主要科学目标是理解导致太阳爆发的物理

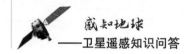
过程，跟踪日冕物质抛射的加速和传播的三维演化，研究高能粒子加速和太阳风三维结构等。卫星上搭载的主要遥感仪器有：日地关联日冕和太阳风层探测器（SECCHI），目的是研究日冕物质抛射从太阳表面穿过日冕，直到行星际空间的演化过程；太阳中心设备（SCIP），其目的是对太阳圆面和日冕进行成像；两台太阳风层成像仪（HI），目的是观测太阳大气以外的行星际空间。

SDO（Solar Dynamical Observatory）太阳动力学观测台于 2010 年发射，科学目标是：在小尺度的时间和空间条件下，以多波段研究太阳大气层，以了解太阳对地球和近地球空间区域的影响。卫星上搭载的遥感仪器有：日震与磁成像仪（HMI），用来研究太阳变化与判断太阳内部结构和磁场活动；极紫外线变化实验仪（EVE），能够以较高的光谱分辨率和精确度拍摄太阳的极紫外线辐射；大气成像组件（AIA），可拍摄高时间与空间分辨率的完整太阳盘面的数个不同波长紫外线和极紫外线影像。

IRIS（Interface Region Imaging Spectrograph）卫星于 2013 年发射，是美国研制的太阳观测卫星，负责获得色球层和太阳过渡区高时空分辨率的 UV 观测图像，以确定色球层和太阳过渡区在流向日冕和太阳风的热能和物质的起源中的作用。卫星的主要载荷是一台高分辨率的紫外线成像光谱仪。

（2）地球空间遥感卫星

地球空间的遥感探测卫星数量较少，主要有以下几颗。

POLAR 卫星发射于 1996 年，科学目标是研究在亚暴现象以及整体的磁层能量平衡中电离层的作用，测量等离子体注入和输运，并且对北半球极光带成像。POLAR 卫星携带的遥感仪器有环形成像质谱仪、UV 成像仪、可见光成像系统，以及极区电离层 X 射线成像实验仪。

IMAGE 卫星是美国国家航空航天局于 2000 年发射的磁层卫星。主要科学目标是确定磁暴、亚暴等基本物理过程。IMAGE 卫星携带有 ENA 高能中性原子成像仪、紫外成像仪和射电成像仪。

THEMIS 卫星组是美国于 2007 年发射的，其主要科学目标是利用分布在不同空间区域的 5 个相同卫星确定磁层亚暴的起始和宏观演化，解决亚暴的时空发展过程。其主要遥感载荷为固态望远镜。

TWINS 广角中性原子成像双星由美国于 2006、2008 年发射，其主要科学目标为利用两个能量中性原子成像卫星对地球磁层进行立体成像观测，建立不同磁层区域的全球对流图像及其相互关系。主要载荷包括中性原子成像仪。

DSCOVR 深空气候观测卫星由美国于 2015 年 2 月 11 日发射，在 110 天后进入 L1 点轨道。DSCOVR 卫星正在逐步取代即将退役的 ACE 卫星，与 ACE 卫星相比，DSCOVR 卫星的数据分辨率更高，提升至 10 秒。DSCOVR 卫星携带的两个地球遥感装置——地球多色成像仪（EPIC）和高级辐射计（NISTAR），能够监测地球大气的臭氧与悬浮微粒水平，以及地球辐射的变化。图 2 是 NASA 于 2015 年 8 月 5 日发布的 DSCOVR 卫星观测到的月球与地球贴面的奇景，当月球穿行于地球与 DSCOVR 卫星之间时，月球看上去就好像贴在了一张湛蓝色地球画面的墙纸上。

图 2　美国国家航空航天局公布的月球与地球合影

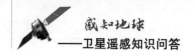
除了现有的空间遥感探测卫星，国际上还提出了若干更新的卫星遥感探测计划，如计划于 2018 年发射的 SO 太阳轨道卫星，以及 SP+（太阳探针加强号），中国科学家也提出了太阳风－磁层相互作用全景成像卫星（Solar wind Magnetosphere Ionosphere Link Explorer，SMILE）计划、"夸父"计划、SPORT（太阳极轨射电成像望远镜）计划在内的多个大型卫星项目。这些计划或具有更高时空分辨的观测能力，或具有更新颖的观测设计，从而为相关物理问题的深入研究和最终解决提供契机。

分析现有和即将开展的空间遥感卫星计划，可以发现以下趋势：多颗卫星将对不同区域实施联合遥感观测，开展相互联系的探索；新的遥感探测手段逐渐开发，用于打开新的探测窗口。随着空间卫星遥感探测的进步，空间物理研究和探测事业无疑会得到更好的发展。

（撰写：任丽文　审订：王赤）

第六章
遥感卫星地面系统与运行管理

❶ 遥感卫星地面系统如何运行管理?

遥感卫星通过火箭发射入轨后,卫星上携带的遥感器就可以对地面实时观测了。但卫星对地球什么位置观测,什么时间观测,什么时间下传观测数据,都需要地面系统对其进行业务化管理。卫星连同地面系统就像人的身体一样,遥感卫星像人的眼睛,卫星地面系统相当于人的大脑,需要控制眼睛获取观测数据,并对观测数据进行加工处理获取需要的信息。

遥感卫星地面系统通常由运行管理、观测规划、数据接收、数据处理、数据管理、定标评价、分发服务七个分系统组成。遥感卫星运行管理,即通过制定高效、可控的工作流程,按照卫星数据的生产流程,协调地面系统所有分系统开展卫星数据自动、有序的接收、生产、归档、分发,从而满足众多用户对卫星数据的需求。如图 1 所示,紫色的粗箭头表示数据的流向,黑

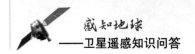

色的细箭头表示控制指令的流向。

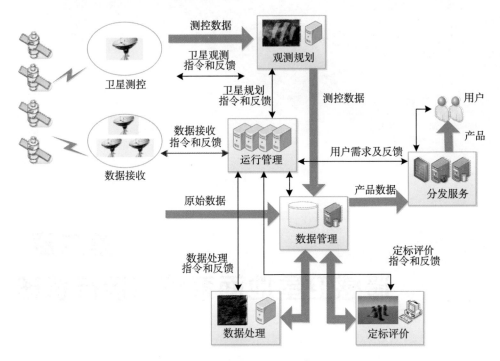

图 1　遥感卫星地面系统运行管理流程

1）运行管理分系统是整个地面系统的管理中枢，负责对整个地面系统生命周期的管理，从硬件环境上对各个分系统进行连接，并对整个系统硬件和软件资源的运行状态进行监控和安全管理。另外，运行管理分系统对地面系统的数据接收、数据处理、数据管理、数据分发等业务进行任务调度。

2）观测规划分系统负责卫星工作任务安排。众多用户向地面系统提出数据服务需求，观测规划分系统对这些需求统一筛选和过滤，根据卫星载荷的观测能力制定第二天的卫星观测计划和卫星接收计划，并将卫星观测计划发送给卫星测控网，通过测控天线传给卫星，指挥卫星实施观测任务，将卫星接收计划经运行管理分系统传给卫星地面站网。

3）数据接收分系统就像人脑的视觉神经系统接收眼睛所视一样，接收遥感卫星所观测到的数据，主要由地面接收站和接收软件构成。地面接收站根据卫星接收计划，对卫星进行捕获跟踪，当遥感卫星通过地面接收站天线接收范围时,接收、解调和记录卫星遥感数据和辅助数据,并将接收到的数据通过数据管理分系统传输给数据处理分系统。

4)数据处理分系统负责对接收分系统传来的遥感卫星原始数据进行快速的自动化处理,将接收到的数字信号转化成用户可以使用的数据。这些处理过程主要包括信号检校、解压缩、数据格式解析、辅助数据处理、数据编目、数字信息提取、辐射校正、几何校正和正射校正等,根据用户不同需求形成不同的工作流,生成不同等级的标准化产品。

5)数据管理分系统相当于大脑的神经元记忆部分,主要用于对遥感卫星标准产品数据及元数据的长期存档,提供对业务数据库的访问服务。人脑所能存储的信息容量至今没有确切的上限,而遥感卫星获取的数据也是海量的,存储这样海量的数据需要众多的存储设备,一块存储硬盘就如同人脑的一个神经元,众多的存储硬盘通过存储软件管理起来,提供存储和检索服务。

6)定标评价分系统主要对卫星观测数据质量进行测试和评价,形象地来说,就像对人眼测视力,使卫星能够以最好的状态获取数据。它对遥感卫星遥感器的性能变化进行跟踪,及时修正数据处理所需的有关参数,并为卫星参数调整提供依据;定期为用户提供在轨绝对定标系数,为遥感数据定量化提供服务;对数据产品进行分析和质量评价。

7)分发服务分系统主要负责为用户提供数据共享服务,如同从大脑中提取正确的记忆信息。根据用户的数据服务需求订单,分发服务分系统从数据管理分系统调出相应数据,并通过光盘、硬盘拷贝和在线传输等方式提供给用户使用。

卫星地面系统十分复杂,如图2所示。地面系统建设包含着多种专业学科的知识和技术。只有地面系统中各个分系统各负其责、互相协调,才能共同完成遥感卫星的运行管理。

卫星和地面系统每天的业务运行,如同人体一样,通过"眼睛"观察外面的世界,从"大脑"视觉感知中获取有用的信息,并形成"记忆",而一

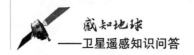
旦需要这些"记忆"知识时，通过检索快速将这些"记忆"信息提取出来，用以服务人类的活动。

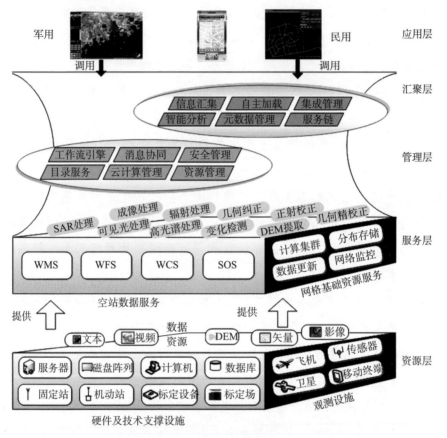

图2 地面系统总体架构

（撰写：孙业超 赫华颖 审订：李杏朝）

2 遥感卫星地面系统如何安排卫星任务？

遥感卫星地面系统是通过地面观测规划分系统来安排卫星任务的。观测规划分系统由测控站等硬件设备和观测规划软件组成。

遥感卫星发射成功后，地面测控中心通过测控天线遥测信号对卫星进行跟踪，监控卫星的运行位置和状态，观测规划软件根据这些遥测数据，对卫星的实际运行轨道进行预报。当用户有观测服务需求时，观测规划软件能够结合当前卫星所处的空间位置、飞行速度和飞行方向，对以后一段时间内的卫星飞行轨迹进行预测，然后结合用户需求，并综合考虑在轨运行卫星资源、地面站资源，以及其他信息，完成卫星有效载荷工作计划制定。按照这个计划，根据卫星使用接口生成卫星能够识别的指令链，通过测控站的测控天线向卫星上注指令，卫星接到工作指令后，按照指令执行相应的变轨、调姿和观测任务。观测规划软件还会根据各个地面站的位置状态，制定地面站的接收计划，安排多个地面站的接收时间。观测的数据通过接收天线下传到地面，经过处理分发给用户，用户的服务需求就得到了满足。

图1是日常业务工作模式下的卫星观测规划流程，但在发生重大突发事件需要进行紧急观测时，就要启动应急模式。在系统接收到用户的紧急观测申请时，根据实际情况，制定卫星有效载荷的紧急工作计划和地面站紧急接收计划，并快速上注到卫星，卫星会终止目前正在执行的任务，转而执行紧急任务。

2016年3月2日，甘肃迭部林区发生森林大火。中国资源卫星应用中心第一时间启动重大自然灾害应急响应机制，充分利用高分四号卫星快速指向调整能力，紧急调度高分四号卫星于3日开始对灾区进行监测，如图2所示。

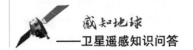

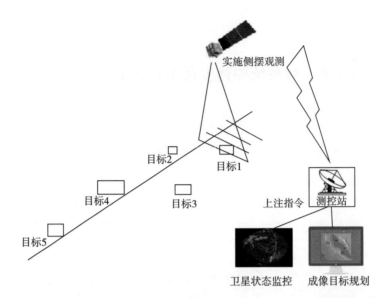

图 1　观测规划示意图

（a）2016年3月3日　　　　　　（b）2016年3月5日　　　　　　（c）2016年3月6日

图 2　2016 年 3 月，甘肃迭部林区森林火灾"高分四号"可见光近红外波段影像

　　当单颗卫星或单系列卫星的成像能力无法满足应急任务需求时，就需要进行多星多任务联合观测。观测规划软件根据灾害发生区地理位置，最大限度地调动所有卫星和地面站资源，多星联合对观测区进行全方位、高时效的观测，如图 3 所示。

　　2016 年 4 月 17 日，厄瓜多尔发生 7.5 级地震。中国资源卫星应用中心当日启动重大自然灾害应急响应机制，紧急调度多颗国产在轨陆地观测卫星对灾区进行成像。安排高分二号卫星于 19 日对灾区成像，高分一号卫星和高分二号卫星于 21 日成像，资源三号卫星于 22 日成像等计划。

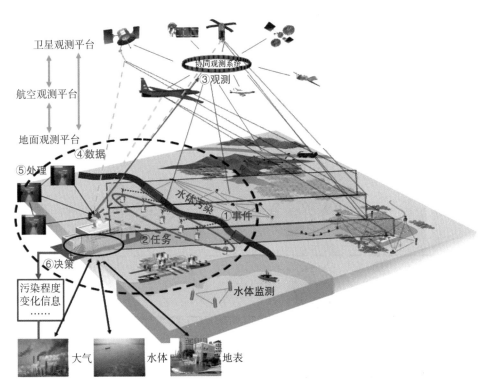

卫星观测平台

航空观测平台

地面观测平台

协同观测系统

③观测

④数据

⑤处理

水体污染

①事件

②任务

⑥决策

污染程度
变化信息
……

水体监测

大气　　水体　　地表

图3　多星多任务协同观测规划

（撰写：孙业超　审订：李杏朝）

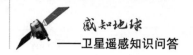
3 遥感卫星地面系统如何实现数据接收、处理、管理与分发?

遥感卫星地面系统是一个大型复杂的工程系统,数据接收、处理、管理、分发是其中重要的环节,图1是地面系统的整个数据处理流程。

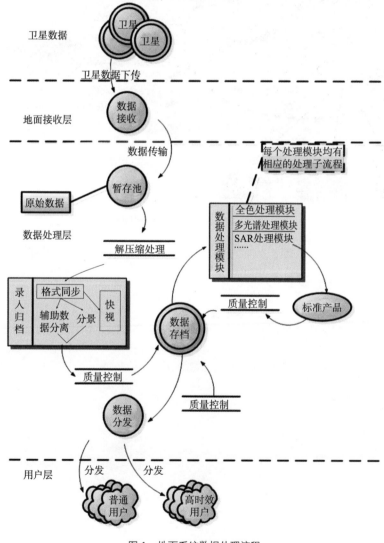

图1 地面系统数据处理流程

（1）数据接收

遥感卫星在运行轨道上获取的观测数据，需要通过地面接收站的接收设备以电磁波信号的形式接收下来。地面站设备主要包括天伺馈、信道收发、数据记录以及其他站控管理设备。

天伺馈设备，也就是接收天线。日常生活中，我们经常能看到像锅一样的接收电视信号的接收天线，遥感卫星的接收天线形状与之完全一样，通过锅型造型汇聚信号，只不过体积要大一些，直径5~20米不等。卫星过境时，接收天线能够自动对准卫星，并自动跟踪卫星。其间，卫星的观测数据信号源源不断地传输下来。信道收发设备，是如同电视机顶盒一样的信号收发设备，能够将接收到的电磁信号进行解调、功率放大、变频和噪声处理。数据记录设备把从解调器中输出的数据记录到硬盘等存储设备上。

目前地面站接收设备经常是上下信号复用的，能够接收卫星下传数据，也能向卫星上传数据，可以把地面生成的卫星任务指令等数据进行信号调制，通过天线发送到卫星上，指挥卫星工作。遥感卫星一般是在太阳同步轨道上绕地球飞行，卫星只有飞行到接收天线能够"看"到的位置才能传输数据，由于我国幅员辽阔，一个地面站无法全部覆盖全国范围，所以需要通过多个地面站组成地面站网进行综合接收。目前我国常用的地面站位于北京、乌鲁木齐、广州和牡丹江等地。

（2）数据处理

地面接收站接收到卫星数据后，会通过网络光纤传输到地面数据处理中心进行数据处理加工。遥感卫星类型多样，加工处理流程不尽相同，但普遍分为数据录入、预处理、后处理三个阶段。目前，数据录入、预处理一般是在地面系统中自动完成的，后处理一般由用户在获取预处理的数据后进行个性化处理。

1）数据录入。数据录入就是数据整理过程。卫星对地观测获取的数据量非常大，为了能够高效传输到地面，多个不同遥感器的数据会混合在一起进

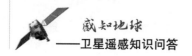
行压缩、编码，所以地面接收到的数据首先要进行帧同步、解码等操作，把不同遥感器的数据分离出来，并进行解压缩操作，恢复原始观测数据。获得原始观测数据后，还要对原始观测数据进行格式解析，提取原始观测数据中的相关信息，存储起来以供后续处理。

2）预处理。预处理主要包括辐射校正和几何校正两个方面。用于地面物体成像的遥感器通过不同的灰度色彩记录不同的地物，同时遥感相机拍摄的图像也会存在色差、条纹、失真等问题，这是遥感器中的不同感光器件对相同光响应不一致造成的，在卫星遥感器制造的过程中是难以避免的。为了克服这种现象，地面数据处理系统需要对图像进行归一化相对辐射校正，对各探元获取图像的原始灰度值进行调整校正，将各个探元的输出值调整到一个基准上，使得各探元对完全相同的地物具有相同的输出灰度值。另外，还要进行瑞利散射校正、调制解调函数补偿等处理，减少卫星遥感器对地面物体成像时光线散射、折射的影响。这样能够消除原始图像的失真，使得地物图像更清晰、真实，这个过程就是辐射校正。图2是辐射校正后条纹去除情况。

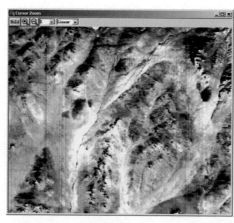 

（a）辐射校正前　　　　　　　　　　　（b）辐射校正后

图2　辐射校正后条纹去除情况

图像进行辐射校正后，需要进行几何校正。遥感卫星在成像过程中，卫星本身会出现俯仰、滚转、抖动等，造成拍摄的图像存在几何变形。因此需要结合成像时卫星及遥感器的位置、姿态等信息对图像进行纠正，恢复变形的图像。另外，需要对图像进行几何投影。遥感器原始拍摄的地球照片是没有几何位置信息的，几何投影是利用已知的卫星轨道和姿态参数、传感器的各种参数和地球模型参数，建立起拍摄图像上地物点坐标和地物在地球真实位置的数学关系，根据该映射关系，将卫星拍摄的原始图像变换并重采样到地图坐标系中。经过几何校正的图像，具有位置信息。

（3）数据管理

目前我国在轨运行着几十颗遥感卫星，每颗卫星搭载着多种遥感器，每颗卫星可以每天对地面观测多次，为了能够便于数据的快速查询和提取，必须对遥感卫星产品数据进行有效的管理。一般通过数据库技术进行管理，建立能够进行数据库查询、新增、删除功能的信息系统。但由于遥感卫星观测的单次遥感数据量很大，一般在数据库中只存储观测数据的元数据和存储位置，观测数据按规定的目录结构存储在文件系统中。这样通过查询元数据，然后依据数据库中记录的存储位置，就能方便地找到所需数据。

遥感卫星的数据量巨大，这对存储设备能力提出了很大挑战，目前，一般采用在线、近线、离线分级存储方式。常用的数据、最新的数据一般用硬盘或硬盘阵列等在线存储，计算机能够自动读取以便快速提取；稍旧的数据近线存储在磁带库里，通过机械手换带提取；更陈旧、不常用的数据存储在磁带中，并从磁带库中取出来离线存放，需要提取数据时进行人工换带。通过这种分级存储，能够在保障数据安全的前提下节约存储成本。

（4）数据分发

数据分发是把最符合用户需要的数据传送到用户手中，目前大部分地面系统是通过线上订单管理来实现的。

用户在地面系统数据分发网上查询到所需要的数据后，就可以对该数据进行像淘宝网上的订购，订单系统就会增加数据订单记录，后台系统会对这个订单进行处理，按用户的需求准备产品数据。用户也可以实时了解订单的处理状态，当数据准备完成后，订单系统会告知用户数据的下载地址。对于

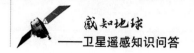
特殊用户，地面系统也可以将数据刻录到光盘介质上，通过快递或专人送到用户手中。

地面系统所服务的用户众多，每天的数据订单成百上千，需要后台高性能的计算、存储、网络设备和信息技术支撑。目前地面系统也普遍采用了大数据分析技术，能够根据用户的身份、位置及订购历史等信息，自动为用户智能推荐相应的遥感卫星数据产品。

（撰写：赫华颖　审订：李杏朝）

4 遥感卫星为什么需要定标？如何实施？

遥感卫星在太空中遨游，为人类赖以生存的地球上的海事、气象等领域保驾护航，人们希望这些"太空眼"能看得越来越清楚。科学家认为，提高遥感卫星的辐射定标精度，减小观测误差，对于确保卫星产品反演精度具有决定性作用。

通常我们把卫星观测数据换算为真实辐射量的过程称之为辐射定标。简单来说，相当于给卫星观测这杆"秤"加上准星。如果没有准星，就无法进行定量遥感应用。如同尺子上有度量标准、秤有计量标准一样，卫星观测需要有个精确的数据标准。为了让卫星观测到的数据更加真实地反映实际物理量，需要对卫星观测的数据进行定标。对遥感信号进行辐射定标，是给出遥感信息在不同波段内的电磁波对应地表物质的定量物理量，例如，可见—近红外—短波红外波段内的地表反射率、热红外波段内地表的辐射温度和真实温度、微波波段内地表物体的亮度温度和发射率及物体的后向散射系数等的定量数值。要得到这些物理量必须进行遥感器辐射定标，也只有在这些定量物理量的基础上，才能通过实验或物理模型将遥感信息与地学参量联系起来，定量地反演或推算某些地学或生物学的参量，例如，植被的生物量、叶面积指数、农田蒸散量、森林蓄积量、土地利用面积、积雪厚度、海洋上的风速和风向、海面温度、海洋叶绿素含量、水体泥沙含量，等等，实现遥感的定量化应用。

遥感卫星发射前，必须对遥感器的辐射特性进行标定。遥感卫星发射后，由于受太空环境影响及仪器本身老化，辐射响应特性也会发生变化。因此，辐射定标除了发射前定标外，还需要进行运行期间的在轨定标。

发射前定标通常以在实验室内开展的实验室定标为主（见图1）。针对太阳反射波段的遥感卫星实验室定标通常利用积分球作为输入光源，当积分球和仪器预热到稳定状态后，获取积分球光源的能量和遥感卫星读取的计算值，从而得到遥感器各通道的辐射定标系数。

图1　遥感卫星实验室辐射定标

我国遥感光学卫星的在轨定标以场地定标手段为主（见图2）。场地定标，顾名思义是通过在场地开展定标试验以获取定标系数的过程。具体来讲，场地定标是指当遥感卫星飞越定标试验场上空的同时，在地面进行场地地表反射比测量、场地周围大气数据及常规气象数据观测，并记录场区各采样点的定位信息。通过对观测数据进行处理，获得辐射定标计算的中间参数。将这些中间参数输入辐射传输模型，计算得到遥感卫星所观测的能量值。另外，提取并计算试验区域图像的平均计数值。将能量值与图像平均计数值比较，得到卫星各波段定标系数。

目前，我国遥感光学卫星的场地定标试验多基于敦煌辐射校正场开展。

图2　遥感卫星在轨辐射定标试验

敦煌辐射校正场是中国国家级辐射校正场（见图3），具有地势平坦、地表均一、方向特性较好等优势，已得到国际上的认可，适用于可见近红外遥感器的在轨绝对辐射定标。中国敦煌辐射校正场已被成功用于对"资源一号"系列、"风云"系列、"资源三号"系列、

"高分"系列、"海洋1号"、"北京1号"和"北京2号"卫星等多颗卫星进行绝对辐射定标。

图3　敦煌辐射校正场遥感卫星影像

除敦煌辐射校正场外，青海湖辐射校正场主要用于我国中、低空间分辨率的热红外光学传感器的辐射定标。2013年6月正式建成并投入使用的中国（嵩山）卫星遥感定标场，是由中国资源卫星应用中心负责建设的我国第一个固定式靶标场和数字化几何检校场，为我国后续几何检校场的建设奠定了基础。我国微波定标场主要有内蒙古苏尼特右旗定标场和云南思茅微波定标场。随着国产遥感卫星种类及数量的不断增加，我国遥感卫星定标场的建设也在不断完善。

（撰写：刘李　审订：李杏朝）

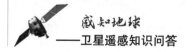
5 遥感卫星的数据产品是什么？有哪些类型？

遥感卫星搭载的探测传感器种类繁多,按工作波段可以分为可见光、红外、微波和激光传感器等,按应用领域又可分为陆地、海洋、气象三大类。因此,按照遥感卫星数据产品的生产加工环节,遥感卫星数据产品可分为初级产品、高级产品和专题产品。

（1）初级产品

初级产品也称为标准产品,是指卫星下传的原始码流数据经过一系列自动化、系统化处理而生成的数据产品。具体可以分为:

1）0级产品。遥感卫星对地面地物观测后的数据,经过压缩并按照一定的传输格式打包传送到地面,地面系统首先需要对原始数据进行格式整理、解压缩、辅助数据解析操作,恢复成原始的测量数据,形成0级产品。0级产品是其他各级产品的基础。

2）1级产品。对0级产品进行均一化相对辐射校正、瑞利散射校正、调制传递函数补偿等处理,消除0级产品上的条纹、噪声,并进行传感器校正后的产品称为1级产品（如图1所示）。

3）2级产品。根据卫星观测时的GPS位置、姿态等辅助数据,对1级产品进行系统级的几何校正,从而将观测数据与地面位置联系起来,使得观测数据有了位置信息,形成2级产品（如图2所示）。

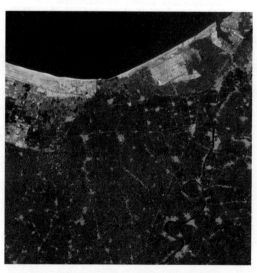

图1　高分一号卫星多光谱相机的1级产品

图 2 资源三号卫星多光谱相机的 2 级产品

（2）高级产品

初级产品只能满足有丰富遥感应用经验的用户需求，而对于遥感应用基础一般的用户，地面系统需要通过一系列深层次、高精度的深加工处理，生产出几何和辐射精度更高的高级产品。主要包括：

1）正射校正产品。在 1 级或 2 级产品基础上，运用精密的轨道和姿态数据或地面控制点数据，结合高精度的地面高程数据进行校正得到的数据产品称为正射产品。

2）大气校正产品。卫星遥感器在对地观测过程中，受到大气分子、气溶胶、云粒子等大气成分的吸收与散射的影响，使其获得的遥感信息带有一定的非目标地物的观测信息。通过测定辐射传输路线上大气成分、气溶胶浓度等信息，可以减弱大气的影响。经过大气校正的产品，更能够真实反映地物的辐射特性。

3）镶嵌分幅产品。遥感卫星是按既定轨道进行观测的，但用户总是希望按区域（如省界或县界等）获得数据产品（如图 3 所示），这就需要把区域内的多个轨道数据拼接起来，而为了便于浏览和传输，又需要把拼接好的图像按分幅标准切割开来。

图3 辽宁省遥感卫星影像镶嵌图

4）融合产品。遥感卫星可见光相机经常配置全色、多光谱综合成像。全色谱段具有更高的分辨率，观察地物更清晰，细节更清楚，是单波段灰色图像；多光谱相机分辨率低一些，是多波段彩色合成图像，颜色更丰富。经过全色和多光谱图像的信息融合，得到的产品既有高分辨率，又有丰富的光谱信息，更有利于地物信息的识别。

（3）专题产品

1）基础反演产品。遥感卫星观测的图像是由灰度数字值记录的，但用户真正需要应用的是地物的辐射信息。因此需要将灰度数字值转换为能够反映地物辐射特性的参量，在可见光—红外范围称之为反射率，在微波范围称之为后向散射系数，这些都属于基础反演产品。

2）参量反演产品。科技人员通过实验研究，把陆地、海洋、大气等物体的物理参量信息与遥感卫星观测的图像或反射率信息之间建立一定的模型关系，从而用图像灰度值反演地物参量的浓度和分布信息，这种产品称为参量反演产品，如地表温度、土壤水分、植被水分、植被覆盖度、叶绿素、大气湿度、云光学厚度、温室气体含量等产品（如图4所示）。

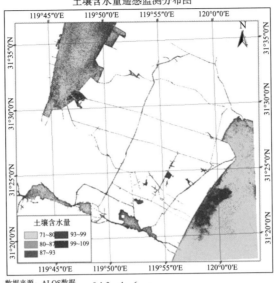

图4　土壤含水量指数反演产品

3）分类产品。根据遥感图像辐射纹理信息或反演得到的地表参量信息对图像进行分类信息提取，将不同的地物区分开来，例如，提取的草地用相同的颜色表示，林地用另一种颜色表示，形成地物分类产品（如图5所示）。分类产品也是遥感卫星地面应用中的常规产品。

（a）原始遥感图像

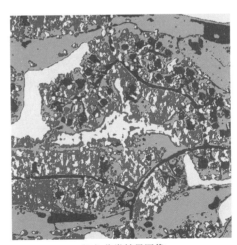

（b）分类结果图像

图5　分类产品

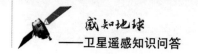
4）应用产品。用户通过将遥感卫星影像反演出的地表参量信息结合地面测量数据，形成能够反映自然或人为现象空间分布或时间变化的产品。例如，反映旱情分布的专题图产品，反映地震前后变化的专题图，等等，应用领域和应用目的不同，生成的应用产品也种类繁多，一般遵循行业规范来制作。

（撰写：孙业超　审订：李杏朝）

第七章
卫星遥感应用

1 什么是卫星遥感应用?

　　遥感卫星从太空中使用载荷探测目标物体的信息，获得探测数据，最终是要将这些数据进行科学解译和分析，形成具体学科所需要获取的地物信息，如地貌形态、地质构造、岩矿特性、植物分类、作物长势、水体特性、土壤特性、大气成分、火势分布、交通形态、建筑外形等。这个把遥感卫星所获得的信息转换成具体学科所需要获取的地物信息的解译和分析过程，可以称为卫星遥感的应用。

　　卫星遥感数据的解译过程，可以看作是遥感卫星获取目标信息过程的逆过程。遥感数据是地物电磁波谱特征的记录，多数为图像数据，我们可以根据记录在图像上的地物空间信息、光谱信息、时间信息等，来推断地物的电磁波谱性质。地物不同，这些特征和性质不同，在图像上的表现也不一，从

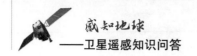
而可根据它们的变化和差异来识别和区分不同的地物。也就是说，遥感图像的解译是通过遥感图像所提供的各种识别目标的特征信息进行分析、推理与判断，最终达到识别目标或现象的目的。但是，图像上所提供的这些信息并非直接地呈现在我们的面前，而是通过一种或多种图像上复杂形式的色调、结构及它们的变化表现出来。为了解译这些信息，我们必须具备图像解译方面的背景知识，例如，我们需要掌握不同植物所具有的波谱信息，才能够判读出是什么类型的植物；需要知道不同矿产呈现出的波谱特征，才能够判读出是什么类型的矿。解译出具体信息后，还需要该学科的专业知识才能够服务于具体应用，例如我们能够解译出云量的分布，但需要具有气象专业知识，才能够推演出对天气的预报。

卫星遥感可应用于诸多领域范围，包括陆地遥感领域的矿产资源、环境监测、农业、林业、土地管理、城乡建设、防灾减灾、公共安全、测绘与地理信息等，气象遥感领域的气象预报、气候监测等，海洋遥感领域的海洋观测预报、海洋渔业指导等，以及天文和空间遥感领域、军事遥感领域等。以农业领域中植物病虫害遥感监测为例，当农作物受病虫害侵袭时，植物的叶色、植株形状、叶片结构、叶绿素含量等都会发生变化，这些变化使产生病虫害植物的光谱特性就会发生很大变化，因而可以在卫星遥感所获取的图像中，通过植物光谱特性监测植物的病虫害情况。图1为卫星遥感应用示意图。

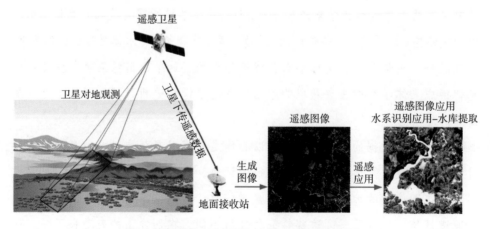

图1　卫星遥感应用示意图（以水系识别应用为例）

卫星遥感应用的方式也是多样的，可以利用单一数据源，也可以利用多种数据源综合判别。仍以上述植物病虫害监测为例，由于受病原寄生虫侵害的植物在表现明显症状以前，就开始丧失对红外的反射能力，一般发生在可见的绿色开始变化前几天或几周，所以我们不仅可以使用多光谱遥感器获取的光谱信息监测植物病虫害发生与分布的情况，还可以综合利用红外遥感器获取的红外反射特性，在植物病虫害症状出现前对病虫害进行早期预测。除了对单次数据源进行应用，还可以利用多颗卫星数据或单颗卫星多次重访数据对趋势、变化等进行监测和判断，常常可用在土地利用动态监测、灾害监测等方面。

（撰写：贺玮　审订：潘腾）

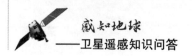

2 卫星遥感数据要经过哪些处理才能使用？

卫星遥感数据通过卫星数据传输系统下传至地面接收站，需要经过解格式、解压、图像数据处理等一系列操作，才能产生能够应用的图像产品，这些操作由地面接收系统和地面处理系统来完成。

地面接收系统一般由卫星数据接收站、数据传输、接收管理与检测等部分组成。根据需要接收数据的类型、能力等，来配置适当的工作频率、解调能力、接收码速率、带宽等。

地面处理系统一般由数据处理、数据库与管理、分发服务、定标检校等部分组成。负责卫星图像数据的录入、编目，生成 0~2 级标准图像产品，完成存储、管理、分发等服务。

卫星遥感图像数据处理技术利用卫星工作过程中的卫星辅助数据、定标数据等，对图像信息进行校正，将卫星下传的数据转变为图像产品。图像数据处理在决定遥感卫星图像数据产品最终质量方面起着越来越重要的作用，通过几何校正、辐射校正以及大气校正等工作，能够最大程度地保障图像的质量，反映地物的真实信息。通常在图像产品提供给用户使用之前，对这些图像进行复原处理，所以又称为预处理。传统的预处理工作在地面进行，随着技术的发展，卫星也可能具备一定的预处理功能，以减小地面环节的压力，并减少传输的数据量。预处理工作可以有效保证图像的定位精度、几何精度、辐射精度等方面的质量，为遥感卫星数据产品应用提供良好的基础。

用户得到遥感卫星数据产品后，将遥感卫星所获得的信息进行解译和分析，转换成具体学科所需要获取的地物信息，从而使遥感信息在具体学科实际工作中发挥作用。在遥感信息提取前，可以针对具体应用需要，对经过预处理的图像产品进行进一步的处理，一般包括图像增强、遥感信息复合等工作。图像增强包括反差增强、密度分割、多光谱图像彩色增强、图像滤波等。遥感信息复合是对多平台、多传感器、多时相遥感数据之间，及其与非遥感数据之间的信息进行匹配组合和综合分析的方法。信息复合更好地发挥了不同遥感数据源的优势，弥补了某一种遥感数据的不足，充分发挥了遥感数据的应用效果。还可以在使用遥感数据解决问题的时候，结合有关联的非遥感信息分析，使分析更加合理、全面。这些工作都是根据应用的需要来帮助分类或识别的，例如图像滤波是对频率特征的一种筛选技术，通过对图像中某些空间纹理特征的信息增强或抑制，改善目标与其邻域间像元的对比关系。若增强高频信息抑制低频信息，就会突出边缘、线条、纹理、细节；若增强低频信息抑制高频信息，就会去掉细节，保留图像中的主干结构。处理的内容和方法，可根据具体应用的目标来选择。图1为遥感数据处理应用示意图。

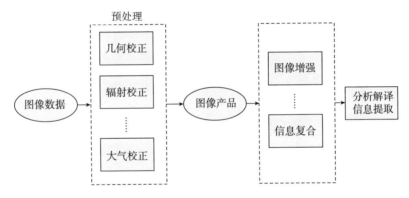

图1 遥感数据处理应用示意图

遥感信息的提取主要有两个途径，一是目视解译，二是计算机解译。对于目视解译，解译者的知识和经验在识别判读中起主要作用，但难以实现对海量遥感信息的定量化分析；对于计算机解译，尽管它具有处理速度快、处理数据量大、数据处理方式灵活等优点，但是它的处理过程多是以人机交互方式进行的，各种处理算法的性能往往离不开人工判读或人的经验与知识的介入，而且它需要利用地物的光谱特征，多是以训练区或数据的统计分析为基础的，难以突出遥感信息所包含的地学内涵，因而对复杂的地理环境要素难以进行有效的综合分析，且对地物空间特征的利用不够。两种方法各有优势，也各有其局限性，目前多采用两者结合的方法。

（撰写：贺玮　审订：潘腾）

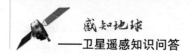
3　我国卫星遥感应用是如何发展的？现状如何？

我国遥感技术起步于20世纪70年代末，40年来，国家非常重视遥感技术的发展，本着独立自主的原则，建设遥感对地观测体系。我国已发射了"资源""环境""高分"系列陆地遥感卫星、"风云"系列气象卫星和"海洋"系列海洋卫星等，初步形成了几大卫星系列。我国已建立起多个国家级遥感卫星数据接收和服务系统，包括中国资源卫星接收系统、中国遥感卫星地面站、由国家卫星气象中心建设的气象卫星应用系统、由国家卫星海洋应用中心建设的海洋卫星应用系统等。

我国已初步形成了规模化的遥感对地观测体系，卫星遥感应用已具备了一定的发展基础。随着各种卫星遥感应用的开展，在国内形成了覆盖全国的多学科的遥感监测应用网络体系，开展了大量土地、矿产、气象、海洋、测绘、环境、农业、林业、住建、灾害、公共安全、地理信息等方面的遥感调查、监测与评估分析等，建立了一些较分散的分领域的遥感监测系统，在国土资源、气象、海洋等一些重要领域和部门发展迅速，为国家提供了大量的多方面的科学信息支持。我国遥感应用技术的发展可以分为遥感数据应用处理技术、行业应用和遥感应用产业化三个方面。

（1）遥感数据应用处理技术

我国自主研发的图像处理软件已有了长足的进步。在遥感应用领域发展初期的20世纪七八十年代，国外软件一直占有绝对统治地位，国产软件相对薄弱。经过约40年的发展，国产遥感数据处理技术和软件已取得很大进展，20世纪90年代至今，国内多家单位研制开发了多个具有自主知识产权的遥感数据处理软件，并在国内外得到了广泛应用。

空间信息数据库是建立遥感应用系统和业务运行系统的重要基础，是地理空间信息技术的基础。建国以来，国家投巨资开展了大规模的国土调查，积累了专业齐全、系统性和标准化程度较高、覆盖全国、多期、不同比例尺的地理信息，绝大部分地理空间信息由国家生产和管理。大量数据库的建立涉及多个应用领域，例如：国家基础地理空间数据库、全国土地基础数据库、国家基本资源与环境时空数据库、全国资源环境与地区经济综合数据库、城市空间数据库等。

遥感应用基础研究在持续加强。我国遥感在刚起步时，就把研究电磁波与地表物质相互作用的具体体现，即地物波谱特性作为应用基础的研究重点。随着多项国家重点基础研究发展规划项目的实施，针对定量化遥感的需求，研究了电磁波在大气、土壤、植被、岩石及水体的传输规律，建立了一系列遥感信息模型，使我国的遥感应用基础研究上了一个新台阶，提高了遥感定量化水平。

（2）行业应用

以少数几个代表性应用行业为例，我国遥感技术在农业领域的应用，经过长期的积累，目前已经实现了覆盖全国的农业资源、主要农作物、农业自然灾害遥感监测的业务化运行，农业遥感监测的结果已作为主要数据源之一，正式纳入农业部信息发布体系。

在土地资源领域，我国于20世纪80年代初，就利用资源卫星数据开展了多次全国范围的土地资源调查、土地利用监测等。目前，我国已逐步建立了国家土地资源遥感调查与监测基础数据支持系统；逐步形成了不同时期的国家尺度影像背景库；建立了国家土地资源遥感调查与监测数据共享与发布机制。

在林业资源与生态领域，我国遥感技术从"六五"计划开始，就应用于林业生态工程监测。目前，各种分辨率的卫星遥感影像已成为森林调查的主要数据源。我国从1993年开始，利用气象卫星数据开展林火监测，在应用中低分辨率遥感数据进行森林灾害动态监测的同时，还利用中高分辨率数据进行灾害评估。

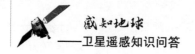

在灾害监测领域，"九五""十五"计划期间，我国建立了重大自然灾害遥感监测评估运行系统，初步具有了对突发性自然灾害的快速应急反应能力。民政部开展了利用遥感技术进行常规监测与灾害应急评估的业务工作。地震部门的空间对地观测数据应用始于20世纪70年代，现在已经从最初的利用可见光数据开展活动构造调查，发展到利用红外、雷达等多类型数据开展地震监测预报工作。例如，在2008年的四川汶川特大地震、2014年的鲁甸大地震等灾情中，中分、高分、复合手段遥感数据为震后灾情的快速获取、救援路线制定、人员救助、次生灾害监测、地震烈度划定等提供了重要的信息支持。

（3）遥感应用产业化

随着遥感技术应用领域的不断扩展，其在产业化发展方面亦有了可喜的开端。遥感信息产业从20世纪70年代起步并迅速发展，一些地理信息产业类公司迅速成长，在遥感技术、遥感数据与GPS、GIS集成方面，推出了遥感图像处理软件、地理信息系统软件，以及各类空间信息采集、数据处理和分析平台，开展了系统集成、地理信息咨询服务，获得了可喜的经济效益，形成了数以百计且小有规模的企业群，并产生了有较强市场竞争力的大型企业，如宇视蓝图公司、遥感集市网站等，初步形成了一定的产业规模。在部分行业内已初步形成遥感高技术产业，直接为国民经济建设服务，为国家提供信息保障。2015年发射的吉林一号商业遥感卫星星座，又开辟了商业遥感的新途径。在促进遥感产业化方面，我国一些提供综合性遥感服务的企业已经与多个政府部门和科研院所建立了联合研究机构，并针对不同行业领域的需求建立了研究中心和应用示范推广基地，初步形成了产、学、研、用一体化的良性互动机制。

（撰写：贺玮　审订：潘腾）

4 我国遥感卫星应用有哪些发展方向？

卫星遥感应用是我国航天事业的重要组成部分，更对我国各领域的发展起着巨大的促进作用，在政治、经济、军事、科学、文化和社会发展中的地位日渐重要，具有非常广阔的前景。

经过几十年的发展，我国已经初步形成了规模化的遥感对地观测体系和遥感应用体系，但面对国家发展的广泛需求，我国卫星遥感应用与产业化在发展规模、技术水平、运作方式等方面与世界发达国家还存在差距。今后一个阶段，卫星遥感应用具有以下几个发展方向。

（1）由对国外数据的需求转向对自主信息源的充分利用

以往，我国自主研发的卫星遥感数据较少，在时间分辨率、空间分辨率、数据类型方面不能充分满足各行业的需求，各行业对高分辨率遥感数据的需求很大程度上依赖国外卫星数据，每年需要花费大量资金购买国外卫星遥感数据来完成土地资源调查、基础测绘等基础性工作。随着国内遥感卫星事业的不断发展、卫星系列的不断完善和高分辨率数据的不断补充，国内卫星遥感数据的应用得到了强化，随着时间的推移，自主信息源及基于自主信息源的卫星应用体系建设将进一步加强，这将是决定我国空间应用事业发展的关键所在。

（2）天地体系一体化统筹建设

卫星遥感应用体系建设将由重载荷能力研发转变为以应用为牵引，强调遥感信息服务的一体化应用。过去，遥感卫星的研制主要从卫星研制能力出发，致力于研究高、新、尖或与国际对标的卫星及载荷，对各行业、各部门的需求考虑不够。现在正在转变为以应用为牵引，立足于行业应用国情，带动多类型遥感卫星发展的模式。坚持面向需求、天地统筹，从单一部署卫星的研制到天地一体化统一部署，形成民用航天产业链条，充分发挥应用效益。

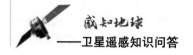

卫星研制机构从多研制、少生产向研制、生产、服务并重转变，从完成任务向提供稳定服务转变。加强地面系统和应用系统的统筹管理，强化地面系统的运营服务能力。

（3）进一步加强卫星遥感应用技术和科技创新

卫星遥感数据定量化水平和数据质量是卫星遥感应用的重要前提之一，需要切实保证卫星数据的质量、数据的延续性以及应用的可靠性。要精细化、充分应用卫星，加强遥感器的定标工作，发展遥感信息定量化反演方法和技术，提高遥感数据的定量化水平。跟踪遥感、地理空间信息应用的前沿技术，促进遥感、地理空间信息系统应用的集成化、网络化和智能化，加强与信息技术的结合。

（4）加强卫星综合应用，拓展卫星产业能力

卫星已向综合型、多元型方向发展，例如遥感数据与 GIS 集成应用。为适应卫星应用未来发展趋势，应统筹协调各行业间、业务星与科研星间的卫星应用，提高卫星稳定性、高效性。增强其他行业的数据应用，挖掘新的应用潜力，推进数据获取与数据处理能力和服务社会的能力，提高产业应用能力。同时，以空间信息共享带动我国信息共享机制。信息共享是我国信息领域的薄弱环节，由于空间信息以国家投入为主，为共享提供了良好的条件，空间信息、特别是卫星数据的客观性有利于突破部门局限，实现共享。此外，还应重视现有或历史空间数据的挖掘、抢救、整理和应用，充分激活和发挥信息的效益。

随着我国航天产业的快速发展和不断积累，我国卫星遥感应用以高分辨率对地观测系统等重点工作为途径，向高分辨率、多类型、高时间分辨率的目标日趋完善，形成了可见光、红外、雷达、高光谱、电磁等多类型卫星、卫星星座及卫星系列的发展，在各行业业务运行中发挥了重要作用。今后，我国将全面提高空间对地观测技术在各行业中的应用能力。同时，天地一体化立体观测体系的构建，也将使得空间信息充分发挥其优势，服务于我国国民经济的众多领域。

（撰写：贺玮　审订：潘腾）

第二篇
陆地遥感卫星应用知识

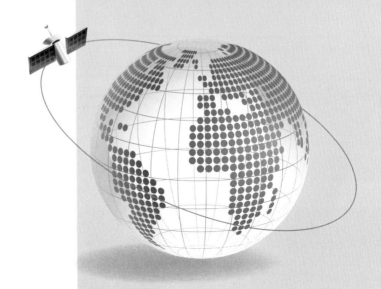

第八章
卫星遥感在农业中的应用

1 卫星遥感在农业领域有哪些主要应用？

卫星遥感在农业领域的应用主要包括农情参数遥感测量、农业遥感制图与面积估算，以及农业生态参量模型估算三个方面。

（1）农情参数遥感测量

主要是利用卫星遥感数据直接测量或反演农作物或草地的主要农情参数，包括叶面积指数（见图1）、叶绿素、覆盖度、土壤水分、叶面温度等信息。在这些农情参数的支持下，可以进行农作物生长状态如长势、病虫害、水分胁迫（旱情）等的状况评估。利用这些来自遥感的农情参数，可以在长时间序列上分析农业生态系统的变化、农业种植规模，以及农业生态系统与气候变化的关系等。

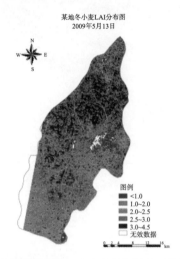

某地冬小麦LAI分布图
2009年5月13日

图例
■ <1.0
■ 1.0~2.0
■ 2.0~2.5
■ 2.5~3.0
■ 3.0~4.5
□ 无效数据

图1　某地农作物叶面积指数分布图（中国科学院知识创新工程重大项目成果）

（2）农业遥感制图与面积估算

　　主要是利用卫星遥感数据识别不同类别的农作物、水产养殖区，以及不同类型的草地，制作农作物、水产养殖和草地（包括人工草地和天然草地）等的分布图。并可进一步构建面积估算模型，估算农作物、水产养殖及草场的面积。在此基础上，通过分析来自遥感的长时间序列的农作物、水产养殖或草地的面积动态，可以得到国家或区域农作物种植结构及面积的变化、水产养殖规模动态、草地退化等相关信息，以及它们与农业相关政策、农民收入等因素的关系。

（3）农业生态参量模型估算

　　主要是利用遥感反演或测量得到的农作物关键参数（如叶面积指数、植被指数），结合农业气象数据、地面调查资料等信息，进行农作物或农田生态参量估算，如利用农业气象数据和遥感参数，甚至结合农作物生长模型，进行农作物单位面积产量建模，估算农作物单位面积产量；再如，利用遥感参量与农业气象参量，结合农田蒸散发模型估算农田蒸散发量，并在此基础上估算农田需水量，为农业灌溉和农业节水提供智能决策。图2为农情遥感速报系统结构图。

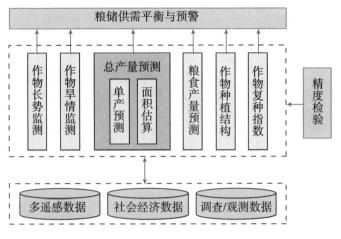

图 2　农情遥感速报系统结构图

目前卫星遥感在农业领域的运行性监测内容主要包括以下几个方面：

1）长势监测。利用遥感参量评估农作物的生长形势、水热环境胁迫等内容，为田间管理和产量预期分析提供帮助。

2）面积估算。利用遥感电磁波谱信息识别不同的农作物，估算农作物种植面积。

3）产量估算。估算不同农作物的单位面积产量，并结合其面积大小估算总产量。

4）旱情监测。利用卫星遥感的植被指数和地表温度信息，或土壤水分信息，建立旱情评估模型。确定旱情分布、受旱面积和受旱等级，并估算其对产量可能造成的影响。

5）病虫害监测。利用卫星遥感数据，结合主要病虫害发生的农业气象及成灾条件，来监测、预报病虫害发生的范围、严重程度、未来发展趋势等。

除此之外，卫星遥感还广泛应用于物候期（草地返青期、开化期、成熟期）监测（见图 3）、作物氮素含量监测（见图 4）、土壤有机质含量监测、农田需水量估算、农业灌溉等领域。图 5 为全国农业遥感监测业务运行系统结构图。

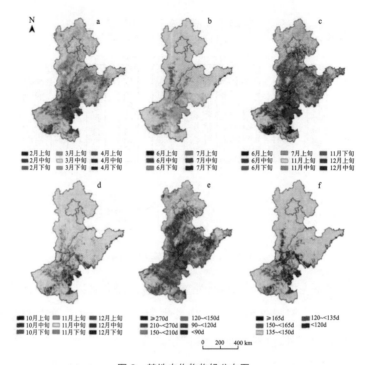

图3　某地农作物物候分布图

a—第一季作物返青/出苗期；b—第二季作物出苗期；c—第一季作物成熟期；
d—第二季作物成熟期；e—第一季作物生育期长度；f—第二季作物生育期长度

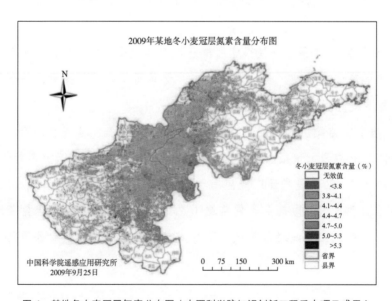

图4　某地冬小麦冠层氮素分布图（中国科学院知识创新工程重大项目成果）

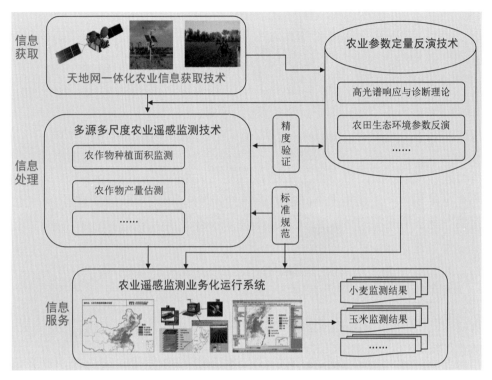

图 5 全国农业遥感监测业务运行系统结构图

（撰写：杜鑫 审订：李强子）

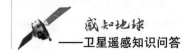

2 卫星遥感如何辨识不同农作物？如何快速评价农作物生长状态并进行估产？

遥感卫星主要依靠不同农作物的电磁波谱差异来辨识农作物。一般情况下，不同农作物的叶绿素、总氮素、纤维素、木质素等化学组分含量，在每个生育期内具有一定的差异性，当利用高光谱遥感仪器进行监测时，会在相应的敏感波段的反射率曲线上表现出反射峰或吸收谷（见图1），这些信息可以帮助我们辨识不同的农作物。

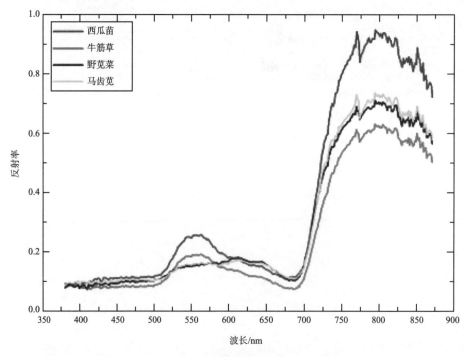

图 1 不同植物的光谱曲线

正常情况下，遥感卫星上搭载的仪器只有红、绿、蓝和近红外波段的探测设备，有的卫星上还会有短波红外、热红外和红边波段的探测设备。而且这些探测仪器的探测范围较宽，通常为几十纳米到上百纳米。一般情况下，阔叶的农作物（如豆类和薯类）相对于窄叶的农作物（玉米、水稻、小麦等）在近红外波段会有一个相对较高的反射，可以实现较好的区分，但不同的阔叶作物或窄叶作物间的辨识会有较大的难度。在这种情况下，由于不同农作物具有不同的发育周期，一年内随着的时间推移，不同农作物各自发育，在遥感影像上也会表现出差异性（见图2）。比如，利用遥感数据计算的植被指数，利用合成孔径雷达计算的后向散射系数，对于不同的农作物在不同的时间段具有明显的差异。因此，利用多个时相的卫星遥感影像，就可以提高对农作物的辨识能力。在作物生长周期内，使用2~3个时相的遥感数据，可以将主要农作物的辨识精度提高到80%以上。此外，几何纹理信息也被用作识别特征，以进一步提高对农作物的辨识精度。随着遥感数据空间分辨率的不断提高，不同的农作物由于空间分布、种植模式等的差异，也表现出不同的几何纹理。有几何纹理参与的作物识别，精度至少能够提高3%以上。

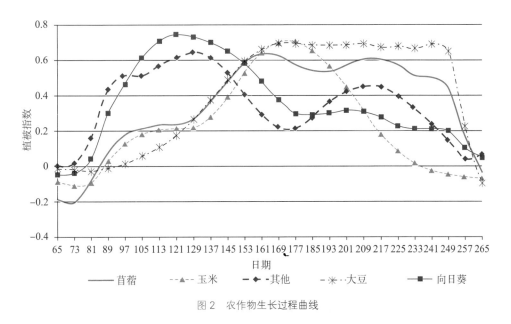

图2　农作物生长过程曲线

快速评价农作物生长状态主要是利用能够表征农作物生长状态的遥感参数，通过参数分级、区域对比、年际对比来实现的。目前利用近红外波段和可见光波段组合得到的植被指数（如归一化植被指数、比值植被指数等）进行农作物生长状态的快速评价已被广泛使用。对于同一种农作物，较高的植被指数往往预示着较高的覆盖度和高度（生长早期），或者较活跃的生长活力或光合作用能力（叶绿素含量相对较高），因此对植被指数进行分级，可以直接反映农作物生长状态（见图3），并可以进行不同区域间对比。对于同一个地区，如果某一年农作物的植被指数高于标准年份（多年平均或长势中等的参考年份），则表明该年的农作物长势相对较好。因此，通过简单的年际植被指数对比（差值或比值）就可以评估作物的生长状态。

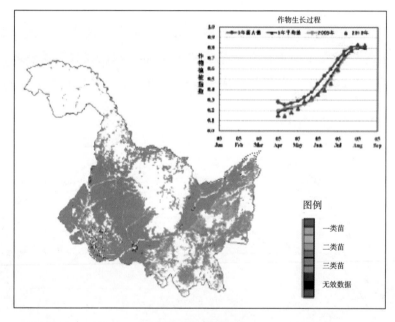

图3　作物长势图

农作物产量的快速估算主要是通过农作物产量形成敏感阶段的气象条件和作物长势指标综合建模来实现的。一般情况下，农作物产量主要由亩穗数、穗粒数和千粒重三方面决定。亩穗数主要受到分蘖期的环境条件（农业气象、土壤肥力等）影响，穗粒数主要受到开花期和抽穗期的环境条件影响，千粒重则受灌浆期和乳熟期的环境条件影响。因此，往往是利用历史的农业气象要素进行多元统计建模，通过假设检验后根据当年的条件进行产量估算。通常情况下，为了使遥感参数真实反映地面的实际情况，还会将关键生长期的遥感参数（植被指数、土壤水分和叶面积指数等）与农业气象条件一起混合建模，以提高模型的精度。为了提高模型的预测效率和精度，通常还会将作物产量分解为三个组成部分，第一部分是由科技水平、社会经济要素等影响的趋势产量，代表了作物产量的总体发展水平；第二部分是由农业气象条件决定的部分，经常被大家称为气象产量；第三部分是其他部分，被称为白噪声，经常被忽略。农业气象模型或农业气象－遥感混合模型主要是模拟第二部分。通过遥感参数参与的建模，结合农业气象空间插值处理，还可以进行作物单产的空间制图，分析作物单产的空间分布情况（见图4）。

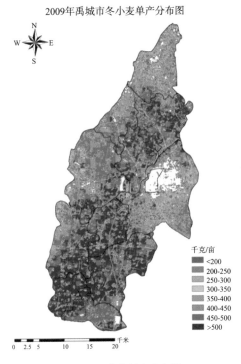

图4　作物单产分布图

（撰写：杜鑫　审订：李强子）

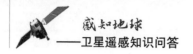
3 卫星遥感如何监测农业主要灾害？

作为一个传统农业大国，农业灾害自然也是我国有关部门不得不面对的一个重要问题。因此，我国自 2010 年以来多次在 1 号文件中力挺农业科技，以保障我国粮食产量实现"灾中求稳，稳中保增"。传统的农业灾害监测与评估方法主要是采取田间定点采样、随机调查等方式，需要耗费大量的人力、物力、财力，而且存在效率低下、时效不强、缺乏客观性与代表性等弊端，难以满足对大范围农业灾害实时监测的需求。卫星遥感技术可以科学高效地获取大面积作物的生长状态与环境变化信息，成为农业灾害监测和评估的重要手段，具有广阔的应用前景。

基于卫星遥感技术进行灾害监测的理论基础是，不同地物具有不同的电磁波波谱特征。灾害发生之后，作物的内部结构和外部形态都会发现变化，如生化组分含量、冠层结构等，因此，对比分析受灾前后遥感器获取的电磁波信息即可获得作物受灾情况。目前已经展开的卫星遥感灾害监测主要包括：干旱、洪涝、病虫害、冷冻害、风灾等。下面结合我国农业灾害规模大、程度深、灾种多等特点，对主要农业灾害的卫星遥感监测评估分别进行阐述。

干旱是最常见、影响最大的农业灾害，农业干旱是指在作物生长过程中，由于土壤水分缺乏或者大气相对湿度过低，最终导致作物减产的现象。在干旱发生时，作物根部缺水使作物蒸腾作用受到抑制，作物叶片气孔关闭、冠层温度升高，叶片枯萎，因此，遥感获取的地表温度、植被指数等参数均可以作为作物干旱监测的指示因子。在光学遥感中，热惯量法和作物水分胁迫指数法是应用较为广泛的农业干旱监测方法，前者适应于裸露地和作物稀疏的农田，后者适用于作物覆盖较好的地区。此外，微波遥感的快速发展，也使直接监测土壤水分成为当前颇具潜力的干旱监测方式，通过主动、被动微波遥感相结合，分别发挥二者分辨率高和观测频率高的优势，可以实现贯穿作物整个生育期的土壤含水量动态监测。图1为旱情监测等级图。

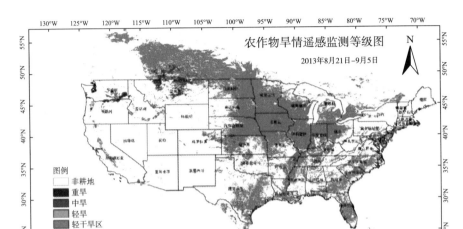

图1　旱情监测等级图

　　洪涝也是我国的主要农业灾害之一，具有突发性强、危害性大、时空分布广等特点。目前对于洪涝灾害的遥感监测主要聚焦在洪涝发生面积的提取和影响程度的估算。洪涝发生之后，作物的正常生长受到影响，会出现植株矮小，叶片黄化、萎蔫等现象，通过区域作物植被指数的时空变化分析，可以获取受洪涝影响的作物分布范围及其受危害程度的信息。针对比较严重的洪涝灾害，比如农田被淹没，一般通过植被指数设定阈值来提取水面变化信息，以实现受灾面积监测。此外，微波遥感全天时、全天候的特点，使其逐渐成为洪涝动态信息遥感监测常用的数据来源。

　　病虫害对于农业生产的影响也相当大，当人们可以用肉眼观测到病虫害时，作物外部形态已经发生了变化，如叶片卷曲、脱落等，此时往往作物的破坏已经比较严重了。在病虫害发生的早期，作物外部形态特征尚未表现时，其内部生理结构及生理生化特征已经发生变化，如叶绿素减少、光合作用能力下降等。卫星遥感技术为作物病虫害的早期发现和防治提供了解决方案，大量研究表明，病虫害的发生会造成作物光谱的变化，即红边波段发生偏移，这也是遥感监测病虫害的理论基础之一。

冷冻害主要是指作物生长过程中遭遇低温所受到的危害，严重情况下会造成作物大面积死亡或者大幅度减产。冷冻害发生时，伴随着温度的骤降，作物的根部或者叶片等组织受到损伤，其正常生长随之受到抑制。遥感监测冷冻灾害通过监测作物生长过程曲线的突变和地表温度的变化来实现。图2为2008年南方冰雪灾害期间农作物受灾面积分布情况。

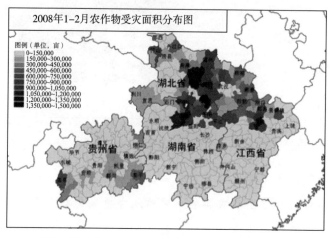

图2　2008年南方冰雪灾害期间农作物受灾面积分布图

长期、过量的降雪会引起冰雪灾害，影响农业生产，尤其在牧区，会造成大批量的牲畜死亡，危及牧民生命财产安全，致使牧区草地畜牧业经济受损。冰雪灾害发生之后，地表被积雪覆盖，会造成可见光和红外波段反射率的明显升高，而热红外波段的辐射率却显著下降。基于上述特性，雪盖遥感监测已经被广泛应用。

除上述农业灾害之外，台风、地震、沙尘暴、火灾等也会对农业生产造成不同程度的危害，各种农作物受到不同灾害所表现出来的现象也不尽相同，在光谱、纹理、时间序列变化上会有各自的特征，因此，遥感监测方法也会有所区别。

（撰写：杜鑫　王红岩　审订：李强子）

4 卫星遥感对于国家粮食安全有何重大意义？

粮食安全是关系经济发展、社会稳定和国家自立自强的全局性重大战略问题。世界上大多数国家都很重视国家或区域粮食安全问题，因此遥感卫星的农业应用和粮食安全分析早在 20 世纪 70 年代即受到重点关注，美国的 LACIE 和 AGRISTARS 计划、欧盟的 MARS 计划均是以粮食安全为目标的遥感运行监测计划项目。美国农业部和欧盟的联合研究中心也各自开发了以大宗农作物产量估算为主的粮食安全分析系统。我国自 20 世纪 80 年代开始，也在华北地区、杭嘉湖地区利用遥感卫星估算大宗粮食作物的产量。

国家粮食安全保障的关键在于维持国家和区域尺度上的供求平衡。需求水平是由人口规模、年龄性别结构和饮食结构决定的。而供应水平则取决于耕地规模和耕地质量、粮食作物种植面积和种植结构、粮食产量水平及稳定性等多种因素。遥感卫星在国家粮食安全分析与预警中，扮演着重要角色，发挥着不可替代的作用。主要体现在以下几个方面：

1）国家粮食生产资源调查。包括耕地资源、草地资源的数量、分布、质量状况，以及动态变化情况。我国通过国土资源第二次调查，基本掌握了耕地数量及其分布。目前用于保证国家粮食生产耕地资源的基本农田红线划定、耕地边界划定等都得到了遥感技术的支持。

2）粮食作物种植面积估算及种植结构遥感调查。目前，国家农业部、中国科学院、国家统计局每年利用遥感卫星进行小麦、玉米、大豆、水稻等粮食作物的种植面积调查，基本掌握了我国粮食作物的种植规模、空间分布和结构状况。国家农业部和粮食局会及时根据种植规模水平和结构状况，结合粮食安全分析进行实时政策调整。

3）粮食作物长势及主要灾情监测。以旬为单位实时发布粮食作物长势、旱情、病虫害等信息，及时发布田间管理措施建议，最大程度降低减产风险。

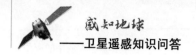

4）作物产量预测及估算。根据作物长势及灾情发生情况，提前预测作物产量信息，在收割后估算产量。对国家及不同区域的粮食供应数量及供求平衡关系的分析，是粮食收购、粮食调运、市场预测、粮食进口数量分析不可或缺的重要信息。

5）农业政策的支持。目前农业保险、粮食补贴政策均需要遥感数据提供准确的作物分布和面积信息。

（撰写：杜鑫　审订：李强子）

第九章
卫星遥感在林业中的应用

1 卫星遥感在林业资源管理中有哪些主要应用？

林业是一项重要的公益事业和基础产业，承担着生态建设和林产品供给的重要任务。作为生态建设的主体，履行着建设和保护"三个系统、一个多样性"的重要职能，即建设和保护森林生态系统、保护和恢复湿地生态系统、改善和治理荒漠生态系统以及维护生物多样性。因此，林业在维护生态平衡中起着决定性作用，特别是森林具有巨大的固碳功能，在应对气候变化、维护生态安全中发挥着特殊作用。而如何管理和经营林业资源，成为林业和生态环境建设的重点。

遥感，作为一种以地理学、数学、物理学等学科为基础的综合性探测技术，在信息获取中具有多元性、宏观性、时效性等特点，通过卫星对林业资源进行调查和实时、动态的监测，形成各种数据和信息，为林业资源决策和管理

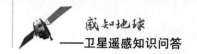
提供基础上和实施上的参考。

在林业资源调查中的应用：我国林业资源分布辽阔，了解林业资源的分布现状有利于林业相关部门进行决策分析，但是依靠人力进行大范围的资源调查存在费时、费力的弊端。而遥感卫星可以在短时间内获取大面积的林业资源的遥感数据，包括人类无法到达的区域，可快速了解资源现状。例如我国的森林资源调查旨在掌握森林资源数量、质量，以及其动态变化与自然环境和经济之间的关系，以便于制定和调整林业政策。目前，卫星遥感数据已经全面应用到国家森林资源连续清查（一类清查）和森林资源规划设计调查（二类调查）中，大大提高了清查、调查的效率，成为遥感卫星应用的典型范例之一。图1为基于高分一号遥感数据的黑龙江省森林类型分布图。

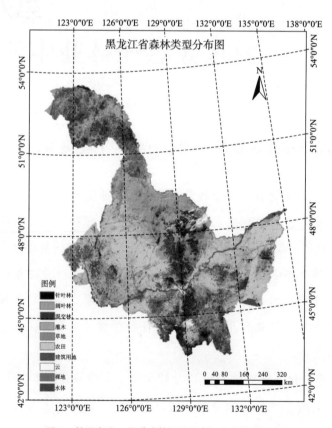

图1 基于高分一号遥感数据的黑龙江省森林类型分布图

在林业资源保护中的应用：对资源的保护是林业资源管理的一项重要内容，保护和发展林业资源，对林业资源可持续经营有着促进作用，有利于生态环境建设。实际工作中，对于森林资源的保护与检测存在着滞后性，如滥砍盗伐、森林火灾、病虫害等，往往是事情发生之后人们才能发觉，此时已经错过了弥补的最佳时机。但是，遥感卫星具有快速响应能力，可以实时地监测林业资源状态，及时发现林木的砍伐现象、发现火灾发生地点与状态、确定病虫害发生程度与范围，利于有关部门迅速采取措施，最大程度地降低损失，实现对林业资源的有效保护。图 2 为基于遥感数据的无证及非法占地地块识别实例。

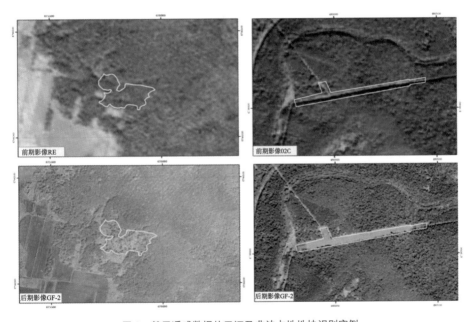

图2 基于遥感数据的无证及非法占地地块识别实例

在林业资源评价中的应用：林业资源评价主要包括经营管理模式、资源的价值计算与评估，以及森林资源的结构调查等。随着遥感技术的发展，遥感卫星的拍摄周期越来越短，遥感数据的分辨率越来越高，遥感技术也逐渐应用到林业资源评价中，包括信息采集、信息处理、资源监测等。例如，应用遥感卫星拍摄的影像进行生物量估算、植被覆盖度反演、土地利用/覆盖

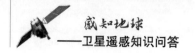
分类等，然后对林业资源进行统计、分析与评价，更加有利于对林业资源的控制与管理，达到可持续发展的要求。

自 1998 年起，党中央、国务院先后启动实施了天然林保护工程、退耕还林工程、京津风沙源治理工程、"三北"及长江流域等防护林体系工程、野生动植物保护及自然保护区建设工程等重大林业生态工程，工程总投入达数千亿元，涉及全国 97% 的行政区域，这些工程的实施对切实保护我国的森林资源、改善我国的生态环境质量发挥了重要的作用。遥感卫星可为这些资源的管理与保护提供科学、翔实、连续的监测和评价数据支持，全面提升了国家林业资源及生态环境监测、评估和预警水平，有力地促进了林业信息化水平的整体提高。

（撰写：孙斌　审订：高志海）

2 卫星遥感如何探测森林和湿地资源？

森林生态系统作为陆地生态系统中非常重要的一部分，在全球变化研究中占有举足轻重的地位。绿色植物通过光合作用，不仅能形成各种各样的有机物，而且能吸收大量的二氧化碳并释放出氧气，维系了大气中二氧化碳和氧气的平衡，净化了环境，使人类不断地获得新鲜空气，因此，森林生态系统有着"地球之肺"之称。湿地是众多珍稀濒危野生植物和动物的栖息地，它具有稳定环境、物种基因保护及资源利用功能，被誉为自然之肾、生物基因库和人类摇篮。作为自然界最富生物多样性的生态景观和人类最主要的生存环境之一，它与森林、海洋一起并列为全球三大生态系统。图1为基于高分四号遥感数据的洞庭湖湿地分类图。

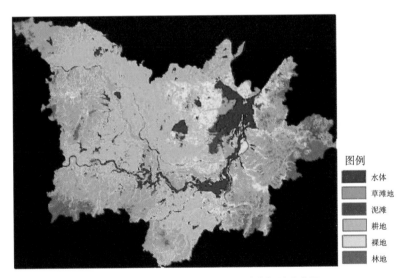

图例

	水体
	草滩地
	泥滩
	耕地
	裸地
	林地

图1　基于高分四号遥感数据的洞庭湖湿地分类图

随着卫星遥感技术的不断发展，新一代高分辨率的遥感图像在森林资源等调查中已表现出强大的生命力，其应用领域也越来越广阔，在森林资源、湿地资源等的调查中已取得了明显效果。利用卫星遥感技术可以测量森林、

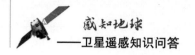

湿地资源，包括植被类型和面积、生物量、土壤类型和水分特征、群落蒸腾量、叶面积和叶绿素含量等，其中植被生物量是反映生态环境的综合指标，对植被生物量进行估测是测量森林和湿地资源的关键内容之一。

植被生物量是指在一定时间内，单位面积所含的一个或多个生物种组成的群落中所有生物有机体的总干物质的质量。基于遥感数据的植被生物量测定是从光合作用即植被生产力形成的生理过程出发，植被的遥感图像信息是由其反射光谱特征决定的，植物的光合作用表现为对红光和蓝紫光的强烈吸收而使其反射光谱曲线在该部分波段呈波谷形态。所以，植物的反射光谱特征反映了植物的叶绿素含量和生长状况，而叶绿素含量与叶生物量相关，叶生物量又与群落生物量相关。所以，利用遥感数据来估算植被生物量，首先需要分析植被生物量估测的遥感模型机理，从光合作用即森林植被生产力形成的生理生态过程出发，结合植被生产力的生态影响因子，以及植被对太阳辐射的吸收、反射、透射及太阳辐射在植被冠层内和大气中的传输，在卫星接收到的信息与实测生物量之间建立完整的数学模型及其解析式，进而利用这些解析式来估算植被生物量。

目前，基于遥感技术的森林地上生物量估测已经取得了大量的研究成果。一方面，根据数据源的不同，可以将森林地上生物量估测分为光学数据反演、激光雷达数据（LiDAR）反演、合成孔径雷达数据反演及多元数据反演。另一方面，基于遥感技术的生物量估测的四种主要研究方法是遥感信息参数与植被生物量拟合关系、遥感数据与过程模型融合、K最近邻分类法（KNN），以及人工神经网络法。

遥感信息参数与植被生物量拟合关系的方法是在对遥感信息参数和地面观测的植被生物量进行相关分析的基础上，通过建立两者的拟合方程来估算生物量。这种方法简便易行，易于推广。

遥感数据与过程模型融合用以描述不同时空尺度下植被的生长过程，如光合过程、呼吸作用、植物的分解与氧循环等，它是根据植物生理、生态学原理，通过对太阳能转化为化学能的过程和植物冠层蒸散与光合作用相伴随的植物体及土壤水分散失的过程进行模拟，从而实现对陆地植被生产力的估算。遥感数据与过程模型融合的模拟对象一般为净初级生产力（NPP），NPP的变化在一定程度上反映植被生物量的改变。

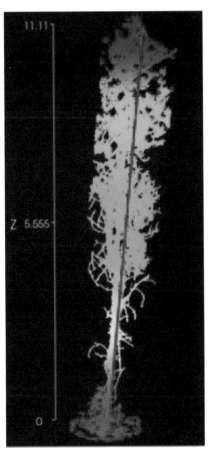

图2　地基激光雷达单木扫描数据示例

K最近邻分类法也被称为基准样地法，基于KNN方法的森林生物量估算，是在综合考虑与某一像元最邻近的K个实测样点生物量影响权重的基础上计算的。由于KNN方法主要靠周围有限的邻近样点的观测数据来估算森林生物量，因此，样点的分布将直接影响估算结果的准确性。图2为地基激光雷达单木扫描数据示例。

人工神经网络是人类在对其大脑神经网络认识、理解的基础上，人工构造的能够实现某种功能的神经网络，由大量的、功能简单的处理单元（神经元）相互连接形成复杂的非线性系统，适合于模拟复杂系统，且具有自学习、联想存贮和高速寻找优化解的功能。利用人工神经网络技术估算森林生物量，虽然不利于揭示森林生物量形成的内在机理，但其精度却远远高于传统的基于多元回归方法进行的估测。

（撰写：孙斌　审订：高志海）

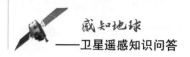

3 卫星遥感对荒漠化监测、控制和治理有何重大意义?

荒漠化是指包括气候变异和人类活动在内的种种因素造成的干旱、半干旱和亚湿润干旱地区的土地退化。荒漠化代表着土地生产能力下降、土地资源丧失、生态环境恶化等，对人类的生产与生活产生巨大的危害。图1为内蒙古浑善达克沙地腹地景象。

图1　内蒙古浑善达克沙地腹地景象

荒漠化监测是借助一定的技术手段，在全球或区域尺度上，对人类关心的，可以反映荒漠化过程、程度、时空分布等的指标进行定期或不定期观测，并以某种媒介形式进行公布的活动。荒漠化地区生态环境脆弱，地表状态容易发生变化，及时、准确地掌握土地荒漠化发生、发展情况，是有效防治土地荒漠化的基本前提。但是，传统的荒漠化监测评价主要依靠人力，监测效率较低且费时、费力、费财，同时有些地区人类无法到达，大大增加了荒漠化监测的难度。遥感技术能够对地表植被、土壤等荒漠化相关信息进行宏观、快速的获取，且不受地域限制，能够对地面调查难以到达的地区进行监测。随着遥感信息提取方法向定量化方向发展，具有全球观测能力的遥感技术与地理信息系统的结合已成为全球与区域环境监测、评价、分析与预测中重要而不可替代的技术手段，同时也是荒漠化监测与分析的有效途径。基于遥感技术的荒漠化监测方法，主要是利用遥感数据对各项荒漠化监测指标进行提取和定量反演，进而通过荒漠化监测指标体系进行荒漠化监测，或利用荒漠化信息的光谱特征，建立基于遥感数据的综合指标进行荒漠化监测评价。图2为基于高分一号遥感数据的内蒙古浑善达克沙地沙化土地类型分布图。

自1994年以来，我国已完成五期荒漠化和沙化土地监测工作，每五年一次。

第五次全国荒漠化和沙化土地监测结果显示，截至 2014 年年底，我国荒漠化土地面积 261.16 万平方千米，沙化土地面积 172.12 万平方千米，荒漠化态势依然严峻，而根据实际情况制定实施生态建设工程，加强治沙防沙力度是荒漠化防治的重要措施。卫星遥感在荒漠化监测中起到越来越大的作用，已成为目前荒漠化监测研究的主要技术手段。通过卫星遥感技术对生态环境状态进行评估，监测荒漠化程度的动态变化规律，在节约人力、物力的同时，也大大提高了荒漠化监测的效率，而遥感技术的日趋精确成熟，遥感卫星数据的不断丰富，加快了荒漠化遥感监测从定性到定量的发展进度，未来其在土地荒漠化监测中的应用也将更加客观、科学与可靠，可为我国有效地防沙治沙、改善生态环境提供决策支持，从而有利于及时对治理效果进行评价。图 3 为基于 MODIS 时间序列数据的正蓝旗荒漠化程度监测图。

图 2　基于高分一号遥感数据的内蒙古浑善达克沙地沙化土地类型分布图

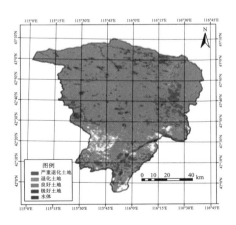

图 3　基于 MODIS 时间序列数据的正蓝旗荒漠化程度监测图

（撰写：孙斌　审订：高志海）

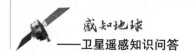
4 为什么说遥感卫星是探测森林灾害的"天眼"？

当森林中的微生物、昆虫等物种的生存和活动超过一定限度时就会给森林带来灾害，致使林木死亡减产，这种灾害被称为森林病虫灾害（如图1所示）；由火源引起森林燃烧，失去人为控制，在林地内自由蔓延和扩展，给森林、森林生态系统和人类带来一定危害和损失，这种灾害被称为森林火灾（如图2）。森林还受冻害、风灾、洪涝、滑坡、环境污染和人为因素等破坏。这些都给林业生产造成严重的经济损失，统称为森林灾害。

图1　森林病虫灾害发病图　　　　　　图2　森林火灾过后恢复图

森林生长周期较长，少则数十年，多则上百年。在这漫长的生长发育过程中，森林随时都可能受到来自林火、自然、人为，以及各种森林病虫灾害的侵袭。我国是世界上森林灾害损失较为严重的国家，保护森林资源、改善生态的环境任务极其艰巨。而我国广袤的森林多分布于山高坡陡、交通闭塞、人烟稀少的偏远地区，森林灾害所具有的突发性、周期性以及防治的实时性等特点，对监测调查手段的覆盖性、准确性、详尽性等提出了更高的要求。卫星遥感技术虽然难以获得管理需求的第一手资料，但能提供森林资源非正常生长的定性信息，是森林资源经营管理者的"千里眼"，可以有效地提高地面调查工作的针对性和科学性。

一般地，植被的光谱特征与植被生长发育阶段、健康状况和物候等因素密切相关，不同植被的叶片之间以及同一植被不同部位的叶片之间色素含量和水分含量的差异，导致它们的光谱反射曲线存在很大不同。而叶绿素含量和叶组织内部水分含量是森林植物健康状况的指示器。当植被遭受病虫害时，叶绿素水平出现不同程度的下降，叶片细胞结构和含水量等也会发生变化。病虫害越严重，变化越明显，其反射光谱特征也会发生变化，如图3所示。

遥感探测森林病虫灾害的主要依据是森林植物叶片内部组织结构与功能变异和树木形态的非正常变化（如叶片颜色的变化、叶绿素含量变化等），遭受病虫灾害的树木在光谱特性上会发生明显变化。因此，根据林木光谱反射率异常和结构异常在数字图像上的记录，通过图像处理、分类、动态监测信息系统和专家系统等数据分析手段，必要时辅以少量的地面调查，可对森林病虫灾害进行遥感监测。图4为基于高分一号遥感数据的某县森林灾害分布图。

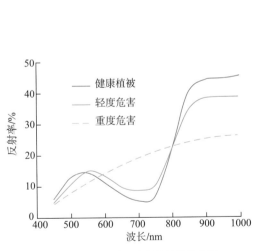

图3　不同灾害程度的植被波谱曲线

图4　基于高分一号遥感数据的某县森林灾害分布图

卫星遥感不仅在监测森林病虫灾害方面具有优势，而且在探测森林火灾方面也具有广泛而突出的应用。

利用卫星遥感数据进行森林火灾的监测时，在遥感影像波谱的中红外和热红外区间内，存在着3~5微米和8~14微米两个大气窗口，对火灾、活火山等高温目标非常敏感，常用于捕捉高温信息，进行各类火灾等高温目标的识别监测，特别是对于森林火灾，它不仅可以清楚地显示火点、火线的形状位置，而且对小的隐火残火，也有很强的识别能力。卫星遥感监测森林火灾主要是通过对热红外遥感影像进行判读、反演，计算亮温或者地表温度来判断火点。所有的物质，只要其温度超过绝对零度，就会不断发射红外能量。热红外遥感技术系统能够利用传感器收集、记录地物的热红外信息，并利用这种热红外信息，通过反演模型来识别地物和反演地表参数（温度、湿度和热惯量等）。一般地，地表温度通常在 –40℃ ~40℃之间，大部分地区平均温度27℃左右，而对于地表高温目标（如森林火灾等），其温度可达327℃，当某点的反演温度大幅超过平均温度时，即可判定该点为火点。

目前，国家林业局在我国几大重点区域已建立4个卫星监测地面站，运用系列卫星实施森林火灾的全天候监测，并与飞机巡护、视频监控等手段紧密结合，形成了立体式监测网络体系。有了这些"千里眼"，国家和各省森林防火指挥中心可及时掌握各地森林火灾的发生情况和发展态势，真正实现扑火救灾的远程指挥。

卫星遥感影像覆盖范围大，信息丰富，不仅具有可见光波段的信息，而且能够展示近红外、短波红外的信息，提高了人类认识自然的能力。另一方面，卫星遥感具有可重复探测性，有利于进行动态分析、全面掌握发展趋势和变化规律，是探测森林灾害的"天眼"。

（撰写：孙斌　审订：高志海）

第十章
卫星遥感在矿产资源调查中的应用

1 在区域地质调查中为何需要安排遥感地质调查？

区域地质调查是各项地质工作的基础，是重要的基本国情调查之一，备受各国的重视。其主要任务是在指定的调查区内按经纬度划分图幅（如国际标准分幅），在现代地质科学理论指导下，通过对图幅内岩石、地层、构造、矿产等的基本特征和相互关系的调查，研究区域地质发展演化历史和矿产形成条件，并按国家和地质行业有关技术规范规定的编图系统，编制相应比例尺的地质图。

根据调查区研究程度和应用需求的不同，我国区域地质调查由粗到细相继采用小（1∶100万、1∶50万）、中（1∶25万、1∶20万）、大（1∶5万）多种比例尺。目前全国陆域的小—中比例尺的区域地质调查已经全覆盖；围绕重点成矿带、重要经济区、重大工程建设区和地质问题区的1∶25万地质

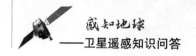

图修测和1:5万地质调查正在持续实施中。我国现有的区域地质调查规范明确规定,在中—大区域地质调查中必须安排以卫星遥感为主的遥感调查工作,这是为什么呢?

为解答这个问题,我们不妨先看看卫星遥感地质调查是怎样开展的。

首先,需要选用合适的卫星遥感数据作为地质解译的基础数据。这时通常会考虑必要性、可行性和经济有效性等因素,选择最容易获得的优质数据,例如1:25万遥感地质调查宜采用中等分辨率的卫星遥感数据,而1:5万遥感地质调查则需要采用米级高分辨率卫星遥感数据,甚至航空遥感数据。一般说来,所选遥感数据制作的图像上地物影像要清晰,云雾、冰雪和植被的干扰要尽量少,而对数据获取的时间没有特别要求。但为了保证调查质量,在条件允许时,也可以同时选用多种分辨率或不同卫星获取的数据作相互补充和效果比较。然后,通过对调查区自然地理、地貌景观,地质调查程度,调查任务要求等相关资料的收集和了解,以及对遥感数据特征的初步分析,建立区域遥感图像解译标志。接着,就可以超前于野外区域地质调查工作先开始遥感地质调查。

由于卫星遥感具有视野开阔、覆盖范围大等宏观特点,当研究人员面对整个调查区的遥感图像时,就会有一种身临其境的感觉,有利于用全局观念进行区域性地质特征整体分析,摆脱常规地质调查路线观测中不时会遇到的"不识庐山真面目,只缘身在此山中"的困顿局面,增强对区域地质规律的正确认识,加快调查速度;研究人员也可以着眼图像上的某些重点区段,对重要地质现象和关键地质问题进行详细研究,提高调查的深度和精度。

利用卫星遥感图像能够真实反映地物形态特征、直观性强的特点,研究人员对照已建立的遥感图像解译标志,能够依据出露地表岩石、地层的影像特征来识别它们的类型与组合关系,分析它们的形成环境、时序和演化特征,并直接在图像上准确地圈定地质体与地质现象,追踪和勾画地质界线;也能够较清晰地从图像上提取出线性、环形等特征影像信息,确定或推测由各种地质作用形成并显现在地表或隐伏的地质构造形迹,如断裂、褶皱及火山机构等的发生机理、强度、时空分布特征和产生的影响（如图1所示）。

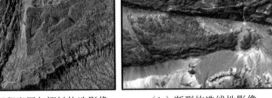

（a）沉积岩层与褶皱构造影像　　（b）断裂构造线性影像　　（c）岩浆岩环形影像

图1　卫星遥感图像能够真实反映地表的岩性和地质构造特征

日常生活中人们普遍偏爱彩色图像，这是因为彩色图像在给人愉悦的视觉感受的同时，提供了更多的图像信息。遥感调查也一样，在单波段卫星数据形成的黑白图像上，研究人员仅能分辨出十多级色阶差别；而在由多个波段卫星数据合成的彩色图像上，则能分辨出数十乃至上百级色阶差别。所以遥感地质解译前，先要制作好假彩色或模拟真彩色合成图像。通过合理采用有关的数字图像处理方法，依据卫星图像显示的色调特征，可以辨别出更多的在不同地质历史时期、不同地质环境下、由不同物质成分形成的岩石类型和地质现象信息，大大提高地质解译的准确程度。

完成室内工作后，要随机选取一定数量的解译内容进行野外实地验证，综合评价遥感调查质量，同时解决解译中遇到的疑难问题。最终，还需要通过综合研究，按任务要求编制符合规范要求的遥感解译地质图件和遥感调查成果报告。

实践证明，卫星遥感地质调查可以与其他地质调查方法、高新技术配合，充分展现其技术优势，用较短的时间提交调查成果，能为区域地质调查工作前期的设计编制提供可靠依据，减少野外调查工作量和经费投入，提高工作部署的预见性和针对性；在区域地质调查工作中，遥感地质调查通过反复的细致解译，与野外地质调查人员密切互动，可以随时提出野外观测路线与研究重点的调整建议，提供野外观测无法抵达的艰险地段的地质解译信息，提高区域地质调查的真实性和准确性；遥感地质调查成果作为区域地质调查总

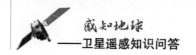

体成果的组成部分，可为调查区今后地质研究工作的进一步深化留下可视化影像等基础资料，提高区域地质调查成果的完整性和科学性。可见，在中—大区域地质调查中安排遥感地质调查工作是十分必要和合理的。图 2 为在青藏高原 1:25 万区调空白区开展的遥感前期解译。

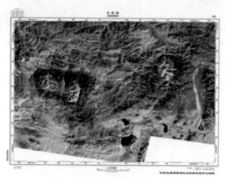
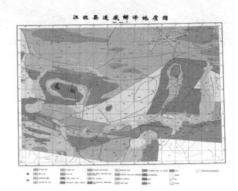

（a）江孜县卫星遥感影像图　　　　　　　　（b）江孜县遥感解译地质图

图 2　在青藏高原 1:25 万区调空白区开展的遥感前期解译

我国卫星遥感地质调查从初期较单一的中、低空间分辨率卫星图像的目视解译，到目前普遍采用多平台中、高空间分辨率卫星遥感数据的人机交互解译和机助自动解译，已走过了 40 多年的技术发展历程，不仅为加快我国区域地质调查的进程发挥了积极作用，也为满足国民经济相关领域的重大需求作出了显著贡献。随着现代区域地质调查理论与方法的不断更新，以及国家现代化建设需求的快速增长，也随着高空间分辨率和高光谱分辨率卫星数据的日益增多，卫星遥感地质调查正在努力适应新时代要求，创新和变革其工作思路、方法及成果表达方式，挺进地质工作的主体流程，迎接发展新高潮的到来。

（撰写：唐文周　审订：顾行发）

2 卫星遥感在水文地质调查中有哪些优势?

水资源有大气水、地表水和地下水资源之分,其中地表水和地下水是人类开发利用最重要、最普遍的水资源。随着我国城市化和工业化进程的加速,地表水污染日益严重,人们的生产、生活越来越多地依赖于地下水了。统计表明,目前我国近700个城市中有400多个以地下水为饮用水源。其中北方城市约65%的生活用水、50%的工业用水以及33%的农业灌溉用水主要依靠地下水。要了解地下水是怎样找到的,就得先说说区域水文地质调查。

区域水文地质调查是以现代地学理论为指导,采用地面调查与其他地质勘查方法相结合的综合研究手段。其任务是查明调查区的区域水文地质条件,包括地下含水层系统与蓄水构造的特征及其分布规律,地下水的水位、水量、水质与补给、径流、排泄条件;评价地下水的开采现状、开发中出现的环境地质问题以及未来的开发潜力。我国是水资源缺乏的国家,因此对地下水资源的调查、开发、利用和保护极为重视。

大量实践表明,卫星遥感技术能以其所长很好地承担或协助区域水文地质调查的许多工作,从而加快常规调查的速度,节约调查成本,提高调查质量。其主要作用体现在以下几个方面。

卫星遥感图像具有能够进行地貌与第四纪沉积物调查的独到优势。平时人们能看到的千姿百态的地貌形态,是地球内、外动力地质作用综合造就的地壳表层的当今面目;而第四纪沉积物是在地质历史最新的一个"纪"(约自260万年前至今)里沉积于地表的大多未成岩的松散盖层。可以说,任何一种成因类型的第四纪沉积物都是相应地貌类型的组成物质,两者不仅联系紧密,而且都与区域水文地质特征有着密切关系。由于遥感图像就是人们给地面拍的"照片",其显示的各种宏观或细部特征,当然最直观的就是各类地貌和第四纪沉积物等地物的特征。对地貌和第四纪沉积物的图像解译,以

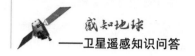

及它们与地下水关联的分析，可以为区域水文地质特征研究提供重要依据。

卫星遥感图像的岩性与地质构造解译有助于岩层含水特性分析。任何类型的岩石中都存在空隙，如坚硬岩石的裂隙、松散岩石（沉积物）的孔隙，以及可溶盐岩的溶隙（穴）等。岩石空隙是地下水赋存的场所和运移通道。虽然遥感方法无法获取岩石的各种空隙及水理性质参数，但可以快速准确地解译出岩石的类型、组合关系及其分布范围，特别对孔隙度大、含水性好的岩石，松散沉积物与石灰岩等可溶盐岩，以及对透水性差而具隔水作用的黏土、泥质岩等有更好的解译效果。同时，遥感方法也能很好地提取与地下水赋存、活动及富集程度密切相关的蓄水（或阻水）构造信息，特别是第四纪的活动构造信息。

高分辨率卫星遥感图像可以清晰显示大量水文地质的直接标志。如反映地下水补给、径流、排泄和水量、水质特征的各类泉点、泉华堆积、泉集河、地下水溢出带、盐碱化分布带、故河道；反映岩溶分布区地下水径流特征的断头河、落水洞、地下暗河出口；反映地下水开采利用的自流井、机井、灌溉水渠等（如图1所示）。

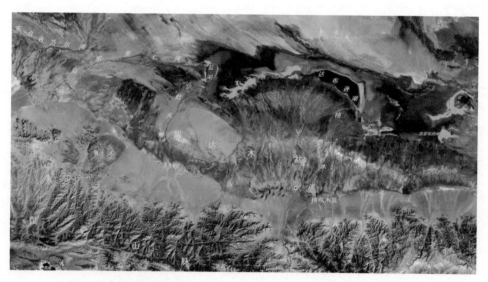

图1　昆仑山北缘洪积扇裙下方地下水溢出带形成的绿洲、泉集河和盐碱化带

常规水文地质调查时，这些要素需要通过实地观测或收集统计资料逐一落实，非常费时、费力。但是，采用高分辨率卫星遥感图像，可以很轻松地将它们准确定性、定位，或追踪、推测地下含水层走势。

卫星遥感应用模型为地下水特征研究提供了理论依据。地表土壤层的湿度与植被的长势除了与当地的降水量有关外，与地下水的水位、丰富程度、排泄方式及水质也有着密切关系。因此，土壤湿度和植被在水文地质遥感调查时常被看作地下水分布状况的间接标志。相关的研究表明，利用多波段卫星数据提取的土壤湿度指数和植被指数（如 CSMI、NDVI 等），可以比较准确地推算土壤的含水量和地表的植被覆盖度。

卫星遥感数据的多时相积累为水文地质特征时空变化监测提供了方便。区域水文地质特征易受自然条件影响，同时，在人为因素影响下易发生显著变化，如地下水位下降、泉眼枯竭、受地下水侧向补给河道的断流与干枯，等等，表明采用适当时间间隔（一般以数年计）的卫星遥感资料对其进行多期次监测是十分必要的。随着卫星数据获取的日益便利，这种监测是经济可行的。结合地理信息系统和数据库技术所开展的每一期遥感监测都将留下文字和具有鲜明年代特征的可视化影像资料，成为今后进一步监测的历史文档和对比依据，这是常规水文地质调查难以做到的。

卫星遥感应用技术的发展为水文环境地质评价提供了新手段。大家对一些大型城市与经济发达地区存在的地面沉降问题已经不再陌生。有资料表明，目前全国已有 50 多个城市发生了不同程度的地面沉降，其中长江三角洲、华北平原和关中汾渭盆地为重灾区。研究已经证实，地面沉降主要是过量开采地下水造成的，是地下水开发利用过程中出现的突出环境地质问题。采用常规的水文地质调查方法进行大区域的地面沉降监测耗时、费力、成本极高。近年快速发展起来的合成孔径雷达干涉测量，是一种可以测量地表空间位置微小变化的定量化微波遥感技术。近 10 年来，我国利用多颗雷达卫星数据，对地面沉降严重的城市和重灾地区进行年际监测，获得了地面沉降分布、地面沉降速率等面积性测量结果，精度达到毫米级，与常规高精度水准测量结

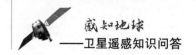
果基本一致。合成孔径雷达干涉测量技术的推广应用为高铁、高速公路等重点工程地区及区域性地面沉降的快速持续监测和防治，提供了高效的新手段（如图2所示）。

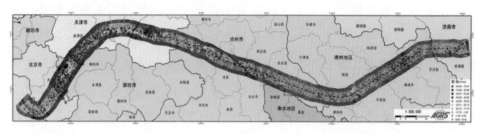

图2　京沪高铁北京 – 济南段合成孔径雷达干涉测量的 2008~2010 年间地面沉降严重性分级图

由此可见，卫星遥感方法在区域水文地质调查中确有许多独到优势和应用潜力，可以发挥很好的作用。现在，区域水文地质调查的相关技术规范已对遥感工作安排提出了明确要求，为卫星遥感方法在我国地下水资源的深入调查和合理开发方面提供了用武之地。

（撰写：唐文周　审订：顾行发）

3 卫星遥感在矿产地质调查中能发挥哪些作用？

矿产是地质作用下富集于地下或地表的具有利用和经济价值的资源。国民经济建设和人类日常生活都离不开矿产品。查明各地区矿产资源的种类、分布、规模和形成规律，估算其资源量，进行找矿远景预测的工作称为区域矿产地质调查。随着绝大多数地表及地下浅层的大矿、易找矿日趋穷尽，这项调查与找矿的难度越来越大，亟需通过采用新理论、新思路、新技术，在发现新的矿床类型、研究新的找矿模式，以及深部找矿等方面下功夫，以求找到更多矿产。

近几十年来，卫星遥感技术基于多平台、多种类、多尺度的遥感数据，依据地质体的电磁波谱特征，通过数字图像处理和遥感地质解译，提取地面调查难以发现的地质参数，研究矿产地质问题，直接或间接地发现矿化与找矿线索，填绘有专业特色的地质图件，开展遥感找矿预测，已被广泛应用于区域矿产地质调查。它对区域矿产地质调查提供的技术支持主要表现在以下几方面：

1）在国家重点成矿区带和艰难地区先期开展遥感调查。根据国家找矿突破战略行动计划的总体部署，近年我国在重要成矿区带，特别是自然条件艰险、复杂的西部高山地区先期安排了一系列 1∶5 万多幅连片的遥感矿产地质调查，基于中高空间分辨率卫星遥感数据，快速开展已知矿化带空间分布特征、成矿与控矿条件、可能延展方向等研究，以期发现新的矿体、矿化点和找矿线索，为下一步开展区域矿产地质调查打好基础。这项工作目前已取得较好成效。

2）在已知典型矿床研究基础上建立的解译标志提高解译准确度。由于在遥感解译开始前，都要先对调查区内已知典型矿床，甚至国内外著名同类矿床的矿产地质特征及其对应的遥感影像特征进行详细分析，并通过野外踏勘，系统地建立图像解译标志，作为该调查区遥感解译的统一标准，因此遥感调

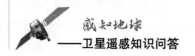
查的总体解译准确度有了可靠保障，也为类似地区提供了有益参考。

3）遥感对岩性和地质构造的识别能力适应矿产地质调查的重点需要。查明与成矿有关的含矿岩石、地层和利于导矿、控矿的地质构造特征是矿产地质调查的重点内容。关于各类岩石的遥感图像识别，本章其他部分已有所涉及，不再赘述，这里只说说遥感图像上显示最多的线性和环形影像问题。依据断裂的形成原理、空间展布特点及影像标志，断裂构造通常不难从图像上大量的线性影像中鉴别出来，并确定其发生部位、方向、规模、相互交切关系及形成时期；采用数字图像处理方法还可以增强断裂信息，或进行其长度、空间密度、趋向性、与已知矿点间距等参量统计，进一步分析它们与成矿过程的关系和作用。环形影像是指遥感图像显示的完整或有残缺的圆形和椭圆形影像。一般把能认定与地质作用有关的环形影像称为环形构造。由于成因复杂，环形构造类型很多，其中最常见的是由岩浆侵入活动形成的出露或隐伏的岩体，以及由岩浆喷发活动形成的火山机构。这两种活动都是地壳深部炽热岩浆沿地壳破裂带上升，分别在地下或地面冷凝成岩，并常常形成相应内生矿床的过程。另外，也较多见的是在沉积盆地区由褶皱、基底隆起等构造变形运动形成的背斜构造圈闭所呈现的环形影像，常与油气藏有关；在内陆干旱盆地地区的盐湖化学沉积带呈现的环状影像，则多与盐类矿产有关。因而环形构造在矿产地质解译时具有重要意义。有关研究表明，在多组断裂构造的交叉或与环形构造相交、相切处，以及多个环形构造套叠交会处都是形成金属矿产的有利地段（如图1所示），具有重要的找矿意义。

4）遥感异常信息为识别含矿岩石和矿化蚀变带提供了重要依据。目前，遥感矿产调查时普遍采用一种基于蚀变矿物反射波谱特性的图像处理方法，能自动提取热液矿床形成过程中发生的围岩蚀变遥感异常信息，如铁染、泥化、碳酸岩化等遥感异常（如图2所示）。这类异常信息实质上反映了一种隐式的、深层次的矿产地质信息，可为准确圈定与目标矿产有关的含矿岩石和矿化蚀变带提供依据。

（a）TM 图像显示的线性和环形构造

（b）断裂带含矿性分析图

图 1　花山花岗岩体铀矿预测（据关震等）

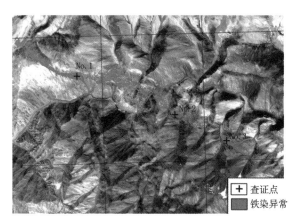

图 2　西昆仑黑恰一带的铁染遥感异常提取结果图（据金谋顺等）

5）多源数据融合技术提供了更加丰富的矿产地质信息。卫星多波段遥感数据为融合技术应用提供了条件。目前常用的融合数据组合方法很多，得到的融合图像显著提高了可解译程度，提供了更多的矿产地质信息。例如，不同空间分辨率波段数据的融合图像，保持了各原始波段图像较高的空间和光谱分辨率的性能优势；光学数据与铀、钍、钾能谱数据的融合图像增添了能谱强度信息，有利于对具有放射性岩石和矿物的识别；光学数据与微波数据的融合图像不仅明显增强了地质构造的纹理信息，而且更适用于多云多雨和植被覆盖率高地区的调查；遥感栅格图像数据与数字高程模型（DEM）数据

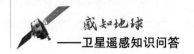
的融合，可以制作各种三维可视化图像，有利于形象直观的地质解译；遥感数据与同地区地质、物探、化探、自然重砂等数字图像的叠合，有利于进行遥感与多源地学信息综合研究，建立遥感找矿模型，进行遥感找矿预测。

6）高光谱技术有望成为遥感地质找矿突破最具潜力的支撑技术。目前，我国遥感科技人员在深入开展岩石、矿物波谱特性研究和航空高光谱地质矿产应用的基础上，运用矿物填图方法，已能从高光谱数据中较准确地识别和提取出四五十种矿物及其组合，不仅扩展了遥感矿产地质调查的思路，促进了找矿工作的深化与突破，也为正在日益增多的卫星高光谱数据在该领域的广泛应用积累了成功经验。

地球上大多矿产资源埋藏于地下，看不到，也摸不着。从人们在地表发现它们的某些迹象起，到确定它们的赋存状态与资源量，是一个非常艰巨和复杂的过程，既要有正确的地质科学理论为指导，也要采用多种地质勘查方法进行综合的研究与勘查。40多年来的国内外实践已经证明，卫星遥感在早期矿产地质调查中发现的大量找矿线索，提出的诸多找矿预测建议，曾为许多重要矿床的最终查明发挥了重要作用。现在，卫星遥感方法的找矿效果不仅不再被质疑，而且越来越受到地质矿产主管部门、地质科技人员的认可和重视。随着卫星遥感技术的快速发展与深入应用，遥感矿产地质调查的方法必将更加完善，为我国矿产资源的调查与开发发挥更大的作用。

（撰写：唐文周　审订：顾行发）

4 什么是地质灾害的遥感监测和应急调查？

地质灾害是指以地质作用和地质环境异常变化为主因的自然灾害，包括火山爆发、地震、海啸、崩塌、滑坡、泥石流、地面形变等，会给人类带来巨大灾难。与此同时，随着人类经济开发强度的持续增大，在一定的地质条件下，由人为因素引发的地质灾害类型也在不断增多，如水库蓄水、矿井塌陷引起的地震，山区筑路、开矿引起的崩塌、滑坡、边坡失稳，地下水过度开采或地下采掘引起的地面沉降、塌陷、地裂缝与煤层自燃，等等，造成的破坏和损失日益严重，越来越被人们关注。我国是一个地质灾害频发的国家，每年都会遭受数十上百亿元的直接经济损失和数百上千人员罹难。

地质灾害具有分布范围广、孕育过程漫长和随机突发的特点，而卫星遥感具有大面积周期性观测数据重复覆盖、区域性长时间序列数据积累以及灵活调度卫星运行方式快速获取数据等技术优势，正好适应了地质灾害调查的需要。因此，配合地面的常规调查与监测，卫星遥感技术在我国地质灾害调查、监测和预警，以及大型或特大型地质灾害发生后的应急调查两个应用层次中发挥了积极作用。

我国采用遥感技术进行地质灾害调查、监测和预警，可追溯到20世纪80年代初。从那时起，有关部门就开始在几个大型水电工程建设的前期论证中，以及在长江三峡等地区，以航空遥感方法为主进行滑坡等地质灾害的调查。20世纪90年代，在全国省级国土资源遥感综合调查中，各省（市、自治区）均采用TM等中等分辨率卫星数据开展了1∶50万地质灾害分布调查。进入21世纪以来，许多遥感应用研究单位一方面配合全国地质灾害易发区、高发区和重点防治区的地面调查和地质灾害信息系统建设，积极推广卫星遥感数据应用方法；另一方面，在一些国家重要经济区和重大工程区重点开展地质灾害卫星遥感调查与监测，如长江三峡库区库岸稳定性监测、青藏铁路沿线地质灾害调查、长江三角洲等地区地面沉降干涉雷达监测、内蒙古与新疆等重要采煤区地下煤层自燃遥感监测等，获得了大量可喜成果。图1为喜马拉雅山地区泥石流群三维卫星遥感影像图。

图1　喜马拉雅山地区泥石流群三维卫星遥感影像图（据童立强等）

至于地质灾害的应急调查，大家一定都深刻铭记着近几年我国发生的多起大型/特大型地质灾害，如四川汶川特大地震、重庆武隆鸡尾山崩塌、青海玉树地震、贵州关岭滑坡、甘肃舟曲泥石流、四川雅安芦山地震和云南昭通鲁甸地震等。这些地质灾害都造成了惨重的人员伤亡和经济损失。通常，获知大型/特大型地质灾害发生信息后，各部委的遥感单位都会在第一时间组织精干队伍，自觉地参与到灾情调查与救援工作中，在抗灾救灾指挥部的统一调度下，通过各种途径，用最短的时间搜集和获取灾区卫星和航空遥感数据，互相配合，形成强大合力，联合进行灾情分析，快速提交准确的可视化遥感图像和定量化解译结果，及时为灾情评估和抢险救援提供依据。在汶川"5.12"特大地震的救灾工作中，地震引起的山体崩滑岩土体堵塞了岷江，形成了多处堰塞湖，水位不断上涨，随时有溃决引发山洪危及下游的险情。在惊心动魄的抢险过程中，遥感单位连续及时地提供准确的图像解译资料，提出排险建议，使人们至今仍记忆犹新！图2为中国科学院遥感应用研究所

等单位提供的 2008 年 "5.12" 汶川特大地震震级分布图；图 3 为美国 NASA
提供的舟曲特大泥石流灾害卫星遥感图像。

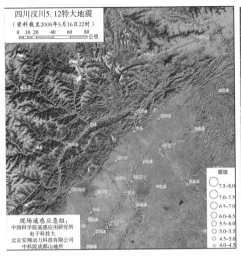 

图 2 2008 年 "5.12" 汶川特大地震震级分布图　　　图 3 舟曲特大泥石流灾害卫星遥感图像

　　采用各种技术手段进行地质灾害调查监测的目的是掌握地质灾害的分布
现状，分析灾害成因，研究灾害发生规律，进行灾害预警和避让；而进行地
质灾害应急调查的目的是及时进行灾后灾情评估，减少灾害损失，为安排救
援设施和部署治理工程提供依据。无疑，其中的"灾害预警"是最重要、也
是人们最关注的环节。由于地质灾害成因的复杂性，特别是触发因素的随机性，
目前相对于台风、洪涝等灾害来说，地质灾害预警的难度更大。但是，长期
以来人们在应对接二连三的地质灾害过程中，对地质灾害特性的认知正越来
越深入，在一次次灾难中积累了丰富的经验教训，已经逐渐有能力运用各种
现代高新技术和精密观测设备，去发现地质灾害正在朝我们袭来的种种隐秘
征兆，进而进行多种级别的预测、预警，及时提醒人们采取预防或避让措施，
力争让灾害损失降至最低限度。卫星遥感技术就属于这种现代高新技术之一。

　　近年来，随着遥感技术的快速发展，尤其是我国一系列高分辨率卫星和
环境减灾预报小卫星星座的成功发射，卫星数据的获取变得更加便利，卫星
遥感应用的深度和广度大大提升。国土资源部、民政部等部门把地质灾害的

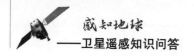

遥感监测列入了各自日常业务系统，将遥感与地学、地理信息系统等其他学科的新技术紧密结合，以国内外典型大型灾害实例为参照，研究各种地质灾害的孕灾、致灾因子及对应的遥感图像特征，建立了预测模型库及相应的地质灾害遥感监测预报评价系统，并投入有效运行；同时在遥感地质灾害监测与应急响应机制、管理模式、成果转化、资料共享和技术标准制定等方面也开展了一系列研究，加强同其他国家（或地区）相关部门以及国际组织的交流合作。这些成绩的取得，不仅满足了地质灾害常态监测和应急调查的需要，有利于完善管理机制，也为国家重点地区的区域地质稳定性评价、城乡建设与重大工程规划制订、国家与地方地质灾害监测网系统建设等提供了技术支持，有力推动了《地质环境监督管理办法》《国家突发地质灾害应急预案》等法规的落实。

今后，伴随应急响应需求的增长，卫星遥感技术在地质灾害监测、预警方面的应用会越来越多，任务会越来越艰巨，需要我们不断改进应用方法，提高应用精度和效率，努力把卫星遥感技术的优势发挥到极致。

（撰写：唐文周　审订：顾行发）

5 为什么说卫星遥感是揭发违法采矿的利器?

我国丰富的矿产资源和悠久宏大的矿产开发事业,一直在为国家社会经济发展和改善民生作着巨大贡献。但在以往较长时间内,矿产开发管理曾处于比较粗放的状态。尤其是近几十年,部分矿山的管理者或矿主受经济利益驱使,无视国家相关规定,违法经营,致使矿山开发秩序混乱,超产能超强度生产、无证或越界越层开采、以采代探、乱采滥挖、违章爆破,甚至有恃无恐地对抗政府监管等现象时有发生,不仅使不可再生的矿产资源,包括一些特定的国家保护性资源遭受严重破坏,而且开采占据了大量农林牧业用地,扰乱了当地土地利用的正常格局,造成植被退化,次生地质灾害多发,以及水体、土壤、空气污染等一系列地质环境问题,甚至造成人民生命财产的重大损失。前些年发生的几个惨痛的矿山事件,如 2001 年 7 月 17 日广西南丹锡矿特大透水事件、2006 年 5 月 18 日山西左云县新井煤矿特大透水事件、2008 年 9 月 8 日山西襄汾县新塔矿业有限公司尾矿库溃坝事件、2009 年 6 月 5 日重庆市武隆县铁矿乡鸡尾山崩塌事件等,究其原因,无不与违法采矿和无视生产安全密切相关。显然,这一问题已经引起各级政府和广大民众的高度关注,到了亟待大力整治的时候了!

1997 年 1 月 1 日起开始实施的我国新《矿产资源法》明确规定,矿产资源属于国家所有。各级政府的矿产资源主管部门必须加强矿产资源勘查、开采的审批、监督管理和保护工作,禁止任何组织或者个人用任何手段侵占或者破坏矿产资源,以保障矿产资源的合理开发利用。新《矿产资源法》的实施吹响了全面整治矿产资源开发秩序的号角。

快速、准确地掌握我国重点矿山的开发现状是矿产开发秩序整治的基础。作为全国矿产资源勘查、开采和监督管理的主管部门,国土资源部从 20 世纪 90 年代末起开始采用遥感技术进行典型矿山开发调查与监测的试验,从 2006

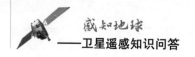

年起责成中国地质调查局主管，启动了矿产资源开发多目标遥感调查与监测工作，选择全国重要矿集区、成矿带、规划区和163个重点矿区，基于多种分辨率的卫星和航空遥感数据，开展一年一度的矿产资源开发利用现状、矿山开发引发的地质灾害等环境状况、矿山环境整治规划及矿产资源规划执行情况的遥感调查与监测，并把监测成果纳入了矿政管理"一年一张图"工程，以遥感客观数据为依据，"以图管矿"，为矿山开发秩序整顿、矿山环境恢复治理、矿产资源规划执行情况监管提供可靠技术支撑。

监测工作按1：25万、1：5万和1：1万三个不同尺度的任务需求，分别采用以优于15米中低分辨率、5米左右中分辨率和优于1米高分辨率卫星数据为主的遥感数据；运用地理信息系统和数据库技术，建成了含部（局）监管中心、全国业务监测中心和省级查验中心的三级"矿产资源开发现状监管系统"；建立起了完整的矿山地质环境评价体系和监测工作规范。在工作开展过程中，遥感图像能够客观真实地反映矿山地表各类地物的特征和属性，便于进行年际变化图斑的检测和量算，特别是可以及时发现超越矿权的违法采矿"形迹"（也称"图斑"）等优势，得到了充分发挥。

违法采矿的手法多样，有明目张胆的，有遮遮掩掩的，也有心存侥幸"乘乱上车不买票"的，甚至有上下勾结、进行权财交易、隐藏腐败问题的……总之，大多是罔顾国法，贪图个体或局部小利，无视国家整体利益。但是，只要有采矿活动（即使是地下采矿），就会在地表留下采场、采坑、硐口、井口、排土场、矿石中转场、运矿道路、矿山建筑等形迹，原有的山体面貌、植被覆盖状态和土地利用格局就会发生变化（如图1所示）。这一切都逃不脱卫星的火眼金睛，加上卫星遥感图像能够精确定位，只要一对照监管系统中已经输入的矿权矢量信息，即可在图像上判定这些采矿形迹是否超越了矿权范围（如图2所示），是否为疑似违法采矿图斑。一旦被列为"疑似图斑"，就要进行实地重点查验、定性和处理。因此，要说卫星遥感是揭发违法采矿的利器，一点也不夸张！

耕地中的铁矿开采点

小铁矿外景

图1　高分辨率卫星图像显示华北某地小铁矿违法开采损毁耕地和破坏环境的无序状态（据汪劲等）

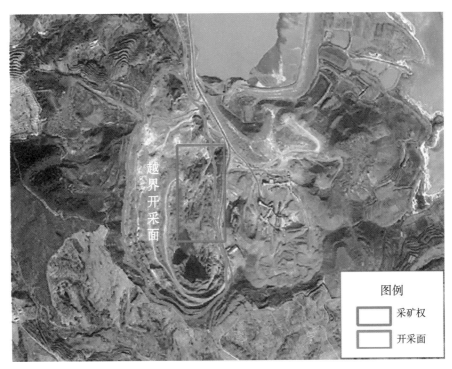

越界开采面

图例

采矿权

开采面

图2　华北某铁矿区被卫星遥感监测发现的越界开采情况（据王晓红等）

近10年来，矿山开发遥感监测与矿产资源管理有效结合，取得了丰硕成果，每年都会发现和认定一批违法采矿的案例，为加强矿产资源监管，及时制止和打击违法采矿活动，维护正常的矿山开发秩序作出了积极贡献。

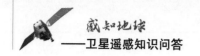

由于产生违法采矿的原因比较复杂，各地在认真贯彻新《矿产资源法》，加强矿山开发的监测、监管过程中，针对违法采矿的诱因和特点，一方面开展行之有效的打击违法采矿的专项行动，做到了"发现一处，取缔一处，摧毁一处"，对造成重大事件的责任人进行严肃查处；另一方面增强矿业权管理的科学性，规范和简约采矿权的申办、审批和注销程序，加强执法宣传、信息化管控和群众监督的力度。总体上说，全国违法采矿得到了有效抑制，单位面积内违法采矿图斑数呈逐年下降趋势，重点矿区的矿业秩序正在好转，但个别地区问题仍较严重。可见，违法采矿的整治仍然任重而道远。

"魔高一尺，道高一丈"！随着卫星遥感技术的快速发展和我国遥感卫星的日益增多，矿山遥感监测已成为矿产资源遥感产业化应用的常态工作，各种遥感卫星已经编织起了全天时、全天候监视地面的天罗地网，再配合航空（包括无人机）侦察和实地突查，遥感这把利剑会磨砺得更加锋利，威力将更加强大，在彻底整治违法采矿行动中定能发挥更加显著的作用。

（撰写：唐文周　审订：顾行发）

第十一章
卫星遥感在土地管理中的应用

1 **什么是土地卫片执法检查？有何特点和作用？**

　　国土资源执法监察是国土资源主管部门按照法定权限、程序和方式，对本行政区域内单位和个人执行、遵守国土资源法规情况进行监督检查，对国土资源违法行为进行调查处理的行政执法活动。国土资源执法监察的目的是保障国土资源管理法律法规得到有效实施，保证国土资源管理制度得到真正落实，维护国土资源管理和利用秩序，保护国土资源所有者和使用者的合法权益。

　　国土资源执法监察已形成"天上看、地上查、网上管、群众报、视频探"的综合监管手段。"天上看"，即指国土资源卫片执法检查。所谓卫片就是通过卫星遥感监测技术手段，形成的反映一个行政区域土地利用变化情况的卫星影像图片。所谓土地卫片执法检查就是依据卫片对一个行政区域开展土地执法检查。通过对卫片所反映的土地利用情况发生变化的地块逐一进行核查，掌握该行政区域内新增建设用地状况，发现和查处违法用地行为，对一个地区的土地管理秩序进行评估，并依据《监察部、人力资源和社会保障部、国土资源部关于适用〈违反土地管理规定行为处分方法〉》（15号令），对土地管理秩序混乱，达到有关规定标准的县级以上地方人民政府主要负责同志和其他负责同志给予处分。随着遥感卫星数量的不断增多，以及卫星遥感监测技术的不断进步，土地卫片执法检查已成为及时发现国土资源违法行为最重要的技术手段，改变了过去依靠群众举报、媒体曝光、脚跑眼看等传统被动的执法手段。图1为土地卫片执法检查疑似违法用地图斑分布图。

图1　土地卫片执法检查疑似违法用地图斑分布图

与传统的执法方式相比，土地卫片执法检查具有以下特点：

（1）客观性

真实、快速发现违法行为是进行国土资源执法的前提条件。利用卫星遥感监测技术，通过对同一地块的前后影像对比，就能清晰地辨别出该地块利用现状是否变化，变化信息由上级部门主动掌握，要求逐一核实清楚，无法隐瞒，将人为隐瞒违法用地的可能性降到最低。

（2）全面性

证据收集不全、执法周期较长一直是困扰传统土地执法的难题。利用卫星遥感监测技术，能够及时发现巡查较难到达的、地处偏僻的、隐蔽地区的土地违法行为，避免遗漏，从而增强了执法检查的全面性。

土地卫片执法检查作为一种新的执法监管手段，为及时发现、制止和查处各类土地违法行为提供了有力的支撑，也为更加准确地评价一个地区的土地管理秩序提供了客观与公正的依据。将遥感监测应用于土地执法监察，是执法监察工作方式的重大创新，也是执法监察工作由被动走向主动的重要转变。土地卫片执法检查已经成为执法监察工作不可或缺的重要手段，在发现、制止和查处土地违法行为方面发挥着巨大的作用。

（撰写：魏海　审订：刘顺喜）

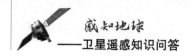
2 卫星遥感主要应用于土地管理的哪些方面？

土地管理的目的是维护社会主义土地公有制，正确调整土地关系，合理组织和监督土地利用，切实保护耕地，保护土地所有者和使用者的合法权益，坚决制止乱占滥用土地的现象，保证和促进国民经济的可持续发展。土地管理部门是我国最早应用卫星遥感技术的部门之一，卫星遥感技术已广泛应用于国情国力土地调查、土地利用动态监测、基本农田保护监测、城市建设规模扩展监测，以及土地利用总体规划实施评估等土地管理的方方面面。

（1）国情国力土地调查

土地资料是编制国民经济计划、制定有关政策的重要依据，是土地管理各项业务的基础。20 世纪 80 年代初，我国利用卫星照片和地形图完成了全国土地利用概查。1984 年 ~1996 年，以航空遥感资料为主，Landsat MSS 遥感资料为辅，完成了全国土地利用现状调查，又称第一次全国土地调查。2007 年 ~2009 年，以高分辨率卫星遥感资料为主，航空遥感资料为辅，完成了第二次全国土地调查。从 1996 年开始，利用航空航天遥感资料，每年开展一次全国土地变更调查，始终保持全国土地调查数据的现势性和准确性。

（2）土地利用动态监测

土地利用动态监测能够直观、真实、准确、快速获取全国土地利用变化情况，特别是新增建设用地占用耕地和农用地情况。国土资源部每年利用国内外高分辨率卫星遥感数据开展土地资源全天候遥感监测和年度全国全覆盖土地利用动态遥感监测，监测成果广泛应用于土地变更调查、土地利用规划、基本农田保护、土地执法、土地督察、用地审批等国土资源管理业务中，促进了从"以数管地"到"以图管地"、从"重审批、轻监管"到批后全程监管的转变。

（3）基本农田保护监测

十分珍惜、合理利用土地和切实保护耕地是我国的基本国策。要确保粮食安全，必须坚守 18 亿亩耕地红线。卫星遥感技术是监测土地利用变化的有效手段，将土地利用变化监测图与基本农田保护规划图叠加分析，可以快速掌握基本农田保护区内基本农田地块变化情况，及时发现和制止破坏、侵占基本农田的违法违规行为。图 1 为基本农田遥感监测图。

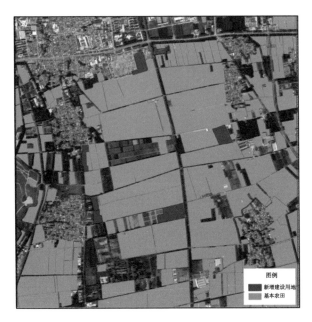

图 1　基本农田遥感监测图

（4）城市建设规模扩展监测

改革开放以来，伴随着城市化快速发展，我国城市建设规模迅速扩张，一定程度上反映了区域社会经济发展水平，同时也暴露出土地资源粗放利用、城市空间布局不合理等问题。卫星遥感以其宏观性、动态性和实时性的特点，能够快速、准确、动态地把握城市建设规模的时空变化状况及其发展规律，是研究我国城市化进程、科学制定城市发展规划、促进城市建设规模和经济协调发展的重要技术手段。图 2 为城市群建设规模扩展遥感监测图。

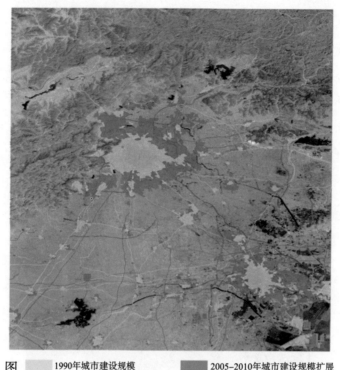

图		1990年城市建设规模		2005-2010年城市建设规模扩展
		1990-2000年城市建设规模扩展		2010-2012年城市建设规模扩展
例		2000-2005年城市建设规模扩展		2012-2013年城市建设规模扩展

图2　城市群建设规模扩展遥感监测图

（5）土地利用总体规划实施评估

　　土地利用总体规划依据国民经济和社会发展规划、国土整治和资源环境保护的要求、土地供给能力，以及各项建设对土地的需求，规定土地用途，严格限制农用地转为建设用地，控制建设用地总量，对耕地实行特殊保护。卫星遥感技术能够快速监测土地利用的客观变化情况，将土地利用变化监测图与土地利用总体规划图叠加分析，准确掌握土地利用总体规划实施情况，及时发现和制止违法违规行为。

（撰写：刘顺喜　审订：卫征）

3 什么是土地遥感调查？

　　土地调查的目的是全面查清土地资源和利用状况，掌握真实准确的土地基础数据，为科学规划、合理利用、有效保护土地资源，实施最严格的耕地保护制度，加强和改善宏观调控提供依据，促进经济社会全面协调可持续发展。土地利用现状调查的主要内容有：土地利用现状及变化情况，包括地类、位置、面积、分布等状况；土地权属及变化情况，包括土地的所有权和使用权状况。

　　土地利用现状采用采用一级、二级两个层次的分类体系，其中一级类包括耕地、园地、林地、草地、商服用地、工矿仓储用地、住宅用地、公共管理与公共服务用地、特殊用地、交通运输用地、水域及水利设施用地、其他用地共 12 个。在一级类分类的基础上，又分了 57 个二级类，如耕地对应的二级类包括水田、水浇地和旱地；园地对应的二级类包括果园、茶园和其他园地，草地对应的二级类包括天然草地、人工草地和其他草地，交通运输用地对应的二级类包括铁路用地、公路用地、街巷用地、农村道路、机场用地、港口码头用地和管道运输用地，等等。

　　土地利用现状调查分为农村土地调查和城镇土地调查。农村土地调查采用遥感调查方法，调查比例尺以 1:1 万为主，荒漠、沙漠、高寒等地区为 1:5万，经济发达地区和大中城市城乡结合部为 1:2000 或 1:5000。城镇土地调查一般采用 GPS 和全站仪等测量设备进行调查，调查比例尺一般为 1:500。土地利用现状图示例见图 1。

　　土地调查依调查比例尺的不同选择不同空间分辨率的遥感影像。1:2000比例尺的调查采用优于 0.3 米空间分辨率的遥感影像，1:5000 比例尺的调查采用优于 1.0 米空间分辨率的遥感影像，1:1 万比例尺的调查采用优于 2.5 米空间分辨率的遥感影像，1:5 万比例尺的调查采用优于 10.0 米空间分辨率的遥感影像。

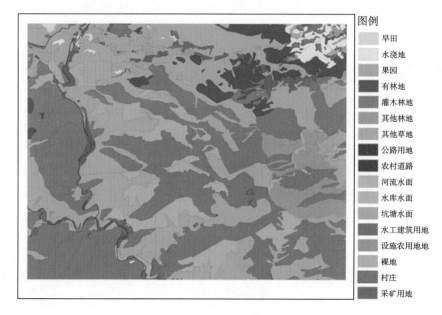

图例
旱田
水浇地
果园
有林地
灌木林地
其他林地
其他草地
公路用地
农村道路
河流水面
水库水面
坑塘水面
水工建筑用地
设施农用地
裸地
村庄
采矿用地

图1 土地利用现状图

卫星遥感影像应层次丰富、纹理清晰、色调均匀、反差适中，云量覆盖应小于10%，且不能覆盖城乡结合部等重点地区，侧视角一般小于15度，最大不能超过25度。

土地利用遥感调查的一般工作程序分为调查底图制作、外业调查和数据库建设三个阶段。

（1）调查底图制作

选择合适的卫星遥感数据和数字高程模型等辅助资料，制作数据正射影像图；在数据正射影像图上叠加各级行政界限、注记等信息，形成外业调查底图。

（2）外业调查

利用调查底图和已有土地调查成果等资料，进行逐地块实地调查，并在调查底图上完整标注全部调查信息，包括行政界线、权属界线、地类及其界线、现状地物及宽度、补测地物，以及编号和注记等。

（3）数据库建设

依据外业调查成果，建立互联共享的县级、市级、省级和国家级土地调查数据库，计算各地块的面积，并以各行政辖区汇总统计各类土地面积，制作土地利用现状图。

《土地调查条例》第六条规定，国家根据国民经济和社会发展需要，每10年进行一次全国土地调查；根据土地管理工作的需要，每年进行土地变更调查。

（撰写：魏海　审订：刘顺喜）

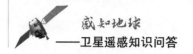
4 什么是土地利用动态遥感监测?

所谓土地利用动态遥感监测就是通过对比分析两期遥感影像或一期土地利用现状图和一期遥感影像,对全国、区域或特定地区在特定时间段内的土地利用变化情况进行多目标、多周期、多尺度快速监测,特别是监测新增建设用地占用耕地和农用地情况。

全国土地利用动态遥感监测由高频率宏观监测和高精度微观监测组成。所谓高频率宏观监测就是利用中低分辨率卫星遥感数据,对全国或区域土地利用变化的总体情况和趋势进行快速监测,主要目的是服务于国土资源宏观管理工作,同时可为高精度微观监测提供重点监测的靶区。所谓高精度微观监测就是利用高分辨率卫星遥感数据,对土地利用变化情况进行精细监测,主要目的是服务于国土资源的监管工作。高频率宏观监测的主要对象是耕地、园林地、草地、水域、建设用地等的现状和变化趋势,以及高尔夫球场、新增机场、新增港口码头、大型基础设施等重大工程用地情况。高精度微观监测的主要对象是新增建设用地占用耕地和农用地情况。

土地利用动态遥感监测,从空间层面上可分为全域、重点地区和特定地区监测。监测周期一般分为年度监测、半年监测、季度监测、月度监测和快速应急监测,城市建设规模扩展监测的周期一般为5年。土地利用动态遥感监测图示例见图1、图2。

土地利用动态遥感监测主要使用光学卫星遥感数据,在我国西南及其他多云、多雨、多雾的光学卫星遥感数据难以获取的地区,使用

图1 土地利用现状遥感监测图

雷达卫星遥感数据作为补充，具体卫星遥感数据源的选择根据监测目标的需要而定。如，高频率宏观监测一般选择空间分辨率为 1530 米的卫星遥感数据。全国土地利用动态遥感监测工程根据经济发达程度、土地利用变化强度和不同的管理目标，将全国划分为四个类型区进行监测，其中一类监测区使用优于 1 米分辨率的卫星遥感数据，二类监测区使用优于 2.5 米分辨率的卫星遥感数据，三类监测区

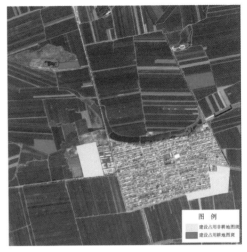

图 2　土地利用变化遥感监测图

使用优于 2.5 米或 5 米分辨率的卫星遥感数据，四类监测区使用优于 5 米分辨率的卫星遥感数据。

　　高频率宏观监测土地利用变化情况，信息提取采用计算机自动提取为主、人工目视解译为辅的方式，变化信息的属性精度不低于 90%，面积精度不低于 85%。高精度微观监测土地利用变化情况，信息提取采用人工目视解译为主、计算机自动提取为辅的方式，最小可监测的地块大小为 0.2 亩（1 亩 ≈ 666.67 平方米）。计算机自动发现土地利用变化信息的方法主要有光谱特征变异法、主成分分析法、假彩色合成法、图像差值法、分类后比较法、图像比值法，等等。

　　土地利用动态遥感监测是国土资源管理不可或缺的重要技术手段。监测成果辅助地方开展年度土地变更调查工作，保障了土地调查基础数据的现势性和数据库的持续更新。监测成果与国土资源综合监管平台的"批、供、用、补、查"业务数据叠加分析，用来评估建设用地使用的合法性。监测成果与基本农田保护规划图叠加分析，用来掌握基本农田地块变化情况。监测成果与土地利用总体规划图叠加分析，用来评估土地利用总体规划实施情况。监测成果是土地执法、土地督察工作客观、全面的第一手资料，在及时发现和查处违法用地行为、评估地方土地管理秩序等方面发挥着常规手段无法比拟的重要作用。

（撰写：尤淑撑　审订：刘顺喜）

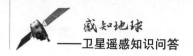

5 什么是遥感卫星土地应用系统?

遥感卫星土地应用系统是为满足遥感卫星在土地管理中业务化应用,而建立的集数据采集、数据处理、信息加工、专题产品制作、信息综合分析、信息共享与服务为一体的专业应用系统。

遥感卫星土地应用系统由数据管理子系统、运行管理子系统、集群处理和协同作业平台、土地资源调查监测业务应用子系统及信息共享与社会化服务平台组成(如图1所示)。数据管理子系统是遥感卫星土地应用系统的资源和产品管理中心,负责基础数据、原始影像、影像产品、专题产品、算法库、规则库等资源采集和高效管理。运行管理子系统是遥感卫星土地应用系统的生产调度和监控中心,负责系统资源调度、运行环境及运行状态监控。集群处理和协同作业平台是遥感卫星土地应用系统的影像产品加工车间,负责多源高、中、低分辨率遥感影像产品的自动、快速和集群处理,输出不同类型和级别的影像产品。土地资源调查监测业务应用子系统是遥感卫星土地应用系统的业务信息产品加工生产车间,负责土地资源调查与遥感监测信息的自动/人机交互生产,输出面向不同业务需求的信息产品。信息共享与社会化服务平台是遥感卫星土地应用系统的产品发布与服务中心,负责为外部用户提供数据/产品查询、需求汇集、订单受理、产品发布及相关服务。

遥感卫星土地应用系统可实现如下主要能力:

1)具备"资源一号02C""资源三号""高分一号""高分二号""北京二号"等国产卫星的数据需求统筹、观测任务规划、按需获取能力,可实时掌握卫星过轨和数据拍摄情况,并依托光纤链路即时接收卫星运营机构推送的原始影像。

2)系统集成了70多种影像处理算法,构建了12条影像产品生产线,依托自动、集群处理技术快速加工输出 6 类影像产品，具备每天不低于 300 景增值产品生产能力。

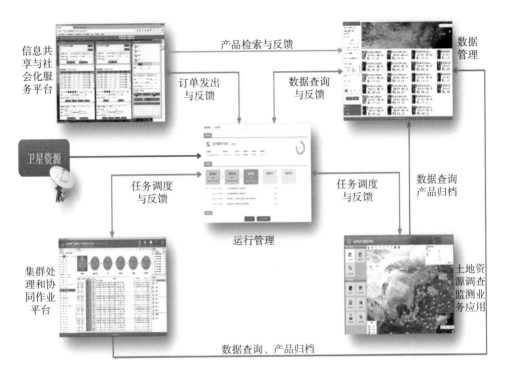

图 1　遥感卫星土地应用系统组成

3）系统构建了 45 条遥感专题产品生产线，可快速加工输出 9 类信息产品，具备每天不低于 100 幅土地专题产品的生产能力。

4）具备"资源一号 02C""资源三号""高分一号""高分二号""北京二号"等国产卫星全生命周期存档数据查询、产品订单提交与反馈和在线 / 离线产品分发能力。

遥感卫星土地应用系统针对国产卫星的特点，填补了按照土地遥感调查监测业务流程定制开发业务化应用系统的空白。系统持续为国家土地资源遥感调查监测重大工程、土地执法、土地督察、科学研究，以及 31 个省（市、区）国土资源管理等工作提供了数据保障、专业处理和信息服务。

（撰写：尤淑撑　审订：刘顺喜）

第十二章
卫星遥感在城乡建设中的应用

1 **卫星遥感在智慧城市建设中具有哪些重要作用?**

　　随着人类社会的不断发展，城市信息化应用水平不断提升，智慧城市建设应运而生。对智慧城市概念的解读因人而异，有的观点认为关键在于新技术应用，有的观点强调以人为本和可持续创新。对应着智慧城市有两个重要的驱动力，一个是以物联网、云计算、移动互联网为代表的新一代信息技术，另外一个是知识社会环境下逐步孕育的开放的城市创新生态。

　　目前我国已经有500多个城市进行智慧城市试点，并取得了一系列成果。但要充分认识智慧城市建设的复杂性和艰巨性，我国智慧城市的建设没有现成的东西去照搬照学。我国城镇化建设的步伐不断加快，每年有上千万的农村人口进入城市，城市人口不断膨胀，交通拥堵、雾霾等"城市病"已成为困扰各个城市建设与管理的难题，城市如何更宜居、如何更智慧是智慧城市

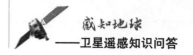
需要回答的问题。

　　智慧城市要求利用物联网和无处不在的传感器来采集地球上自然和人类社会信息。卫星遥感技术的发展，为探测各类信息提供了更高效、更实时的手段，为智慧城市建设提供了有力的技术支撑。利用卫星遥感技术，可以快速、准确地获取城市发展、建设的有关信息，为人们的生产、生活提供便利，同时为相关部门对城市建设进行合理规划和管理提供依据。图 1 为通过卫星遥感监测到的某地城市建设过程中对城市湖泊水系的破坏情况。

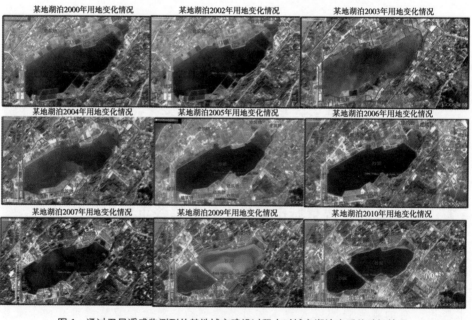

图 1　通过卫星遥感监测到的某地城市建设过程中对城市湖泊水系的破坏情况

（撰写：林俞先　审订：龚威平）

2 如何利用卫星遥感监测和改善城市人居环境？

随着生活水平的提升，人类逐渐意识到保护生态环境的重要性，居住区生态环境的可持续发展也成为全人类共同关注的热点问题。"人居环境"顾名思义是指人类居住、生活的环境。观察周边的环境就会发现，我们居住生活的环境中有大气、土壤、水源、动植物等自然环境，也有居住区、学校、体育场、游乐园等人工建造的环境，以及社会、经济、文化、政治等人文环境。这样说来，人居环境的内容非常广泛，它与我们的生活息息相关，涉及人类生产、生活的各个方面。

人居环境在任何范围内都处于动态的发展变化中，海平面上升、土壤沙漠化、城市规模扩张、社区公共设施完善、建筑微气候循环的改变等就是鲜活的例子。同时，人居环境的空间范围可大可小，它可以是全球环境、区域环境、城乡环境、社区环境或者建筑单体环境等，城市人居环境就是其中之一，泛指我们所生活居住的城市环境。理想的人居环境是人与自然和谐相处，即达到"天人合一"的境界。因此，我们需要利用相关数据去分析研究不同时期的城市人居环境状况，这有助于我们更为科学地营造宜居的生活环境。

卫星遥感技术正好能够辅助我们来完成这些工作。利用卫星遥感技术我们可以快速获得宏观、丰富且动态的遥感数据。这些遥感数据经过处理能够很直观地展现出当前人居环境的情况。下面举例说明卫星遥感技术在城市人居环境中的应用。

（1）卫星遥感技术应用于城市热污染监测

一般来说，我们的生活和生产活动在城市集聚并排出大量废热，导致市区温度普遍高于郊区，这种城市市区出现的岛状高温现象被称为"热岛效应"，这其实是一种热污染现象。在"热岛效应"的影响下，城市上空的云雾会增加，使有害气体、烟尘在市区上空累积，形成严重的大气污染。卫星遥感技术可

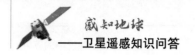
以协助我们进行城市热污染调查，主要是利用热红外遥感对城市下垫面的热辐射进行白天和夜间扫描。由于获取的热红外图像中不同温度地区的颜色深度不同，所以通过影像判读分析，我们可以查明城市热源、热场的位置和范围，并测定和分析热场的时空分布、热场强度和地表温度分布。根据不同时间的遥感资料，我们还能研究城市热场的变化规律，总结城市热场与下垫面的相互关系，并最终从城市规划的角度，合理规划那些形成城市热场的要素，例如将发热量较大的工业厂房迁至郊区，或者增加大型交通枢纽的绿化面积等。

（2）卫星遥感技术在水体污染监测中的应用

人类产生的生活污水和工业污水中含有大量的有机物。当它们在水体中被分解时会消耗大量氧气，导致水体发黑发臭。能够利用卫星遥感技术来监测水体污染，主要是因为与清洁水体相比，受污染的水体在遥感影像上会呈现出的明显的色调、亮度和纹理。借助遥感影像，管理人员能够在较短时间内完成大面积的水质情况调查，及时、全面地掌握水污染现状，以便有效控制污染。我们也能够依据获取的遥感影像利用计算机模拟污染扩散模式，预测水体污染的发展趋势，从而更有效地保护利用水资源。

（3）卫星遥感技术在固体废弃物监测中的应用

在城市中常见的固体废弃物有居民生活垃圾、建筑垃圾、工业垃圾，以及它们的混合物等。城市的快速发展导致固体废弃物大量产生，不仅占用了大量的土地资源，而且还严重污染土壤。利用遥感影像对固体废弃物进行监测，主要是基于这些固体废物自身的物理化学分解作用导致其温度一般比周围地物高，因此在热红外图像上展现出明显的色调特征。依据遥感影像中图像形状和颜色特征，我们可以有效地调查固体废弃物堆积的规模和分布情况，对城市中的固体废弃物污染信息进行定位，并预测其发展趋势。我们也可以对比分析历年固体废弃物的调查资料，并依据分析结果做出合理的垃圾设施布局规划。

（4）卫星遥感技术在城市土地利用动态研究中的应用

土地是承载我们日常居住、工作、交通、休闲娱乐等活动的场所，城市土地利用其实就是指将自然的未经开发的土地用于住宅、工业、交通、教育设施、公园绿地等的建设。随着人口在城市的不断集聚，对上述各类设施的需求增加，城市规模逐渐扩大。在这个过程中，城市土地利用情况始终在变化，小到道路拓宽或街头绿地建设，大到机场、高速公路等重大基础设施建设或者城市的新区开发，这就需要我们进行动态实时的城市土地利用研究，准确地掌握其变化情况。利用卫星遥感技术，我们可以获取多个时间的城市遥感影像资料，通过土地用途的判读获取城市各类用地的规模和分布情况。同时，通过对比同一区域不同时间段遥感影像，可以快捷地得出发生变化的土地利用的类型、规模、具体位置等信息，从而为城市规划的管理人员监测土地利用、研究城市发展方向提供科学的空间数据，以保障有限土地资源的合理利用。

（5）卫星遥感技术在城市绿地调查中的应用

城市绿地在改善城市环境质量、促进城市可持续发展中具有不可替代的作用。城市绿地调查主要是为了准确及时地获取城市绿化现状，促进城市绿地的科学管理而进行的工作。卫星遥感技术是城市绿化调查的一种有效方法。在遥感影像中，不同类型的绿化用地具有较为明显的识别性。凭借遥感影像图所具有的信息量大、植物标志清楚的特点，城市绿化管理人员可以迅速、准确地了解城市绿地空间分布情况、绿地种类及结构、绿地面积等信息。卫星遥感技术的应用一方面可以减少测量误差；另一方面，也可以免去工作人员现场踏勘活动而提高工作效率。

近年来，遥感影像的分辨率不断提高，国家卫星遥感地面站的建设也逐渐增加。随着遥感技术的发展和一些遥感应用研究项目的完成，我们可以真切地体会到遥感技术在人居环境研究中所发挥的重要作用。高等院校、社会各界和政府机构也开始重视遥感技术的研究，我们相信，未来遥感技术在人居环境研究中的应用会更加广泛。

（撰写：林俞先　审订：龚威平）

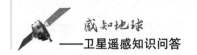

3 如何利用卫星遥感辅助城乡规划实现"多规合一"？

目前，我国已经步入快速城镇化时期，一些重大问题成为关注焦点，例如：生态环境如何改善、重大基础设施如何布局、基本农田该怎样保护、城市该怎样有序发展，这些问题的解决需要在城市空间布局方面进行统筹安排。但是长期以来，我国的规划编制管理体制部门分治，国民经济和社会发展规划、土地利用总体规划、城乡规划和生态环境保护规划，以及与其他各类基础设施规划之间存在许多不一致、不协调的现象，极不利于对规划实施和发展进行合理引导。就指导城市发展而言，有三类规划密切相关，一个是发改部门提出的国民经济和社会发展规划，这个规划给出了经济社会总目标。另外两个规划是为了实现经济社会总目标而进行的关于安排城乡空间发展和土地利用的规划，其中一个是国土部门提出的土地利用总体规划，侧重于协调农用地和城市建设用地的布局，另外一个是城乡建设部门提出的城乡规划，重点解决城乡各类空间要素分布的问题。

当前，这三类规划被视为指导城市发展最重要的三个规划，实现"三规合一"是协调"多规合一"的基础。所谓的"三规合一"，是指通过把国民经济和社会发展规划、土地利用总体规划、城乡规划之间存在差异的内容进行统一，然后再分别纳入到各自的规划内容中去。这项工作有助于协调"三规"中存在的相互矛盾的内容，促使各类规划更加容易落地，从而更好地指导我国城市和乡村的发展建设。

遥感技术是"三规合一"工作中用到的技术之一。我们能够通过遥感技术获取遥感影像。这些遥感影像更新速度快，覆盖范围广，能够提供大范围内及时更新的关于河流、山体、建筑、公园、广场等地表物体和周边环境的现实情况（如图1所示）。遥感技术在"三规合一"中的应用主要表现在以下三个方面：

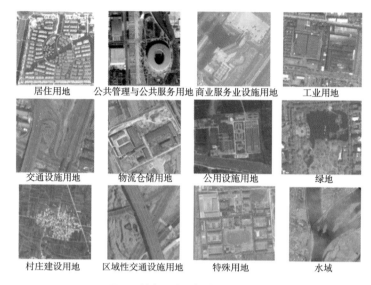

居住用地　公共管理与公共服务用地　商业服务业设施用地　工业用地

交通设施用地　物流仓储用地　公用设施用地　绿地

村庄建设用地　区域性交通设施用地　特殊用地　水域

图1　城市用地分类遥感目视解译

其一，利用遥感影像能够获得可信度较高的土地利用数据，为规划人员编写各类规划提供可靠的数据来源。这是因为，一直以来，三类规划中土地资源的统计口径不同，给"三规"的融合造成了很大的障碍。土地资源为城乡建设提供了承载空间，所以土地利用数据是"三规合一"实践中重要的基础数据。通过遥感影像和实地调查核实获得的土地利用数据相结合，能够较真实地反映土地利用的现状，数据的可信度较高，可以促进"三规合一"工作在可靠数据的基础上进行内容的融合。

其二，利用遥感影像，不用去实地踏勘，就可以直观了解城市建设现状（如图2所示），提高工作效率，并为划定"三规"控制边界打下基础。"三规"在我国由不同的政府部门负责，所以才导致了"三规"内容上的差异。因此，"三规合一"工作的推进，需要我们构建起沟通"三规"的"语言"。这些"语言"是指规划人员在空间上划定的一条条控制边界，最终的目的在于控制城市规模，保护好生态环境并合理地安排城市中的各类产业。通过这些控制边界，可以协调城乡规划与土地利用总体规划中相互矛盾的内容。由于遥感影像能直观和丰富地展现地表物体和周边环境的现实情况，并提供及时更新的反映当前城市建设状况的空间数据，使我们快速获得不同范围内地表物体的现状特点。因此，遥感影像能够为我们研究如何处理那些在城乡规划与土地利用总体规划中存在差异的地块提供便利。

图2　某市1995~2010年城市现状建设用地变化示意图

其三，遥感影像能协助规划管理人员对"三规合一"控制边界进行维护。利用遥感技术获得的遥感影像具有更新速度快的特点，通过对比遥感影像与已经划定的控制边界，我们能够宏观地对城市建设情况进行动态监测（如图3所示），进而对突破控制边界的违法建设的行为进行监督，利用督察手段使"三规合一"的控制边界得到维护。

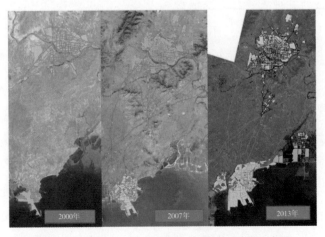

图3　某市2001~2013年城市建设用地边界变化示意图

　　我国已经探索"三规合一"工作的城市有上海、重庆、武汉、广州、河源、云浮等，现以广州为例进行简单介绍。广州市的城乡规划与土地利用总体规划内容上差异较大，两类规划中城市建设用地在空间分布上的差异面积达到 935.81 平方千米，相当于广州市域面积的十分之一。广州市政府结合遥感影像，组织有关部门对这些存在差异的内容进行逐一讨论，并划定了四条控制线，分别是建设用地规模控制线、建设用地增长边界控制线、基本生态控制线和产业园区控制线，为"三规"在城市发展目标、人口规模、建设用地、城市增长边界、城市功能空间分布和上地开发强度六个方面的统一奠定了基础（见图 4）。

图 4　广州市"三规合一"成果示意

（撰写：林俞先　审订：龚威平）

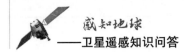
4 如何利用卫星遥感有效保护和合理开发风景名胜区？

风景名胜区卫星遥感动态监测，是中央政府为掌握国家级风景名胜区的规划实施和资源保护管理情况而开展的动态监测工作。综合运用高新技术手段，实现对国家级风景名胜区的动态监测，能够逐步建立起国家级风景名胜区监督管理信息数据库，为政府宏观决策和依法行政提供科学依据。

国家级风景名胜区卫星遥感监测以总体规划为监测依据，采用两期不同时相的影像比对，提取出发生变化区域图斑，核查该图斑变化前后的用地性质、是否符合总体规划要求等。要求重点监测核心景区的开发建设，同时关注监测目标用地性质的变化。如风景名胜区内的建设项目是否符合规划、自然景观（植被、山体、河流等）的变化、土地利用情况，以及核心景区的保护情况等，重点监测：①景观资源，包括地形地貌、森林植被、文物古建、水体景观；②土地利用状况，包括风景名胜区建设用地范围和布局；③工程建设，针对风景名胜区内的各项建设活动，特别是一些重大建设项目，如铁路、站场、仓库、医院、工矿企业、公路、索道、缆车、大型文化体育与游乐设施、旅馆建筑、水利工程等。这些方面决定了监测必须采用高分辨率遥感影像数据。国家级风景名胜区遥感监测采用的遥感数据以高分一号（分辨率为2米）、高分二号（分辨率为0.8米）、法国SPOT（分辨率为2.5米）为主，规划面积较小的景区和各景区的核心景区采用分辨率更高的美国IKONOS（分辨率为1米）、美国QuickBird（分辨率为0.6米）数据。

卫星遥感动态监测作为现代化管理手段在风景名胜区管理中发挥的作用和优势越来越明显，既有效遏制了许多风景名胜区内的各类违规违章建设和土地利用，又提高了风景名胜区管理工作的科技含量，推动了风景名胜区行业信息化建设，填补了我国风景名胜区资源与环境遥感信息数据积累的空白，还在减少违章建设、盲目投资、保护资源环境等方面产生了巨大的直接效益和间接效益，为我国在加强资源与环境保护方面树立良好的国际形象起到了一定的积极作用。

（撰写：林俞先　审订：龚威平）

第十三章
卫星遥感在环境监测中的应用

1 卫星遥感如何监测空气污染?

　　监测大气环境及其污染状况是卫星遥感的重要应用之一。空气污染，又称为大气污染，按照国际标准化组织的定义，通常是指由于人类活动或自然过程引起某些物质进入大气，呈现出足够的浓度，达到足够的时间，并因此危害了人类的舒适、健康、福利或环境的现象。世界卫生组织和联合国环境组织称"空气污染已成为全世界城市居民生活中一个无法逃避的现实"。

　　空气污染按成因可分为自然污染和人为污染两类，后者主要由污染源排放、大气传播、人与物受害三个环节构成；按存在状态可分为气溶胶状态污染物和气体状态污染物两类，前者主要有粉尘、烟液滴、雾、降尘、飘尘及悬浮物等；后者主要有硫氧化合物（以二氧化硫为主）、氮氧化合物（以二

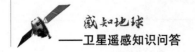
氧化氮为主）、碳氧化合物（以二氧化碳为主），以及相关碳氢化合物。大气污染范围和强度受污染物性质、污染源（源强、源高、源内温度、排气速率等）、气象条件（风向、风速、温度等）及地表性质（地形起伏、粗糙度、地面覆盖物等）影响。

正常洁净的大气是透明的；当存在一定污染物时，大气透明度会发生变化（可用气溶胶光学厚度表征）。阳光通过被污染的大气，其辐射强度会发生变化，特定谱段的能量也会被吸收（如沙尘气溶胶和碳质气溶胶对紫外波段有强烈吸收作用）。利用卫星遥感，辅以地面环境监测、地理信息、气象等数据，可以对这些变化进行探测和识别，从而对区域环境空气质量和环境污染事件进行监测与评价。

区域环境空气质量监测主要包括颗粒物污染监测、雾覆盖及雾污染监测等。利用卫星遥感数据，对前者可快速提取大范围空气的气溶胶光学厚度，进而反演空气混浊度、空气总悬浮物颗粒物（TSP）和可吸入颗粒物（PM2.5、PM10）的浓度及分布状况；对后者能够克服地面观测限制，并探测特定谱段能量吸收程度，从而探测和有效提取空气污染物的分布与浓度信息。比如，我国的雾霾颗粒物碳质成分含量较高，通过卫星遥感获取大气含碳量信息就可以评价雾霾污染的严重程度。当然，卫星遥感数据获取的信息有一定的不确定性，就需要"点面结合"，依靠地面和近地面实时监测数据来进行校核与验证，从而形成对某区域、某种空间污染情况适用的反演模型或算法。目前，我国已对全国范围的二氧化硫、氮氧化物、碳氧化物等主要污染气体实行定量遥感监测；对华北地区颗粒物污染实现了区域多尺度、天地一体的业务化遥感监测。

利用卫星遥感，可以对地表发生的一定范围的环境污染事件进行监测。如对我国农作物秸秆焚烧问题，利用卫星遥感数据可以监测全国主要农业区域地表热异常信息，辅以地面调查和行政边界、土地利用、农情、秸秆禁烧区范围等信息，以及其他社会统计数据，可以识别并评价秸秆焚烧点的位置、主要行政区或农业区内焚烧点数目与密度、焚烧作物类型（水稻、小麦、玉米、棉花等）、发生焚烧的耕地面积以及焚烧程度等。目前，我国已实现对京津冀、长三角、珠三角等重点区域秸秆焚烧情况的遥感监测与预警。

（撰写：初东　审订：王桥）

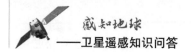

2 卫星遥感如何监测水体状况?

因某种物质的介入,而导致水体化学、物理、生物或者放射性等方面特征的改变,造成水质恶化,从而影响水的有效利用,危害人体健康或者破坏生态环境的现象称为水污染。污水中的酸、碱、氧化剂,以及铜、镉、汞、砷等的化合物,苯、二氯乙烷、乙二醇等有机毒物,会毒死水生生物,影响饮用水源、风景区景观。污水中的有机物被微生物分解时消耗水中的氧,影响水生生物的生命,水中溶解氧耗尽后,有机物进行厌氧分解,产生硫化氢、硫醇等难闻气体,使水质进一步恶化。

环境污染物的来源称为污染源。从污染源划分,可分为点污染源和面污染源。点污染源是指从集中的地点(如工业废水及生活污水的排放口)排放污染物质的污染源。它又分为固定的点污染源(如工厂、矿山、医院、居民点、废渣堆等)和移动的点污染源(如轮船、汽车、飞机、火车等)。它的特点是排污经常化,其变化规律服从工业生产废水和城市生活污水的排放规律,它的量可以直接测定或者定量化,其影响可以直接评价。面污染源是指在一个大面积范围排放污染物的污染源,是指污染物质来源于集水面积的地面(或地下),如农田施用化肥和农药,灌排后常含有农药和化肥的成分,城市、矿山在雨季,雨水冲刷地面污物形成的地面径流等。其以扩散方式进行,时断时续,并与气象因素有联系。

从污染的性质划分,可分为物理性污染、化学性污染和生物性污染。物理性污染是指水的浑浊度、温度和水的颜色发生改变,水面的漂浮油膜、泡沫和水中含有的放射性物质增加等;化学性污染包括有机化合物和无机化合物的污染,如水中溶解氧减少,溶解盐类增加,水的硬度变大,酸碱度发生变化或水中含有某种有毒化学物质等;生物性污染是指水体中进入了细菌和污水微生物等。

水污染主要是由人类活动产生的污染物造成，它包括矿山污染源、工业污染源、农业污染源和生活污染源四大部分。工业废水是引起水体污染的最重要工业污染源。近年来由于农药、化肥的使用量日益增多，而使用的农药和化肥只有少量附着或被吸收，其余绝大部分残留在土壤和漂浮在大气中，通过降雨，经过地表径流的冲刷，进入地表水和渗入地下水而形成农业污染源。因城市人口集中，城市生活污水、垃圾和废气造成了水体的城市污染源，包括厨房、洗涤房、浴室和厕所排出的污水。世界上仅城市地区一年排出的工业和生活废水就多达 500 立方千米，而每一滴污水又将污染数倍乃至数十倍的水体。

利用卫星的遥感信息，可以对大面积水体的水质现状进行监测，掌握水质状况空间变化和动态变化规律，对造成区域水环境污染的点源和面源两大因素进行评价。地表水环境遥感监测主要是利用遥感和地理信息系统，把获得的卫星遥感数据与地面监测数据相结合，对我国的主要水体、河流和近海海域水质指标如叶绿素 a、总悬浮物、水温、透明度（浊度）等，以及突发性水环境事件如赤潮、溢油、热污染等进行宏观、连续监测。

目前地表水环境遥感监测包括对我国几个主要大型湖泊如：太湖、巢湖、滇池等大型湖泊，进行水华污染和水温、透明度、总悬浮固体颗粒物、叶绿素等水质遥感监测；针对我国几个大型河口区域如珠江口、长江口等，进行水温、总悬浮固体颗粒物、叶绿素 a 等水质遥感监测；针对我国环渤海、近海海域进行水温、总悬浮固体颗粒物、叶绿素 a 等水质遥感监测。通过对水质指标的监测，得出一个水环境综合评价结果，预测水质发展趋势。针对长江下游、珠江下游等地区的火电站群以及几大核电站的温排水系统所造成的热污染开展监测；针对海洋溢油，利用合成孔径雷达图像分析判断溢油的范围、趋势动态，结合其他可能获取的社会、自然、经济等资料，分析溢油事件对周边自然生态环境带来的影响，监测中国近海范围内油轮油泄漏事件。开展重点湖泊（太湖、滇池、巢湖、鄱阳湖、洞庭湖、洪泽湖、西湖、千岛湖、微山湖等）、重点水库（长江三峡水库、密云水库、官厅水库、新安江水库等）和重点河段（长江中下游、淮河、海河、辽河、黄河中游、珠江等）所在流域周边的面源污染的常规性监测，实现覆盖全国的陆地地表水体面源污染监测；持续开展太湖、巢湖、滇池、三峡水库、兴凯湖、洱海等大型水体蓝藻水华监测（如图1所示）；开展新安江、巢湖、海河、松辽流域和全国尺度的面源污染遥感监测；开展内陆水体湖泛、水葫芦疯长、浮萍爆发、藻类异常等突发水环境事件及全国内陆重点水体与近岸海域水色异常的遥感应急监测（如图2所示）；针对溢油、赤潮等污染事故，利用卫星和无人机遥感技术，快速获取事发区域污染源分布、污染面积等信息，实现污染面积、扩散速度、迁移路线、持续时间、周边环境受影响程度等方面的动态监测（如图3所示）。

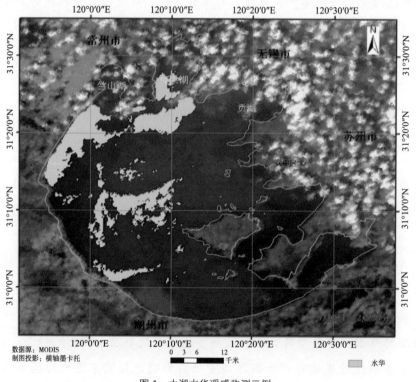

图1 太湖水华遥感监测示例

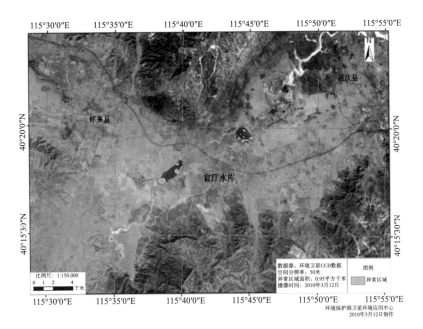

图2 官厅水库水色异常遥感监测示例

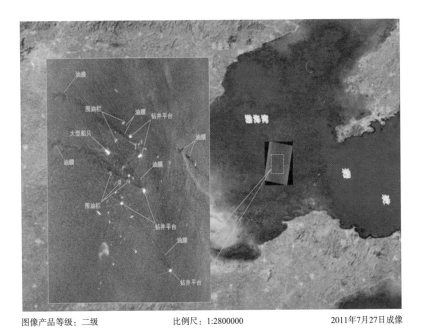

图像产品等级：二级   比例尺：1:2800000   2011年7月27日成像

图3 近岸海域溢油遥感监测示例

（撰写：初东 审订：王桥）

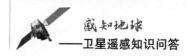
3 **卫星遥感如何诊断地球"身体"健康状况？**

生态环境是指影响人类生存与发展的水资源、土地资源、生物资源以及气候资源数量与质量的总称。生态环境是人类生存和经济社会可持续发展的基础，是生态系统和环境系统的有机结合体，包括生物性的生态因子和非生物性的生态因子，如植被、水系、土地、气候等自然地理条件和人为条件等。

生态环境监测采用的是生态学的多种措施与方法，从多个尺度上对各生态系统结构和格局进行度量，主要通过监测生态系统条件、条件变化、对生态环境压力的写照及其趋势而获得。生态监测是运用可比的方法，在时间和空间上对特定区域范围内生态系统或生态系统组合类型、结构和功能及其组合要素等进行系统测定和观察的过程。生态环境监测的本质是环境"要素"和"相素"中目标污染物的各类信息的生产过程，即环境信息的生产过程。现阶段的环境监测内容分为综合性指标、物理学指标、化学指标、生物学指标、生态学指标、毒理学指标等，或者分为环境质量指标、自然生态指标及环境保护建设指标。

生态遥感应用主要有全国生态状况监测、自然保护区动态监测、大型工程 / 区域开发项目的生态影响监测、重要生态功能区动态监测及国家生态建设区域效果监测。

全国生态状况监测是利用卫星遥感监测土地利用参数、生物物理参数和人为影响的相关因子，每年对全国范围的生态质量进行综合评价。自然保护区动态监测，是通过对自然保护区核心区、缓冲区和外围区的景观格局现状及变化的监测，揭示自然保护区的保护程度；利用遥感手段进行保护区生物物理参数的监测，反映自然保护区生态系统的质量状况及变化，为保护区的管理提供信息服务。大型工程／区域开发项目的生态影响监测，是指对具有区域性意义工程的监测（如三峡工程、南水北调工程、青藏铁路等），揭示环境演变规律和产生变化的原因。重要生态功能区动态监测，是指对在保持流域、区域生态平衡，减轻自然灾害，确保国家和地区生态环境安全方面具有重要作用的区域的监测，基于环境卫星数据和其他辅助数据，开展区域的生态环境要素状况调查，进行生态系统服务功能分析，对生态系统和生态功能保护与恢复措施进行评价，确定并实施保护措施，防止生态环境破坏和生态功能退化，主要监测对象包括：江河源头区、重要水源涵养区、水土保持的重点预防保护区和重点监督区、江河洪水调蓄区、防风固沙区和重要渔业水域等重要生态功能区，具体范围包括：长江、黄河、辽河源头区，洞庭湖、鄱阳湖、三江平原洪水调蓄区，南水北调东线、中线源头水源涵养区，舟山渔场、秦岭等15个国家级生态功能保护区，以及对我国生态系统有重要作用、将来可能纳入生态功能保护区的生态交错带、生态屏障区等。国家生态建设区域效果监测，主要是就项目建设前、建设过程中及阶段建设结果的各个时期，开展生态景观变化监测、生态系统服务功能监测，监测的区域有：黄河上中游地区包括晋、陕、蒙、甘、宁、青、豫的大部或部分地区；长江上中游地区包括川、黔、滇、渝、鄂、湘、赣、青、甘、陕、豫的大部或部分地区；"三北"风沙综合防治区包括东北西部、华北北部、西北大部干旱地区；南方丘陵红壤区包括闽、赣、桂、粤、琼、湘、鄂、皖、苏、浙、沪的全部或部分地区；北方土石山区包括京、津、冀、鲁、豫、晋的部分地区及苏、皖的淮北地区；东北黑土漫岗区包括黑、吉、辽大部及内蒙古东部地区；青藏高原冻融区；草原区。

另外，开展土地利用／土地覆盖变化遥感监测，即对比建设各阶段的各种土地利用类型面积变化情况，以及空间分布情况，监督生态建设区的生态工程实施情况。包括景观特征变化分析、水土流失现状及成因分析、生态系统服务功能评价分析、生态恢复效果评价及生态建设区的经济和效益评价等。利用多光谱数据、热红外数据、高光谱数据及合成孔径雷达数据进行城市／城市群生态的环境进行遥感动态监测，主要包括区域城市景观要素构成与空间格局分析、城市"热岛效应"、城市建设工程的生态、环境恢复措施监视性、城市生态安全专项调查、城市生态环境质量综合考核等的遥感监测。生物多样性是生物与环境形成的生态复合体，以及与此相关的各种生态过程的总和，包括生态系统、物种和基因三个层次，开展生物多样性保护优先区人类干扰活动和物种生境遥感监测（如图1所示）。开展农村有机食品基地及周边生态状况遥感监测（如图2所示）。开展长白山、井冈山、呼伦贝尔、三江源等重点区域长时间序列雪盖变化、湖泊变化以及生态系统生产力等的遥感监测（如图3所示）。开展工业固体废弃物和尾矿库遥感监测（如图4所示）。

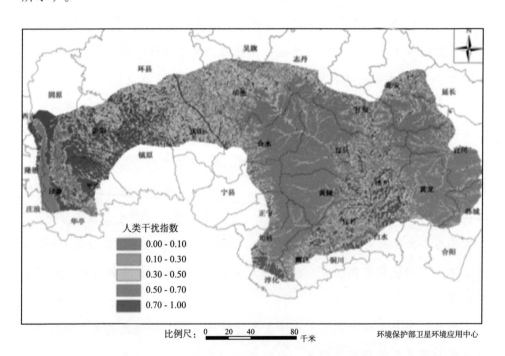

图1　生物多样性保护优先区人类干扰活动遥感监测示例

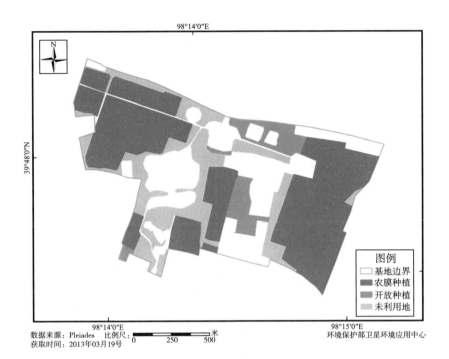

图2　有机食品基地种植区土地利用遥感监测示例

图3　三江源陆地生态系统总碳吸收遥感监测示例

图4 某地尾矿库占地毁林、污染水源遥感监测示例

（撰写：初东 审订：王桥）

第十四章
卫星遥感在灾害管理中的应用

1 **卫星遥感对于重大自然灾害抢险救灾有什么重要作用?**

中国地处亚洲东部、太平洋西岸,位于亚欧板块与印度洋板块、太平洋板块交界处,地域幅员辽阔,地形地貌复杂,气候类型多样,是受全球自然灾害影响较重的国家之一,具有灾害种类多、分布地域广、发生频率高、损失影响大等特点。"十二五"(2011~2015 年)期间,四川芦山地震、黑龙江松花江流域特大洪水、长江中下游五省大旱、云南鲁甸地震、"威马逊"台风灾害等重特大自然灾害,给受灾地区人民群众生命财产安全造成了巨大影响,各类自然灾害累计造成 3.1 亿人次受灾,紧急转移安置 900 多万人次,近 70 万间房屋倒塌,农作物受灾面积 2700 多千公顷(1 公顷 =10000 平方米),直接经济损失 3800 多亿元。随着气候变化不断加剧,灾害发生频率和影响均呈上升趋势。受强厄尔尼诺事件影响,2016 年 7 月,长江流域发生了近 30

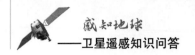

年仅次于 1998 年的特大洪水，与此同时，内蒙古东部却遭受了严重旱灾。自然灾害频发、多灾、并发，灾害管理形势日益严峻。

重特大自然灾害突发后，灾害影响范围、损失情况等信息的及时、有效获取为抢险救灾工作提供了基础保障。遥感卫星以其监测范围广、获取信息多、重复观测性强等特点，可以对灾区开展多谱段、多要素、多分辨率监测，并借助人工目视解译或机器自动识别，对灾区的灾害目标开展动态监测，利用不同时相的遥感数据分析判识灾害目标的变化，对灾情和灾害的发展趋势做出正确判断，为灾害应急救助提供准确的信息支持。

灾区实时监测主要包括对灾害范围或应急救助情况的监测。依据干旱、洪涝、地震、地质灾害、雪灾等不同灾害特点，合理选择植被长势、水体变化、滑坡体、泥石流、堰塞湖、积雪等要素开展监测，通过灾前、灾后要素信息分布范围或指标变化，获取实时灾害范围（如图 1 所示）。应急救助监测通过在遥感影像上对帐篷等安置点开展监测，提取紧急转移安置区域面积与帐篷数量，进一步估算紧急转移安置人口，为灾害救助工作提供参考。

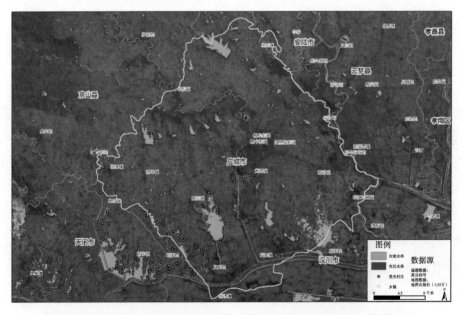

图 1　2016 年 7 月 23 日湖北局地洪涝灾害范围监测图（高分四号卫星遥感数据）

重大自然灾害发生后，遥感影像还可用于开展毁损实物量评估，主要包括房屋建筑物、基础设施、自然资源等。其中，房屋建筑物包括楼房、平房、烟囱和水塔等；基础设施包含交通设施、市政公用设施、电力设施、水利设施、电信和广播通信设施、管道设施，交通设施包括国道、省道、乡县公路、桥梁、铁路和机场跑道，市政公用设施包括市政道路、公交设施、城市绿地、路灯和行道树，电力设施包括发电变电设施、架空电力线路，水利设施包括水库、渠道、大坝和堤围，电信和广播通信设施包括发射台站、传输线路，管道设施包括架空和地面管道；自然资源包括土地资源和水域资源等，土地资源包括耕地、林地和建设用地，水域资源包括河流、湖泊。利用高空间分辨率遥感影像进行灾害目标识别及灾前、灾后变化监测，从而开展毁损实物量评估（如图 2 所示）。

图 2　2016 年 6 月 23 日江苏盐城龙卷风冰雹特别重大灾害监测图

2008 年，环境与灾害监测预报小卫星星座 A、B 星发射升空，开拓了卫星遥感减灾业务应用的新篇章，我国从此具备了针对干旱、洪涝等典型灾害的卫星遥感监测与评估业务能力。此后，环境减灾 C 星的发射，进一步提升

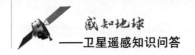

在恶劣气象条件下洪涝灾害的监测能力。2013 年以来，随着"高分"系列卫星的陆续发射，"高分一号""高分二号"提供的高空间分辨率影像、"高分四号"提供的高时效大范围中高分辨率影像、"高分三号"提供的雷达影像丰富了卫星减灾应用数据源，提高了卫星影像在地震、台风、地质灾害中的应用效能，并大幅提升了国产卫星在抢险救灾中的应用比例。在充分利用国内卫星资源开展自然灾害应急监测基础上，我国还于 2007 年加入了空间与重大灾害国际宪章组织，突发自然灾害期间，可以无偿获取机制内国际航天机构的多类卫星遥感影像，进一步加强灾害应急期间数据获取能力。

（撰写：范一大　审订：海霞）

2 卫星遥感对灾害风险评估有什么重要意义？

灾害风险评估是灾害管理工作中的重要一环。与灾后面对巨大灾害损失而开展投资巨大的灾害应急救助和恢复重建工作相比，开展切实有效的灾害风险评估具有较高的经济和社会效益，其在减轻灾害所造成人员伤亡方面的意义更为突出。面对新形势下的减灾救灾发展要求，习近平总书记2016年7月在唐山考察时明确指出："坚持以防为主、防抗救相结合，坚持常态减灾和非常态救灾相统一，努力实现从注重灾后救助向注重灾前预防转变，从应对单一灾种向综合减灾转变，从减少灾害损失向减轻灾害风险转变，全面提升全社会抵御自然灾害的综合防范能力。"灾害风险评估已成为未来减灾救灾工作的重点而不断强化、深化。

灾害风险评估是根据自然灾害系统特征及其时空分异规律，通过建立指标体系和分析模型，在时空尺度上分析灾害可能发生的区域和危险等级，并在多尺度临灾状态下，预测灾害发生的可能性、危险程度及影响区域，并作为开展灾情预警的前提条件和依据。在灾害发生过程中，依据灾害演进规律及干旱、地震、台风、洪涝等各类灾害链特点，对灾害发展趋势、次生灾害等进行监测与评估。

卫星遥感监测具有常规性、持续性与动态性的特点，作为灾害系统监测的重要数据源，在灾害风险评估中发挥着重要作用，主要表现在灾害系统要素分布与状态的动态监测、基于时空变化规律的异常信息提取等方面，作为重要的指示因子，服务于自然灾害的风险评估工作。

日常条件下，通过对农作物、建筑物等承灾体的分布开展多尺度观测，提取多维承灾体分布信息，服务于多尺度灾害风险评估工作，并可为灾害应急救援工作提供及时的承灾体分布数据，提高灾害应急救助工作的时效性。利用多种类型的卫星组成星座，实现大范围、全天候、全天时的自然灾害系

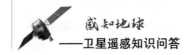

统动态监测，基于遥感影像光谱、纹理等特征，实现灾害特征信息的识别和提取，对自然灾害过程中的致灾因子、孕灾环境、承灾体等相关信息或特征参数进行连续动态监测，发现异常变化信息，实现灾害早期发现。

　　卫星遥感技术在干旱、台风、洪涝、雪灾等灾害的风险评估方面应用较为成熟。在应对干旱灾害方面，针对干旱对植被、水体、土壤墒情等因素的影响，选择植被指数、水体面积、地表温度、蒸散量等要素指标，基于不同区域、时期的变化规律，构建合适的干旱指数，表征干旱的实时影响范围。鉴于干旱灾害具有明显的缓发性特点，通过多时相数据的对比分析，并结合当地农作物生长特性、地形地貌、人口分布等因素，提取干旱影响的重点区域，识别高风险区。在应对台风方面，重点依托中低空间分辨率地球静止轨道卫星，通过对台风位置的精确识别，辅助开展台风路径的模拟与分析，对可能经过的地区开展风险评估工作。应对洪涝灾害方面，依托微波辐射计提供的降水预估信息，实时掌握未来一定时期的降水分布情况，在此基础上，结合当地地形、水系分布特征，开展洪涝灾害风险分析。而在应对雪灾方面，则通过卫星遥感数据开展积雪覆盖面积与历时统计，进而开展雪灾风险评估工作。图1为水体面积持续监测示例。

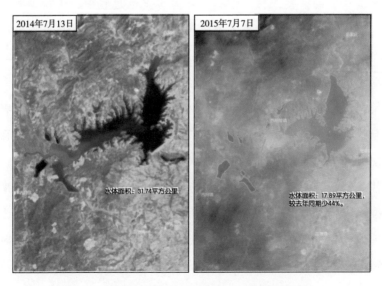

图1　水体面积持续监测示例（环境减灾卫星遥感数据）

与上述自然灾害可以准确把握致灾因子动态变化的风险评估机制不同，地震灾害突发性更为突出。目前，基于卫星遥感技术重点在临震热异常和电磁异常的监测方面开展研究，以弥补传统观测手段的局限。但由于地震不确定性较强，现有的风险评估手段仍难以达到较高精度，需要在此方面继续加强理论分析与实践。

（撰写：李素菊　审订：崔燕）

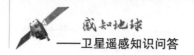

3 如何基于卫星遥感开展灾后重建和生态恢复监测？

恢复重建工作作为灾后灾害管理的重要一环，引起社会公众的广泛关注。灾害发生后，需要对灾区的受损房屋、道路等基础设施以及生态环境进行清理重建。利用卫星遥感手段对恢复重建过程进行监测（如图1所示），可以为决策部门及建设部门提供客观有效的监测信息，对恢复重建的效果进行评估，为进一步开展重建工作提供决策支持。

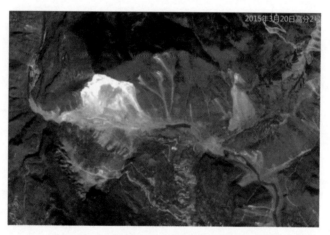

图1　云南鲁甸地震牛栏江堰塞湖恢复情况监测图

灾害恢复重建工作主要分为原址重建和异地重建两类。原址重建时对工程规模评估、次生地质灾害危险性的快速评估，异地重建时的场址比选、地质灾害危险性、建设适宜性、环境承载力等的快速评估，都离不开空间信息技术。

生态环境恢复重建主要利用遥感数据开展灾区植被长势监测。通过植被指数序列产品的变化情况，来监测生态环境恢复进展。在典型地质灾害的生态恢复监测中，卫星遥感技术的作用较为突出，通过其对原有滑坡体区域的植被覆盖度监测，准确识别滑坡体的生态恢复情况，从而为当地地质灾害排查提供数据支撑。

（撰写：吴玮　审订：刘明）

卫星遥感在汶川大地震减灾中是如何发挥作用的？

2008年5月12日14时28分，四川省汶川县（北纬31度，东经103.4度）发生里氏8.0级特大地震。此次地震是新中国成立以来破坏力最强、影响范围最广、救灾难度最大的地震之一。根据震中、震级等信息，第一时间确定灾害可能的影响范围，并以此为依据制定卫星遥感观测计划。与此同时，立即启动国内外空间数据协调机制，向国内相关数据提供方、国外卫星数据代理机构、国际空间组织提出观测需求。利用卫星遥感数据监测房屋倒塌、道路毁损、滑坡、堰塞湖、安置点等，并对滑坡、泥石流、堰塞湖等次生灾害风险进行持续跟踪分析，为抗震救灾工作提供技术支撑。转入恢复重建阶段后，持续利用卫星遥感数据，对典型灾区村镇房屋、道路以及周边耕地和生态恢复情况进行动态监测，准确掌握灾区恢复重建情况。

利用COSMO-SkyMed雷达卫星监测到汶川映秀镇房屋倒损情况。经评估，映秀镇房屋倒损率在70%以上，其中镇政府所在地房屋倒损率在80%以上（见图1）。映秀镇全镇居民均受灾，受灾人口约8000人。对比灾后无人机航拍数据与灾前2006年5月14日福卫卫星数据，发现北川县城房屋大部分倒塌。利用2008年5月15日SPOT卫星监测都江堰市区房屋倒损情况，中心城区倒损率相对较大，约在20%以上，大部分地区房屋倒损率在10%以下。

2008年5月15日，利用EROS-B光学全色数据发现北川一学校校舍倒塌，在学校操场及附近广场设置多处灾民安置点。5月19日，利用福卫二号卫星遥感数据监测发现，绵竹市及周边有20余处受灾群众紧急转移安置点。图2为汶川县城紧急转移安置区监测图。

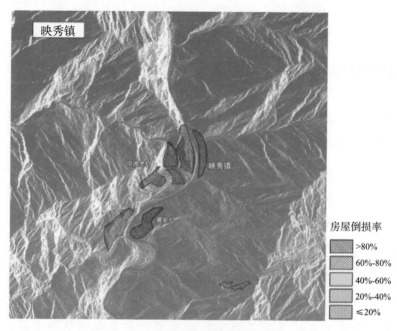

图 1　映秀镇房屋倒损率评估图

图 2　汶川县城紧急转移安置区监测图

　　道路毁损卫星遥感监测一方面可为灾害应急救助提供必要信息，方便寻找最优救援路线，另一方面也是开展灾害损失评估的重要依据。基于 2008 年 5 月 15 日 COSMO–SkyMed 雷达卫星 0.5 米影像发现，北川曲山镇至沙坝村约 6 千米路段出现 7 处塌方，塌方总长度达 2 千米，道路中断。汶川大地震影响区域以山地为主，地震造成了严重的山体滑坡、堰塞湖等次生灾害，利用 5 月 16 日资源二号卫星 3 米光学遥感数据监测发现，岷江汶川县至茂县沿岸发现十余处滑坡，且综合利用 RadarSat、福卫二号、遥感系列卫星对唐家山堰塞湖开展持续、动态监测（见图 3）。

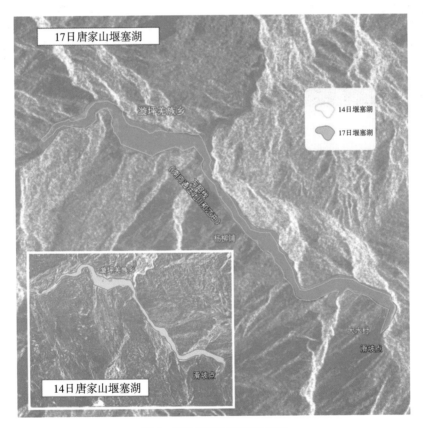

图 3　唐家山堰塞湖遥感监测图

　　在灾后重建中，卫星遥感技术也发挥了重要作用，如利用卫星遥感数据，对北川县城异地重建开展持续跟踪（见图 4）。

图 4　北川新县城遥感影像图

（撰写：聂娟　审订：贾丹）

第十五章
卫星遥感在测绘与地理信息服务中的应用

1 **什么是基础测绘? 卫星遥感和基础测绘有什么关系?**

基础测绘是为国民经济和社会发展以及为国家各个部门和各项专业测绘提供基础地理信息而实施测绘的总称。而基础地理信息主要是指通用性强、共享需求大、几乎为所有与地理信息有关的行业采用、作为统一的空间定位和进行空间分析的基础地理单元,主要由自然地理信息中的地貌、水系、植被以及社会地理信息中的居民地、交通、境界、特殊地物、地名等要素构成。基础地理信息的承载形式多样,可以是卫星影像、航摄像片,也可以是各种比例尺地图及其他资料。基础测绘是实现经济社会可持续发展的基础条件和重要保障,更是关系国家主权、国防安全和国家秘密的基础性、公益性事业,其涵盖的内容包括建立全国统一的测绘基准和测绘系统,进行航天航空影像获取,测制和更新国家基本比例尺地图、影像图和数字化产品,建立和更新

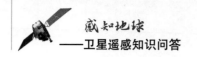

维护基础地理信息数据库等。

自"十五"以来，我国基础测绘发展环境不断优化，西部 1:5 万比例尺地形图空白区测绘和数据更新、现代测绘基准体系基础设施建设一期工程等重大项目相继实施，成为全面加快基础测绘发展的重要着力点，基础测绘的保障服务能力大幅提升；"边少地区"测绘、新农村测绘、边界测绘、极地测绘等基础测绘专项工作取得显著成效，极大地改善了边远地区、少数民族地区的基础测绘工作，经济效益和社会效益不断显现，为维护和争取国家利益作出了贡献。

卫星遥感已成为基础测绘建设不可或缺的重要技术手段。传统大地测量、航空遥感等作业手段在大面积覆盖数据快速获取、连续运行、天气条件、地域条件等方面受到限制，而卫星遥感具有观测范围广、时效强、数据质量高、不受自然条件和地域条件限制等特点，能够与传统手段相互补充，快速、高精度地获取海量基础地理信息。基础测绘对遥感卫星的分辨率、几何定位精度和测图精度等有较高要求，光学立体测图卫星、干涉雷达卫星、激光测高卫星和重力测量卫星等多类遥感卫星能够在基础测绘中各显神通，发挥巨大作用（见图 1）。

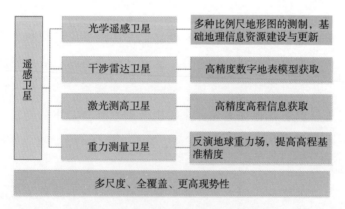

图 1　卫星遥感技术在基础测绘中的应用

遥感影像获取既是基本比例尺地形图生产和基础地理信息数据库建设的第一步，也是基础测绘工作的一个重要组成部分，离不开高分辨率遥感卫星的支撑。21世纪初，国外已有SPOT5、IKONOS、Quickbird、IRS-P5等多颗典型的高分辨率光学遥感卫星，基本达到1:5万或1:1万比例尺地形图测制和更新精度要求，近年来发射的Pleiades、SPOT6/7、Worldview等卫星基本具备了1:1万或1:5000甚至更大比例尺测图能力。在过去较长一段时间里，我国高分辨率遥感影像自主供给能力不足且难以测图，测绘部门使用的卫星遥感数据源基本被国外垄断，国家利益和安全难以得到保障。近年来，我国陆续发射了北京一号、资源一号、天绘一号、资源三号、高分一号、高分二号、北京二号、吉林一号等多颗可用于测绘的光学遥感卫星。国产光学卫星在测绘领域的应用实现了从无到有、从弱到强、从依赖国外进口到自主可控的发展转变，促使国外同类卫星遥感产品价格在国内大幅下降。通过大规模采用资源三号等国产卫星遥感影像，国家1:5万基础地理信息数据库动态更新能力、省级1:1万基础测绘成果更新能力大幅提升。新型城镇化发展需要行政区划范围内1:5000或1:2000比例尺基础测绘数据成果，对分辨率优于0.5米的光学遥感影像需求巨大。相信随着遥感技术的不断进步，国产高分辨率光学遥感卫星全面用于大、中比例尺测绘的时代将很快到来。

合成孔径雷达卫星能够实现多云多雨地区影像获取，具有全天候、全天时特点，与现有的光学卫星测绘产品有效互补，支撑全球数字高程模型数据获取以及区域地表形变动态监测。最早的载有合成孔径雷达的卫星为1978年美国发射的L波段HH极化Seasat卫星，以25米的分辨率对地球进行测绘，实现了全天时、全天候工作。1996年，美国启动了SRTM计划，采用60米天线长的C/X波段全极化载荷，对全球80%的陆地表面进行了高精度地形测绘，并提供了格网尺寸30米的DEM产品。随后，德国TerraSAR-X全极化高精度合成孔径雷达卫星在2007年发射升空，2010年，德国发射TanDEM-X卫星与其构成卫星星座，提供格网尺寸为12米、高程精度为4米的新型DEM数据。我国已发射环境一号C、高分三号等多颗合成孔径雷达卫星，并计划在"十三五""十四五"期间面向1:5万~1:1万比例尺测绘发射多颗合成孔径雷达卫星。

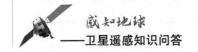
星载激光测高正逐步成为高精度地形测量的新手段。美国在激光测高卫星领域处于领先地位，先后成功发射了多颗激光测高卫星，其中搭载的 GLAS 地球科学激光测高系统的 ICESat 卫星是目前唯一一颗对地观测的激光测高卫星，该卫星在极地冰盖监测、全球陆地高程测量等方面得到了较为广泛的应用，未来，美国还将发射搭载先进地形激光测高系统的 ICESat-2 卫星以及激光雷达地形测量卫星 LIST。在国内，2016 年发射的资源三号 02 星首次搭载了激光测高试验载荷，有效提高了卫星影像的高程测量精度。高分七号卫星是国家高分辨率对地观测系统中的一颗亚米级测绘遥感卫星，计划于 2018 年发射，星上也将搭载激光测高仪，可为 1:1 万比例尺测图提供精度支持。

测绘向国民经济各部门提供平面和高程基准。全国统一的测绘基准是各类测绘活动的基础，是一个国家整个测绘工作的起算依据和各种测绘系统的基础。重力卫星能够与其他技术手段一起，高精度感测地球重力场及其时变，确定大地水准面的起伏和变化，为构建集平面、高程、重力场等信息于一体的测绘基准框架提供支撑。欧洲和美国于 21 世纪初先后发射了 CHAMP、GRACE 与 GOCE 等重力卫星，处于国际领先地位。

从"十三五"开始，测绘地理信息部门将加快构建新型基础测绘体系，推进建成全国现代测绘基准网、完善及动态更新国家基础地理信息数据库、开发一系列新型测绘地理信息产品，以及提供灵性化的地理信息服务。遥感卫星作为信息化、智能化和现代化社会的战略性空间基础设施，必将成为传统基础测绘拓展业务实现从陆地国土向海洋国土乃至全球拓展、从静态几何位置获取向地理乃至地球物理动态监测转型的主要支撑。

（撰写：胡芬　审订：唐新明）

2 高程和海拔是一回事吗？卫星激光测高有什么作用？

　　某点沿铅垂线方向到绝对基面的距离称绝对高程，简称高程。某点沿铅垂线方向到某假定水准基面的距离，称假定高程。高程分类有大地高、正高、正常高。大地高是以参考椭球面为基准面的高程，某点的大地高（Geodetic Height）是该点沿通过该点的参考椭球面法线至参考椭球面的距离。正高是以地球不规则的大地水准面为基准面的高程，大地高与正高的差距称为大地水准面差距。图1表示的是大地高与正高的区别。正常高指某点相对于似大地水准面的高度。似大地水准面与大地水准面较为接近，但不是等位面，没有确切的物理意义，在辽阔的海洋上与大地水准面基本一致，大地高与正常高的差距称为高程异常。图2表示的是大地高与正常高的区别。而海拔是指地面某个地点高出海平面的垂直距离。因此，高程与海拔是两个概念，海拔属于以海平面为基准的一类高程，即正高。

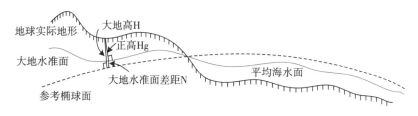

图1　大地高和正高的对应关系

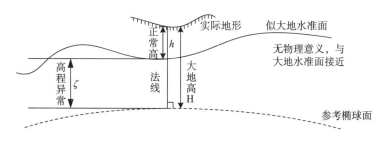

图2　大地高和正常高的对应关系

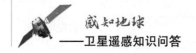
　　地理学意义上的海拔是指地面某个地点或者地理事物高出或者低于海平面的垂直距离，是海拔高度的简称。计算海拔的参考基点是确认一个共同认可的海平面进行测算。这个海平面相当于标尺中的 0 刻度。因此，海拔高度又称之为绝对高度或者绝对高程。而相对高度是两点之间相比较产生的海拔高度之差。由于地球内部质量的不均，地球表面各点的重力线方向并非都指向球心一点，导致大地水准面是一个不规则的曲面。世界各国有各自确立的平均海平面，即各国的大地水准面均存在差异，并不统一。

　　高程测量有很多种技术手段，如水准测量、卫星摄影测量、卫星雷达测量等，而卫星激光测高则是近几十年逐步发展并被广泛关注的新型测高技术。卫星激光测高是一种在卫星平台上搭载激光测高仪，并以一定频率向地面发射激光脉冲，通过测量激光从卫星到地面再返回的时间差，计算激光单向传输的精确距离，再结合精确测量的卫星轨道、姿态以及激光指向角，最终获得激光足印点高程的技术与方法（如图 3 所示）。我国曾在"嫦娥"系列卫星上搭载了

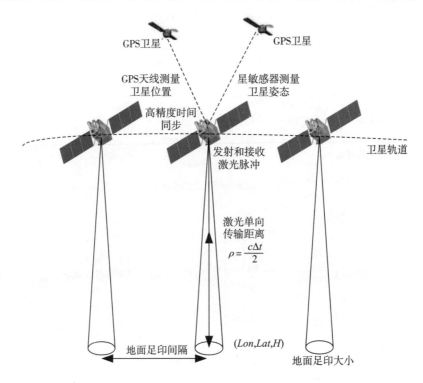

图 3　卫星激光测高原理示意图

用于探月的激光测高仪，用于获得月球表面的三维地形信息。而在对地观测领域，我国于 2016 年 5 月 30 日发射了资源三号 02 星，该卫星搭载了国内首台对地观测的试验性激光测高仪，获得了有效的激光测高数据，有效填补了我国在该领域的空白。

除了测量陆地地表高程、获得三维地形信息外，卫星激光测高还可以用于极地冰盖高程测量、海冰变化测量、全球范围的森林树高及生物量测量等，甚至还可以有效监测城市建筑物高度的变化，为违章建筑监测提供依据。目前，全球气候变化及冰川融化引起的海平面上升等问题已经成为世界关注的热点问题，而两极地区集中了地球上近 90% 的冰川。据科学家们测算，如果南北极两大冰盖全部融化，其结果会使海平面上升近 70 米，这意味着我国的东部沿海地区的很多城市将成为一片汪洋。因此，对极地区域冰川高程变化的持续监测，对于掌握和预测全球海平面变化的幅度具有重要的参考价值。现在，卫星激光测高已经成为监测极地冰川变化的重要技术手段，多次重复观测下，理论上能发现每年厘米甚至毫米级的冰川高程平均变化量（如图 4 所示）。

图 4　卫星激光测高监测极地冰川高程变化示意图

（撰写：李国元　审订：唐新明）

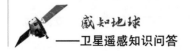
3 什么是比例尺？影像分辨率和测图比例尺有关联吗？

比例尺表示图上距离与实地距离的比值。比例尺一般标注在南图廓的下方或下方的一角，用于辅助人们理解地图的详细程度、距离的远近程度等。比例尺有三种表示形式。可以使用数字表示，例如"1/10万"或者"1:10万"等；也可以使用文字表示，例如"十万分之一"或者"图上1厘米相当于实地1000米"等；还可以采用图解表示，即将图上长与实地长的比例关系用线段、图形表示。我国有11种基本比例尺，按照比例尺的大小可分为三类，即大比例尺、中比例尺、小比例尺（见表1）。比例尺越大，能覆盖的范围越小，能表达的细节越多；反之，比例尺越小，能覆盖的范围越大，能表达的细节越少。图1中的三张图依次对应的比例尺分别为1:1万、1:10万以及1:100万，在1:1万图中可看到故宫全貌，其中各宫殿的分布清晰可辨；在1:10万图中，红框为1:1万图中对应的范围，该图可以看到北京市环路的分布情况，以及部分重要建筑的分布情况，但是故宫已经隐约；在1:100万图中，红框为1:10万图中对应的范围，该图可以窥见京津冀地区的其他重要城市，但北京市的重要建筑已经无法体现在其中。

表1 我国11种基本比例尺及其对应的类型

类型	比例尺
大比例尺	1:500 1:1000 1:2000 1:5000
中比例尺	1:1万 1:2.5万 1:5万 1:10万
小比例尺	1:20万 1:50万 1:100万

图1　不同比例尺下的地图覆盖范围以及详细程度对比

影像分辨率是指遥感影像上能够识别的两个相邻地物的最小距离。它体现了影像对细微结构的分辨能力。遥感图像的影像分辨率即一个像元对应的地面面积，例如某图像中的一个像元代表地面的面积是 10 米 × 10 米，一般笼统地讲，它的分辨率为 10 米。一个像元代表的地面面积越小，分辨率越高，地物结构越清晰；反之，像元代表的地面面积越大，分辨率越低，地物结构越模糊。在实际应用中，需要根据需求选择合适分辨率的影像。比例尺和空间分辨率都表述了图上信息与实际信息之间的详略关系，在卫星遥感成图中有着非常紧密的关系。

图2为通过不同影像分辨率生成的对应比例尺影像图。从中可以看出不同分辨率影像生成地图的比例尺也不尽相同，图中第一幅为分辨率1米生成的1∶1万地图，从地图中可以看到故宫，第二幅为分辨率10米生成的1∶10万的地图，红框内为对应第一幅图中的范围，从该地图中可以大致看到北京城

市的位置，但是城市的建筑物已经看不清，但成图范围变大了，第三幅为分辨率为100米生成的1∶100万的地图，红框为第二幅图对应的范围，北京城已经看不清，但是覆盖范围扩展到了京津冀地区。对比影像分辨率和测图比例尺的关系发现，如果需要对某一地区信息进行细致的调查，就需要使用高分辨率影像生成大比例尺地图，如果需要对某一地区信息进行粗略的调查，则需要使用低分辨率影像生成小比例尺地图，或者借助地图综合的手段，将大比例尺地图根据地图的用途、比例尺和制图区域的特点，进行概括、抽象，舍弃次要的、非本质的物体，生成小比例尺地图。一旦确定了所需的成图比例尺，就可以计算合理的遥感影像分辨率。例如人眼所能辨识的两个点的最小距离是0.1毫米，也就是说，纸质地图上0.1毫米对应遥感影像的一个像元，那么在1∶1万比例尺中，0.1毫米对应的实际距离则为1米，即遥感影像最优分辨率为1米。同理，1∶10万比例尺地图需要的最优分辨率为10米，1∶100万比例尺地图需要的最优分辨率则为100米。

图2　不同分辨率下的影像覆盖范围以及详细程度对比

（撰写：李涛　审订：唐新明）

4 雷达卫星为什么能测图?

众所周知，在漆黑的夜里，蝙蝠能捕捉飞蛾和蚊子，而且无论怎么飞，从来没见过它跟什么东西相撞,这是为什么呢？经科学实验发现,蝙蝠一边飞，一边从口鼻部上长着的一种"鼻状叶"结构的特殊皮肤皱褶里发射超声波，超声波遇到障碍物就反射回来,传到蝙蝠的耳朵里,它就立刻改变飞行的方向，如图1所示。与之类似，雷达，是英文 RADAR 的音译，源于 Radio Detection And Ranging 的缩写，意思为"无线电探测和测距"，即雷达发射电磁波对目标进行照射并接收其回波，由此获得目标至电磁波发射点的距离、距离变化率（径向速度）、方位、高度等信息。雷达是 20 世纪人类在电子工程领域的一项重大发明，它的出现为人类在许多领域引入了现代科技的手段。

图 1　蝙蝠探测目标示意图

1935 年 2 月 25 日，英国人为了防御敌机对本土的攻击，开始了第一次实用雷达实验。当时使用的媒体是由 BBC 广播站发射的 50 米波长的常规无线电波，在一个事先装有接收设备的货车里，科研人员在显示器上看到了由飞机反射回来的无线电信号，于是雷达诞生了。雷达探测飞机的原理就是利用电磁波在经过不同传输介质时产生反射波的现象来发现飞机的，工作示意图如图 2 所示。具体说来，雷达设备既是一台无线电波的发射机，又是一部接收机。无线电波发射机先向空中发射一个大功率无线脉冲信号，然后停止一下等待接受信号，如果出现接收信号，一般表示刚才发射电波所指路径上有介质密度不同的物体，雷达探测设备会在 360 度范围内不停地转动（即扫描），通过几次雷达反射波的显示比较，就可以发现移动的物体（如飞机）。

图 2　雷达探测飞机示意图

雷达是利用电磁波在经过不同传输介质时产生反射波的现象进行工作的，而微波是电磁波的一种形式，一般分为毫米波、厘米波、分米波和米波，在微波遥感领域，应用较多的为前三者，常用微波波段见表 1。如果将雷达设备安装在卫星上，从卫星上主动往地面发射电磁波，进而获取地面目标信息，这便是主动微波遥感。图 3 为德国于 2007 年和 2010 年发射的主动式雷达遥感卫星 TanDEM-X 星座，它接收的电磁波信号经过图像处理后即为雷达图像，如图4所示，该区域位于北京十三陵水库附近，左图为该地区对应的光学图像，右图为雷达图像，可以发现雷达图像中水库、山脉、房屋、道路等图像信息丰富、纹理清晰、易于识别。单幅雷达图像可以制作数字正射影像图，可以辅助完成典型地物要素识别、提取、分类等地理国情普查任务；雷达应用领域具有里程碑意义的是雷达干涉测量技术的出现，它通过求取覆盖同一地区的两幅雷达图像的相位差，获取干涉图像并从中提取地形高程数据；而差分干涉测量技术将雷达卫星的应用推向高潮，它利用覆盖同一地区的多幅雷达图像进行组合差分运算，获取地表微小变化信息，该技术广泛应用于地表沉降监测、滑坡、地震等领域。图3中两颗卫星几乎是同一时间向地面目标场景发射电磁波，并接收返回的电磁波信号，根据卫星所在的空间位置、卫星到地面点的距离、多普勒频率、干涉相位等信息，即可进行雷达测图获取数字高程图，图5所显示的是德国TanDEM-X雷达编队卫星测绘获取的全球数字高程模型，左图为澳大利亚帕拉叽纳峡谷（Parachilna Gorge）地区的数字高程模型，右图为美国阿肯色州（Arkansas）地区的数字高程模型。

表 1 常用微波波段

波段名称	频率（GHz）	波长（mm）
P	0.23–1	1304–300
L	1–2	300–150
S	2–4	150–75
C	4–8	75–37.5
X	8–12	37.5–25
Ku	12–18	25–16.67
K	18–27	16.67–11.11
Ka	27–40	11.11–7.5

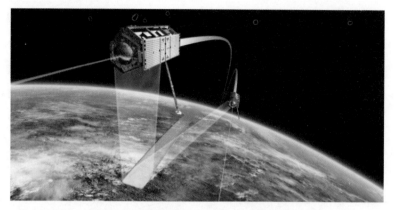

图3　德国TanDEM-X编队卫星测绘示意图

图4　北京十三陵水库附近的光学图像（左）与TanDEM-X雷达图像（右）

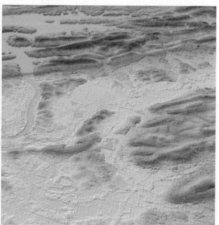

（a）澳大利亚帕拉叱纳峡谷地区数字高程模型　　　（b）美国阿肯色州地区数字高程模型

图5　TanDEM-X编队卫星测绘获取的全球数字高程模型

（撰写：陈乾福　审订：唐新明）

5 什么是测图精度？卫星遥感与测图精度有什么关联？

测绘主要为国家提供准确、可靠的基础地理信息。测绘地图比例尺是地图上的线段长度与实地相应线段长度之比，若比例尺为1：5万，地图上距离0.1毫米，代表地面距离为5米。依据测图规范，针对不同比例尺，不同地形条件下地形图上内业加密点、高程注记点、地物点等对附近野外控制点的高程中误差和平面位置中误差有不同的精要要求，即为测图精度，见表1、表2。其中，山地、高山地在图上不能直接找到衡量等高线高程精度的位置时，按高程注记点、地物平面位置、地面坡度来折算。特殊困难地区（大面积的森林、沙漠、戈壁、沼泽等）地物点平面位置中误差不得大于图上 ±0.75毫米，高程中误差按精度指标相应地形类别放宽0.5倍，高山地一般不再放宽。

表1 1:5万地形图测图精度指标

地形类别	基本等高距（米）	高程中误差（米）			平面位置中误差（米）	
		内业加密点	高程注记点	等高线	内业加密点	地物点
平地	10（5）	2.0	2.5	3.0	17.5	25
丘陵地	10	3.0	4.0	5.0	17.5	25
山地	20	4.0	6.0	8.0	25	37.5
高山地	20	7.0	10.0	14.0	25	37.5

表2 1:1万地形图测图精度指标

地形类别	基本等高距（米）	高程中误差（米）			平面位置中误差（米）	
		内业加密点	高程注记点	等高线	内业加密点	地物点
平地	1.0		0.35	0.5	3.5	5.0
丘陵地	2.5	1.0	1.2	1.5	3.5	5.0

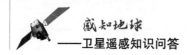
续表

地形类别	基本等高距（米）	高程中误差（米）			平面位置中误差（米）	
		内业加密点	高程注记点	等高线	内业加密点	地物点
山地	5.0	2.0	2.5	3.0	5.0	7.5
高山地	10.0	3.0	4.0	6.0	5.0	7.5

　　测绘采用地面、飞机、飞艇、卫星等平台获取地理信息数据源进而开展各种比例尺测图。随着航天技术的发展，卫星遥感获取的遥感影像成为测图的主要数据源之一，卫星遥感与测图精度的关系主要体现在采用卫星遥感影像进行测图所能达到的几何精度。卫星遥感影像在获取过程中，成像过程不可避免地存在几何畸变（通常把图像与实际情况的不一致定义为畸变），在进行测图处理时，主要通过地面控制点和数学模型来消除畸变的影响，未消除的畸变定义为误差。几何畸变的来源可以细分为平台、传感器、量测设备、大气、地球和地图畸变因子。卫星不同，传感器不同，获取的数据源不同，最终的测图成果精度也不同。卫星遥感获取的影像经过处理后存在的误差，最终影响成图精度。影响测图精度的因素很多，如卫星搭载传感器获取数据的分辨率、光学系统误差、焦平面误差以及星敏感器姿态测量误差、陀螺系统误差、漂移误差、时间同步误差、基高比、姿态稳定度和卫星颤振等。实际在通过卫星遥感进行测图时，需要根据传感器特性、数据质量、数据分辨率来确定最终测图精度。

（撰写：祝小勇　审订：唐新明）

6 什么是地理信息？卫星遥感和地理信息有什么关系？

地理信息是指具有空间位置特征的所有信息，是地理数据所蕴含和表达的地理含义，是与地理环境要素有关的物质的数量、质量、性质、分布特征、联系和规律的数字、文字、图像和图形的总称。作为测绘成果的地理信息，客观地表现了地球表面重要的自然地理要素和人工设施的空间位置、形态特征和相关关系，准确地描述了包括地名、境界等人文要素所对应的空间位置和空间范围。现势性强、精度高的地理信息数据可以广泛应用于地方、国家和全球事务，在自然资源管理、国防建设、公共安全、灾害管理与应急反应、工农业规划、交通与运输、生态环境评价、专题制图等人类经济社会活动的各个方面发挥基础和保障作用，并对经济增长、环境质量改善和社会发展进步等作出重要贡献。地理信息已成为国民经济和社会信息资源的重要组成部分。

地理信息具备信息的基本特点，地理信息具有客观存在性与抽象性、可存储性与可传输性、可度量性与近似性、可转换性与扩充性、商品性与共享性等信息共有的特征。此外，就地理信息本身而言，它还具有空间、时序、属性上的一些独特特点。它实现了时间性和空间性的结合，并且具有多维的属性特点：

1）地理信息具有空间特征，属于空间信息，其数据与确切的空间位置联系在一起。

2）地理信息具有时序特征，可以按时间尺度划分为超短期的（如台风、地震）、短期的（如江河洪水、秋季低温）、中期的（如土地利用、作物估产）、长期的（如城市化、水土流失）、超长期的（如地壳变动、气候变化）等。

3）地理信息具有属性特征，通常在二维空间的定位基础上，按专题来表达多维即多层次的属性信息，这对地理环境中的岩石圈、水圈、大气圈、生

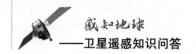

物圈及其内部复杂的交互作用进行综合性研究提供了可能性，为地理环境多层次属性数据的分析提供了方便。

地理数据是地理信息的载体，有不同的表现形式，有以图纸等方式存在的模拟信息，也有在计算机中以表格或文字等形式存储的数字信息。地理信息系统（如图1所示）中的地理信息是地理要素以数字化的方式转化而来的地理数据，以便在计算机中进行组织与管理。可以运用图形学、计算机图形学和图像处理技术，将地学信息输入、处理、查询、分析，以及预测的结果和数据以图形符号、图标、文字、表格、视频等可视化形式显示，并进行交互处理，以达到地理信息的可视化表达。地理信息在计算机中主要以矢量数据、栅格数据、矢栅一体化、镶嵌数据结构和三维数据结构等形式进行组织。

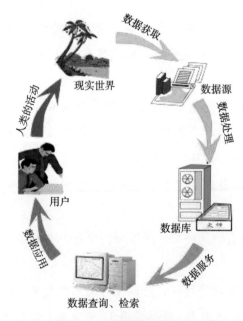

图1 地理信息系统

遥感卫星是对地球和大气的各种特征和现象进行遥感观测的人造地球卫星。包括地球资源卫星、气象卫星、海洋卫星、环境监测卫星和侦察卫星等。遥感卫星在空间利用遥感器收集地球或大气目标辐射或反射的电磁波信息，并记录下来（如图2所示），由信息传输设备发送回地面进行处理和加工，之后，判读地球环境、资源和景物等信息。遥感卫星由卫星平台、遥感器、信息处理设备和信息传输设备组成。目前，我国已经建立了资源、气象、海洋、环境与减灾卫星系列，初步形成了不同分辨率、多谱段、稳定运行的卫星对地观测体系，大大提升了我国卫星遥感数据获取能力，并在国土资源、生态环境、气象和减灾等领域开展了不同的应用。

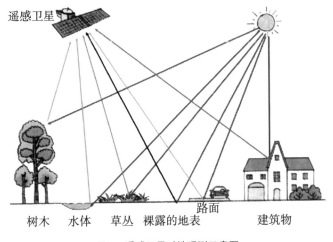

图2　遥感卫星对地观测示意图

卫星遥感影像具有覆盖范围广、观测周期短、全天候、全天时等传统获取方式无法比拟的特点，深受广大地球科学研究者的青睐，这也是遥感影像成为现代地理信息系统主要数据源的根本原因。遥感影像对地理空间信息的描述主要是通过不同的颜色和灰度来表示的。由于地物的结构、成分和分布不同，其反射光谱特性和发射光谱特性也各不相同，传感器记录的各种地物在某一波段的电磁辐射、反射能量也各不相同，反映在遥感影像上，则表现为不同的颜色和灰度信息。所以，通过遥感影像可以获取大量空间地物的特征信息。

利用遥感影像通常可以获得多层面的信息，遥感影像获取地理信息可分为分类、变化检测、物理量的提取、指标提取、特殊地物及状态的识别五种类型：①分类是指利用图像的光谱信息、空间信息及多时相信息对目标物

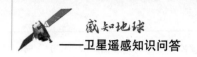
进行识别并归类；②变化检测是指从不同时期观测的图像光谱信息中监测目标物的变化；③物理量的提取是通过光谱信息测量目标物的温度或求出大气成分，以及通过立体像对测出高程等；④指标提取是指计算诸如植被指数等的过程；⑤特殊地物及状态的识别是指识别灾害状况、线性构造、遗迹等特殊的地物或地表状态。

（撰写：王光辉　审订：唐新明）

第三篇
气象遥感卫星应用知识

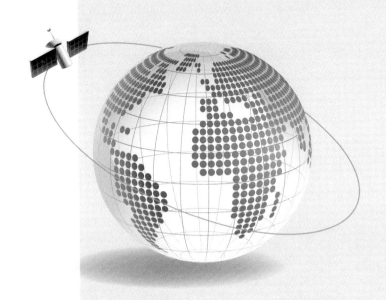

第十六章
卫星遥感在气象预报中的应用

1 气象卫星在地球大气探测系统中的地位和作用是什么？

尽管阴晴雨雪、风云雷电和旱涝、冷暖等天气、气候现象是发生在地球大气圈中的自然现象，但它们却是地球各圈层（大气圈、冰雪圈、生物圈、水圈和岩石圈）相互作用和影响的结果。因此，要弄清天气、气候的演变规律，并对其进行预报和预测，首要要建立相应的探测系统，获取和积累探测资料；然后进行分析研究，探索其演变规律；最后利用物理、化学和生物化学模式进行预测、预报。所以，大气科学的发展和进步依赖于观测系统的建立和观测技术的进步。

截至目前，人类用仪器进行大气探测的技术发展大致经历了以下几个阶段：17~20世纪是地基气象站观测发展阶段；18~20世纪中期是高空大气探测发展阶段；1960年4月1日第一颗气象卫星发射成功，开启了天基遥感探测

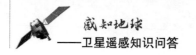

发展阶段。

其中，地基气象观测是综合气象观测业务体系中的重要组成部分。在世界气象组织（WMO）的协调下，全球的气象观测网大约由11000个地基气象观测站组成，它们按照统一的技术要求和格式，进行气压、温度、湿度、风向、风速等几十个气象要素、参数和天气现象的定时观测。我国约有2400多个国家级气象观测站参加全球天气观测的数据交换。高空大气探测是气象综合观测业务的另一个重要组成部分，它以风筝、气球、飞机和火箭作为观测平台，通过直接探测和遥感技术获取对流层、平流层和中层大气的物理、化学特性参数。其中，气球携带探空仪进行的高空气象观测是获取气压、温度、湿度和风的三维分布的主要手段。目前，全球天气观测网由900多个气象探空站组成，我国约有80多个站参加数据交换。天基气象探测是以人造地球卫星和各种航天器为观测平台，通过安装在平台上的遥感探测器采集数据，经过资料处理，得到地球大气的气象要素和各种地球物理参数。天基气象探测由气象卫星系统，地面接收、通信传输、产品处理生成系统与产品应用系统组成。

目前，地球大气探测系统是由以上三类系统组成的综合探测系统。由于地基和空基探测系统均以地面站为基地，它不能覆盖占地球表面70%以上的洋面、湖面、高原和荒漠地区；受探测仪器的限制，它的探测项目也满足不了对地球系统五大圈层的监测；受探测方式的影响，有一些探测项目的时间分辨率（获取资料的时间间隔）和空间分辨率（观测像元值所代表的面积）无法满足对其演变的监测（如：云的发展和变化等）。对以上三方面的不足，气象卫星却有其得天独厚的优势。图1是在世界气象组织协调下目前正在业务运行的，由中、美、欧洲、日、俄、韩等国家或地区的气象卫星组成的监测网。它由围绕地球赤道面的多颗地球静止轨道卫星和多颗极地轨道卫星组成，其探测数据通过卫星通信或地面电缆实现成员共享。图上的风云卫星是中国的极地轨道和静止轨道气象卫星。通过卫星运行轨道的选择，既可以获取覆盖全球的观测数据（如选择极地轨道的气象卫星），也可以获取高时间分辨率的观测数据（如选择地球静止轨道的气象卫星、或多颗卫星组网观测）；通过对遥感探测器瞬时视场的选择和卫星轨道高度的选择，可以得到不同空间分辨率的资料；通过对主动、被动遥感方式的选择，可见光、红外和微波波段的选择，以及不同极化方式的选择，可以得到监测、研究地球系统五大圈层的地球大气要素和地球物理、化学、生物参数。因此，天基气象观测系统能够获取全球、全天候、高时间分辨率、高空间分辨率和高光谱分辨率的地球大气辐射信息。经过资料处理，由原始的辐射信息加工生成不同尺度的制约地球系统五大圈层运动状况和发展演变的地球物理参数。所以，在当前的综合气象探测系统（见图2）中，以上三类观测系统是相互补充、相互配合的一个整体，但天基气象观测系统正在发挥越来越重要的作用，并将成为地球大气探测系统的主体和核心。

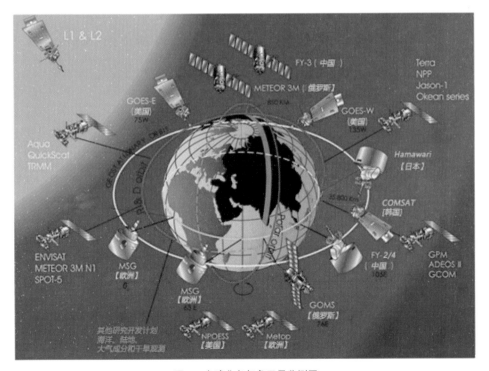

图1　全球业务气象卫星监测网

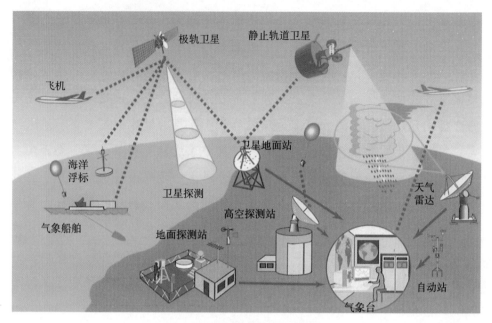

图2　全球综合气象探测系统示意图

（撰写：方宗义　审订：杨军）

2 如何利用卫星遥感图像识别云和地表分类？

遥感卫星就好比一部悬挂在太空的多通道照相机，利用可见光、红外、水汽、中波红外、微波等多光谱通道，获取地球大气的观测图像。依据不同云类和不同地表覆盖类型在不同波段的辐射、反射和散射的差异，识别出不同的云类和不同的地表类型。

一般情况下，云具有较高的反射率和较低的温度，从多通道卫星图像上不仅可以识别出不同种类的云，还可以通过云系的色调、型式、纹理、边界形状、范围大小和明暗等特征，判别出天气系统所处的生命阶段，这对天气监测起到重要的指示作用。地表指的是地球表面，包括陆地、水体、植被等，对地表特征的识别既有助于确定地理位置，又可以为洪涝和干旱灾害、环境监测、农业、林业、海洋、地理和地质等提供有价值的资料。因此，利用不同光谱通道的卫星遥感图像识别云和地表具有很重要的意义。

地表主要通过可见光和红外图像进行识别。在可见光图像上，地表的色调主要取决于反照率，反照率与土壤湿度、粗糙度、土壤类型及粒子大小、覆盖于地表上的植被等有关，通常土壤湿度越大，反照率越小，有植被覆盖的地区比无植被覆盖的反照率小，植被越茂密，反照率越小。图1是风云三号极轨卫星B星可见光通道的真彩色合成图像，可以看到：区域A-E为晴空区，F-G为云区和雾区，除积雪外，云区和雾区的反照率普遍高于晴空区，其中积雪（C）与云相比具有随时间变化慢、形态与地貌植被等特征联系紧密等特点。在晴空区，陆地（A、B）比河流、湖泊（D）、海洋（E）等水体的反照率高，而在陆地上荒漠（A）比植被（B）反照率高。在红外图像上，地表温度越低，色调越浅，一般目标物间温度差异越大，目标物边界处的温度梯度越大，越容易区分，因而山脉、河流、湖泊、海岸线等在红外图像上可以清楚地表现出来。

图1　2016年6月19日，风云三号极轨卫星B星可见光通道真彩色图像

图2给出了风云二号静止气象卫星C星在2009年5月26日观测得到的4个常用的光谱通道的遥感图像，下面介绍如何利用这几种图像的特征，分析识别其中的卷状云（A）、层状云（B）、积状云（C）、雾（D）、陆地（E）和海洋（F）。

在可见光通道图像上通常根据反照率的差异区分不同类型的云和地表，图2（a）上反照率从大到小依次是云区（A、B、C）、雾区D、陆地E和海洋F，而云区中积状云（C）反照率最大，其次为层状云（B）、卷状云（A）。具体来看，卷状云（A）的反照率低，颜色随着厚度的不同呈现深灰到浅白色，有时能透过卷状云看到下面的地面目标物。层状云（B）包括层云、高层云和高积云，其中层云与雾很难区分，在可见光图像上色调根据云的厚度和稠密程度呈现灰色到白色，而高层云和高积云为中云，色调呈浅灰色，随云的厚度或层状结构的不同出现斑状或条纹状，与锋面、气旋相联系时色调很白，纹理均匀。积状云（C）的主要成分为水滴，反照率较高，在可见光云图上呈白色，常与对流系统相联系。

在长波红外通道图像上，温度低的地方相对白亮，温度高的地方相对黑暗。高云比低云温度低，低云比陆地和海洋温度低，因此可以根据温度差异分辨不同的目标物。如图2（b）所示，图中颜色由浅到深依次是云区（A、B、C）、雾区D、海洋F、陆地E，原因是云区高度高，温度低；雾区靠近下垫面，温度比云区高；而地表的温度又高于云和雾（该个例为五月下旬，此时陆地温度高于海洋）。具体来说，卷状云（A）通常表现为白色，在红外云图上比可见光云图上表现得更明显，与地表和中低云对比度很高，由于高空风强，常呈现出丝缕状结构。层状云（B）是中低云，色调较暗。高层云和高积云的色调介于高云和低云之间，呈现中等程度的灰色。积状云（C）较白亮，明亮程度取决于云顶伸展的高度，云顶越高，温度越低，色调越亮。红外云图在天气分析中起着重要作用，它可以连续监测云图的动态变化，避免了可见光云图只有白天才能成像的局限性。

水汽图探测得到的是整个气柱在水汽吸收带的发射辐射。大气中水汽的多少及其分布特征与大气环流和天气系统的状态密切相关，能指示天气系统的发展演变。如图2（c）所示，云区（A、B、C）的颜色相对白亮，这是因为云上的水汽少，发射的辐射少，它表示的是云顶面较低的辐射温度；其次是海洋（F），而雾区（D）和陆地（E）的颜色最暗，表示相应区域大气水汽含量少，卫星遥感到了大气中下层的水汽，那里的辐射温度较高，故色调暗。在云区中，积状云（C）的颜色最白，其次是卷状云（A）和层状云（B）。

中波红外通道介于太阳短波辐射和地表长波辐射之间，中波红外图像在探测洋面温度、监测异常高温点以及夜间雾方面具有很大优势。如图2（d）所示，雾区（D）在中波红外图像上相对较暗，因此可以与可见光图像相结合判识大雾区域。

综合应用多通道遥感图像就能在分析识别出云和地表的基础上，进一步分析出不同的地表覆盖和不同种类的云。这是监测和短时预警灾害性天气的第一步。

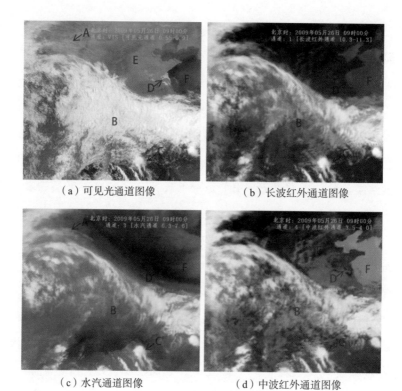

（a）可见光通道图像　　　　　　　　（b）长波红外通道图像

（c）水汽通道图像　　　　　　　　（d）中波红外通道图像

图 2　2009 年 5 月 26 日 09：00（北京时间），风云二号静止气象卫星 C 星不同光谱通道的图像

（撰写：杨冰韵　审订：方宗义）

③ 利用卫星云图可以分析识别出哪些不同尺度的天气系统?

天空中的云在卫星图像上表现为不同的云类、范围大小和形态,大范围的云按照一定的方式排列或组合在一起,形成不同形状的云系或云型,这些均是大气运动状态和温湿特征的反映,可以作为天气分析和预报的依据。

从云或云系的大小上来讲,由大到小分别为行星尺度云系、天气尺度云系、中小尺度云系或云团等。行星尺度云系一般在3000千米以上,生命期3~10天或者更长,它决定了大范围内的基本天气状况(干旱或洪涝,寒冷或炎热等),比如副热带高压、南亚高压、高空急流等。天气尺度云系一般在400千米以上,比如台风、温带气旋等,生命期1~3天左右。中小尺度云系或云团的水平范围小,生命周期比较短,一般水平范围几千米到几百千米,生命周期也仅为几分钟到几小时,常常引起剧烈的天气变化,例如暴雨、冰雹、龙卷风等。一般而言,云系的尺度越大,其生命周期越长。从形态上来讲,卫星看到的云系有涡旋云系(比如我们所熟悉的台风云系、温带气旋云系)、带状云系(比如梅雨锋云系、高空急流云系等)、细胞状云系和波状云系等。在天气系统发生发展的过程中,各种尺度的云系都不是独立存在的,一般同时出现、相互影响。例如中小尺度系统在大尺度天气系统的背景下才能发生,同时它又对大尺度云系有反馈作用,多种尺度云系之间的相互影响和作用是非常复杂的过程。

静止气象卫星由于具有很高的时间分辨率(一般一颗卫星每小时或半小时观测一幅全圆盘云图,加密观测模式可以提高至几分钟一张卫星云图)和较大的空间观测范围(南纬60度~北纬60度,东西方向跨度约为120个经度),在天气监测和预报中能发挥非常大的作用。空间监测范围广使得气象卫星能够观测行星尺度等大尺度的天气系统。同时,风云–2系列静止气象卫星红外通道的空间分辨率为5千米,可见光通道的空间分辨率为1千米左右,能够分辨出几十千米或者更小的中小尺度天气系统。较高的观测频率（小时或分钟级别的观测频率）也能保证在中小尺度天气系统的生命周期内有效地捕捉到系统的发生、发展和消亡过程。因此，利用卫星图像可以识别出不同尺度的天气系统及其演变。

天气尺度的云系在卫星图像上表现为不同的云型特征及其相对的天气系统。图1为天气尺度涡旋云系（锋面气旋云系），这种云系在我国的西北、华北、东北以及内蒙古地区经常出现，是造成降雨和降雪的主要云系。夏季，在气旋云系的西南部常常伴随着对流云团活动，是暴雨和强对流天气常常发生的位置。图2为发生在海上的细胞状云系，一般出现在冬季。当来自西伯利亚较强的干冷空气流经温暖的洋面时，由于近地面空气变性，会形成浅薄的对流云，在西北风的平流下，这些对流云演变成为排列整齐、十分壮观的细胞状、甚至线状的云型。如果受到岛屿的影响，尤其是在高度较高、团状岛屿的背风一侧，在温、湿度条件适当的情况下，会形成一对排列整齐、旋转方向相反的细胞状涡耦云系，如图2上济州岛东南侧（图中红色箭头处）的涡耦云系就是一个十分典型的个例，这种云系如果影响到陆地，还会造成山东半岛、日本等地的暴风雪天气。图3为背风波云系，当气流吹向山地且受山地的阻挡时，会产生上升运动，当气流的速度达到一定值时，会在山地的背风坡形成重力波云系，这种云系一般与山脊平行并排列成云、晴相间的线状。图4为高空急流云系，这种云系是由于高空强风轴附近很大的风的水平切变和垂直切变而形成的云带，并沿着风向成一条上千千米长、反气旋弯曲的卷云云带，强风轴就位于云带的极地一侧。有时，在云带上会出现波动，称为横向云线，如果出现了这种横向云线，说明高空的风速很大。

图 1　天气尺度涡旋云系

图 2　海上细胞状云系

图 3　背风波云系（红色箭头处）

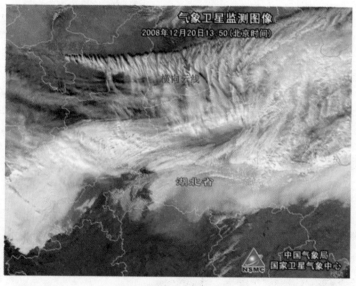

图 4　高空急流云系

（撰写：任素玲　审订：方宗义）

4 为什么说气象卫星是监测热带气旋最有效的工具?

　　热带气旋是发生在热带海洋大气中的一种天气尺度涡旋系统,是地球物理环境中最具破坏性的天气系统之一。它们的直径长达数百甚至上千千米,并总是伴有狂风暴雨,会给受影响地区带来严重的灾害。按照热带气旋中心在洋面附近的最大平均风速,将其分为热带低压、热带风暴、强热带风暴、台风、强台风和超强台风6个强度等级。海上热带气旋的监测主要依赖气象卫星。在卫星云图上,热带气旋最直观的表现就是一个范围很大的涡旋状云系,利用涡旋云型在气象卫星遥感图像上的特征和演变,可以监测热带气旋的位置、估算其强度、预测其路径,以及估计其风雨影响范围等。

　　热带气旋是一个围绕中心做逆时针(北半球)或顺时针(南半球)旋转的涡旋。热带气旋的旋转中心就是云图上涡旋云系的"眼区"(台风眼),环绕在眼区周围的强对流云区是热带气旋的"眼壁"(或称为眼墙),再向外侧的是热带气旋的"螺旋云带"。因此,卫星云图上看到的热带气旋通常由"眼区""眼壁"和"螺旋云带"三部分构成(如图1所示)。"眼区"有时候清晰、有时候模糊,其大小也不相同,"眼区"的演变过程体现了热带气旋的强弱变化。"眼壁"是紧紧围绕台风眼的环状云带,它是造成狂风和暴雨的最主要区域,有时还伴有龙卷、闪电或雷暴。外围"螺旋云带"的范围宽广,有时环绕中心有多条螺旋云带,也是判断热带气旋强度增强或者减弱的重要标志。

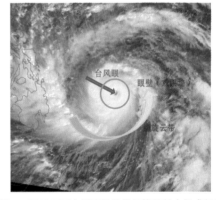

图 1　卫星云图上看到的热带气旋的基本组成部分

　　热带气旋的发展反映在卫星图像上,就是在适当的环境条件下发生的云型演变过程,热带气旋的这种云型阶段变化与热带气旋强度相对应。热带气旋云型演变的最初阶段是对流单体组织成为热带云团（见图2a）；之后对流云团与周围的对流云结合，使云团变成弯曲的带状云型，称为"弯曲云带型"（见图2b），该阶段一般出现在热带气旋生成之后的1~3天，此阶段热带气旋的强度由热带风暴向强热带风暴发展；弯曲云带进一步发展为螺旋云带，且逐渐闭合（见图2c）；当云带环绕中心完全闭合时，就会出现"眼区"，这个阶段热带气旋云型称为"眼型"（见图2d），此阶段热带气旋强度一般已达到台风强度；该眼区形成后，热带气旋继续加强的征兆在可见光云图上表现为"眼"越来越清晰，以及"眼"周围的密蔽云区变得越来越深厚，在这个过程中，热带气旋强度会由台风向强台风，甚至超强台风发展。除了上述出现较多的云型演变之外，还有"切变型"（见图2e）；和"中心密蔽云区型"（见图2f）等发展演变过程。

（a）热带云团　　　　（b）弯曲云带型云系　　　　（c）即将加强为台风

（d）台风及以上强度　　（e）切变型云系　　　　（f）中心密蔽云区型云系
　　（具有明显台风眼）

图2　从热带云团到台风的云型演变图

　　热带气旋定位技术就是在每张云图中识别出热带气旋旋转的中心，这就是热带气旋中心。再根据其"眼区""眼壁"和"螺旋云带"三大组成部分的云型、结构和大小等特征，进行热带气旋强度分析，称为热带气旋定强。截至目前，气象卫星的遥感监测信息仍然是全球热带气旋定位、定强技术的主要依据。国际各大台风／飓风机构的热带气旋监测预报业务中心，依然沿用德沃夏克（DVORAK）发展的，或在此基础上改进、加工的卫星客观定位、定强方法。

与此同时，极轨气象卫星的红外、可见光、微波探测等资料也已用于热带气旋监测，不同卫星的不同仪器又在台风监测中具有各自的优势。利用静止气象卫星高时间分辨率特征，不仅可以发现台风的初生，而且可以得到小时至分钟级的热带气旋中心位置、强度、移向、移速，从而精确监测热带气旋登陆的时间、地点和造成的暴雨强度和大风范围，这些监测内容目前可达分钟的量级；同时，利用极轨气象卫星的被动微波垂直观测资料，可以获取热带气旋内部三维温度、湿度分布（如图3所示），帮助估算热带气旋的大风半径和降水等；另外，利用气象卫星高空间分辨率的可见光探测，还能够更精细化地获得热带气旋大尺度云系中包含的中、小尺度云团和对流单体，为研

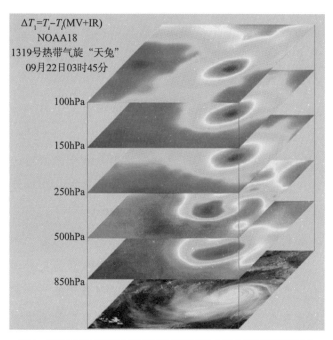

图3　极轨气象卫星被动微波遥感探测到的台风内部温度三维结构

究热带气旋形成过程中不同尺度对流的相互作用提供宝贵的观测资料。目前，通过国际气象卫星监测网，已经实现了对热带气旋无一遗漏的监测、预警服务，极大地减缓了全球热带气旋带来的灾害影响。

（撰写：王新　审订：方宗义）

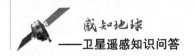
5 如何利用卫星云图分析、监测暴雨？

暴雨是指降水强度很大的雨，常在积雨云中形成。中国气象局规定，每小时降雨量 16 毫米以上，或连续 12 小时降雨量 30 毫米以上、24 小时降雨量 50 毫米或以上的降雨均称为"暴雨"。

暴雨是不同尺度天气系统相互作用的结果。其中，行星尺度天气系统的水平尺度在数千千米以上，它把水汽从海洋源源不断地输送到暴雨区中；天气尺度天气系统的水平尺度在 400 千米以上，它为暴雨提供了大范围的辐合上升气流和不稳定的大气垂直结构；而中小尺度天气系统的水平尺度在几千米到几百千米，强烈的低空水汽辐合、不稳定能量释放、强对流运动，导致积雨云形成，雷雨、大风等灾害性天气现象发生。

利用卫星遥感技术进行暴雨监测，主要包括暴雨天气系统监测分析和降水强度估计两个方面。

静止气象卫星遥感探测的高时空分辨率，可以监测小到几十千米的对流单体、大到几千千米的行星尺度云系及其不同尺度天气系统的相互作用。在人烟稀少和地面气象资料缺乏地区，卫星资料是唯一的监测依据。

对行星尺度天气系统的分析可利用水汽图像和红外图像来进行，因为水汽图像反映对流层中上部的水汽分布和含量，而水汽又是大气运动的良好示踪物，所以通过分析与暴雨过程相关的特定水汽型，还可以帮助了解行星尺度环流的特点。对天气尺度天气系统的分析可利用红外图像和可见光图像来进行，通过对云系形态、相对运动、空间配置和相互作用等方面的分析，了解暴雨产生的环境条件。对中小尺度天气系统的分析可利用红外图像和可见光图像来进行。利用云图分析天气系统及其活动规律叫做云图解译，这也是进行暴雨天气系统监测分析的主要方法，即综合利用常规地面观测、探空、雷达和数值预报产品，结合多种遥感观测资料和产品，从卫星云图中提取天气系统信息，分析天气系统的配置、结构和演变，获悉天气系统的动力、热力配置和不稳定状态，从而实现对暴雨天气系统的监测分析。图1是结合卫星云图对天气系统监测分析的一个例子，图中双虚线表示对流云队列前锋的一条东北－西南向中尺度辐合线，辐合线南北温度分别为35℃和28℃，温差达7℃。在这条辐合线的组织下形成飑线，当晚13：00（协调世界时）左右，飑线在商丘境内发展到最强，商丘的宁陵、睢县、永城等地出现8~10级、阵风达11级的大风，永城风速出现1957年有气象记录以来的最大值，达29米／秒。

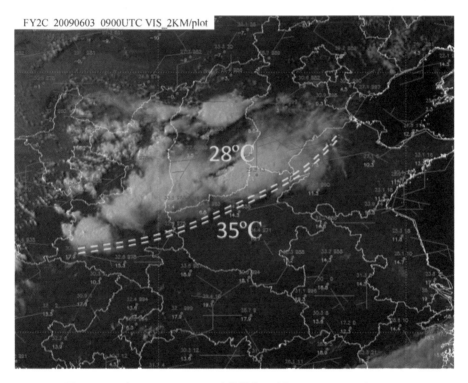

图1 2009年6月3日09：00（协调世界时）风云－2C可见光云图，
叠加了地面填图和温度、辐合线分析

单个对流云发展很难造成持续强降雨，但如果在适宜的天气条件下，对流云常常被组织成为中尺度对流系统，这些有组织的中尺度对流系统往往是暴雨的直接制造者，持续的暴雨容易形成洪涝和滑坡、泥石流等衍生灾害。强烈发展的对流云和中尺度对流系统由于云顶的迅速抬高，具有云顶亮温下降、云顶面积增大和云顶亮温梯度加大等特征，高时间频率观测的静止气象卫星是监测这类中尺度对流云团发展、演变的有效工具。通过卫星监测这些关键参数的变化，可以分析暴雨系统的发展演变。如图 2 所示，A 为对流云团中最旺盛的对流区，也往往是上冲云顶所在的位置。B 处为云砧部分，C1–C2 可见丝缕条状的卷云，同样的卷云环绕着最强盛的对流区分布，代表对流云顶部在高空有强辐散气流向四周流出，表示对流和降水会持续、发展。

图 2　2016 年 5 月 27 日，高分四号卫星 50 米分辨率的全色通道观测到的中尺度暴雨团

　　暴雨系统的降水估计，目前已发展出了多种算法，主要有红外和可见光联合估算法、微波降水估计法，以及使用了包括地面降水、雷达降水估测和多种卫星观测资料的多源资料融合的降水估计法。红外和可见光联合估算法主要利用了对流云顶的信息。而微波具有穿透云的效果，能探测到云体内云

滴的散射信号，因此微波降水估计法的精度优于红外和可见光联合估算法。但微波成像仪目前只搭载在极轨卫星上，观测的时间频率和分辨率均较低。多源资料融合的降水估计可以把红外与可见光、微波和地面降水信息融合在一起，得到时间频率较高、空间连续性较好，且具有较高精度的降水估计产品（如图 3 所示）。

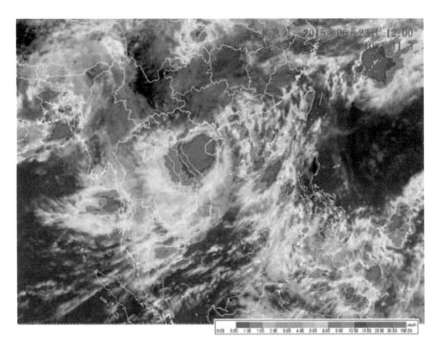

图 3　2015 年 6 月 23 日 12:00（北京时间）风云 –2G 卫星的小时降雨量估计，
海南岛西南部出现 50~100 毫米 / 小时的暴雨中心

（撰写：覃丹宇　审订：方宗义）

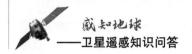
6 如何利用静止气象卫星云图监测雷雨、大风和冰雹？

在中国大陆，夏季属于强对流天气频发的季节。强对流天气是指发生突然、天气剧烈、破坏力极强，常伴有雷雨、大风、冰雹、龙卷风、局部强降雨等强对流灾害天气。

同属于强对流天气的雷雨、大风和冰雹，皆由对流旺盛、云顶高的对流云团造成。雷雨、大风，指在出现雷雨天气现象时，风速达到或超过17米/秒的天气现象。当雷雨、大风发生时，乌云滚滚，电闪雷鸣，极大的狂风夹伴着强降水，有时还伴有冰雹。它波及的范围，即这类天气系统的尺度，一般只有几千米至几十千米。冰雹通常出现在夏季或春夏和夏秋之交，常见的冰雹大小如豆粒，直径2厘米左右，大的有鸡蛋那么大，特大的直径可达30厘米以上。冰雹是冰晶或雨滴在积雨云中经过多次上下翻滚，冰粒不断增长形成的坚硬的球状、锥状或形状不规则的固态降水。在气象学上，造成雷雨、大风和冰雹等剧烈天气的天气系统属于中尺度对流系统。

具有高时空分辨率的静止气象卫星图像，包括可见光、红外云图和水汽图像，是卫星遥感定量信息的一种重要显示产品，能够直观清晰地展示出大气中发生的动力和热力过程，而这些过程通过云和云型发展演变的差异，表现为不同的中尺度天气现象。因此，卫星图像成为监测、分析中尺度强对流天气系统十分有效的工具。

中尺度对流天气系统的强弱不同，造成天气现象的剧烈程度也有所不同。分析、识别中尺度强对流天气系统结构特征的主要依据是对流云团内的上冲云顶和云团边缘的弧状云线等特征。

上冲云顶是强风暴的一个重要特征，与明显穿过平衡高度（宽广的雷暴云砧顶的高度）的上升气流有关（见图1中A、B和C）。它的出现标志着该地区存在强烈的上升气流，并且出现剧烈天气的可能较大，特别是当清晰的上冲云顶持续存在时更是如此。当雷暴发展到成熟阶段时，强降水的拖曳作用产生强烈下沉气流（或称下击暴流），在地面形成冷性中尺度高压，下沉到地面的冷气流向四周外流，并形成一个弧状外流边界，外流气流与周围气流相互作用，产生由积云、浓积云组成的弧状对流云线（如图2中红色箭头所指）。在卫星云图上，弧状云线表现为一条向外凸起的很窄的云线，它刻画出了由雷暴产生的冷空气外流边界的前沿，也是新对流云发生的胚胎。

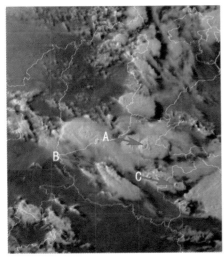
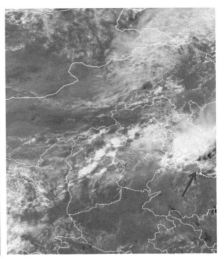

图1 2009年6月14日18时，某地可见光监测图像 图2 2012年7月26日12时30分，某地可见光监测图像

分析、识别中尺度对流系统（β–中尺度或α–中尺度）的方法有多种，目前应用最广泛、发展最成熟的是亮温阈值法。根据亮温阈值法，当云顶亮温≤−32℃时，通常认为这种云是对流云，伴随的对流天气现象较强；当云顶亮温≤−52℃时，则认为云已穿过了对流层顶；同时，在可见光云图上，通过暗影、纹理等图像特征，能分析出上冲云顶和弧状云线，此时对流发展非常旺盛，伴随的强对流天气现象比较严重。

除此之外，还可以利用卫星图像分析中尺度强对流天气系统的形态特征。研究表明：产生雷雨、大风和冰雹的中尺度强对流天气系统风的垂直变化较大、大气的潜在不稳定性较强，在云图上表现为线状或带状云系，而非准圆形的系统。

（撰写：蒋建莹 审订：方宗义）

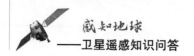
7 利用遥感图像能监测沙尘覆盖范围和强度吗?

沙尘天气是风与地面上的沙和尘土相互作用的一种灾害性天气现象。强风将地面上大量松软沙土或尘埃卷入空中,使空气变得十分混浊,水平能见度显著下降,是我国北方春季主要的灾害性天气之一。气象学上,依据地面水平能见度大小,可将沙尘天气依次分为浮尘、扬沙、沙尘暴、强沙尘暴和特强沙尘暴5个等级。其中,水平能见度低于0.5千米的特强沙尘暴俗称为黑风暴。

由于沙尘暴经常发源于人迹罕至的荒漠地区,这些区域往往地广人稀、气象观测台站少,有些地区甚至上万平方千米才有一个观测站,存在大面积的观测空白区,缺少对沙尘暴的连续监测,大大限制了对它的科学认识和研究。卫星沙尘遥感技术的发展,突破了传统地面沙尘监测的许多制约因素,其直观、监测范围广、动态监测能力强和精度高等优势,为大范围系统性监测沙尘暴的发生、移动和沉降,以及定量遥感沙尘特性提供了超乎寻常的手段,卫星沙尘遥感技术在沙尘时空特征的动态监测和定量研究中发挥着重要作用。

利用卫星遥感是如何对沙尘天气进行探测的呢?沙尘暴发生时,大量的沙尘粒子被大风从地面卷入空中,飘浮在大气中形成沙尘层,沙尘粒子一方面反射、散射和吸收来自太阳的辐射,同时也阻挡来自沙尘下方的地球大气的长波辐射,且自身向外发射长波辐射。其结果是含有沙尘的空气与清洁空气的反射和辐射光谱特征具有显著的差异;同时,含有沙尘的空气与下垫面背景地物的反射和辐射光谱特征也有差异。这些差异被卫星上的传感器探测到,从而实现对沙尘天气的监测。在卫星观测的不同探测通道数值组合的彩色卫星图像中,我们可以通过颜色、纹理和边界形状等特征识别出沙尘区域。同时,还可以利用卫星数据定量计算出沙尘的光学厚度、沙尘粒子有效半径、大气中的载沙量、沙尘顶高度等信息。通过多个时次的卫星图像对比分析,还可以监测沙尘暴的发源地、移动路径、覆盖范围、影响面积,进而跟踪沙尘暴的发生和发展变化。

纵观沙尘遥感监测技术的发展，使用的卫星从最开始的极轨气象卫星发展到静止气象卫星；使用的传感器从光学传感器扩展至微波、激光雷达等传感器；沙尘的遥感监测方法从利用单通道数据监测发展到多通道组合应用，使用的波段也从通常的可见光、红外波段，扩展到可见光、近红外、热红外、紫外、微波等多光谱信息的综合应用，显著提高了沙尘判识的准确率；沙尘遥感的研究也拓展到对产生沙尘天气的云型特征分类分析、沙尘产品的反演、沙尘的分布和传播，以及下垫面对沙尘灾害形成、演化贡献等方面；沙尘遥感监测反演的沙尘产品也从单纯的沙尘区域识别，逐渐发展为多元化的卫星定量遥感沙尘信息的产品。

图1是风云一号气象卫星监测到2011年5月11日影响内蒙古中部的典型强沙尘暴图像，图中黄色的区域为沙尘发生的区域。

图1　2011年5月11日，风云一号气象卫星沙尘监测图像

图2给出了2001年4月7日由卫星遥感得到的强沙尘暴个例的沙尘特征参数产品。

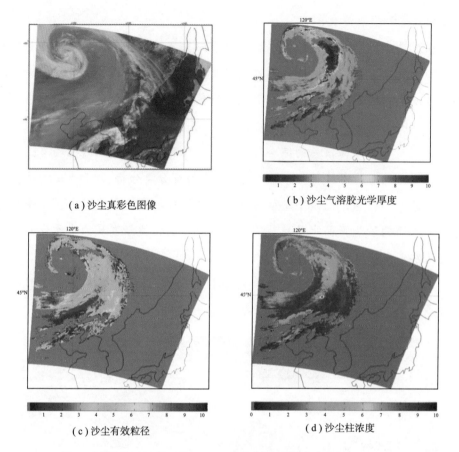

（a）沙尘真彩色图像　　　　　　　　（b）沙尘气溶胶光学厚度

（c）沙尘有效粒径　　　　　　　　　（d）沙尘柱浓度

图2　2001年4月7日，卫星遥感得到的沙尘监测产品

（撰写：李云　审订：方宗义）

8 利用多通道卫星遥感资料能分析、识别和区分雾与霾吗?

　　每当秋冬季节，雾霾这个词语总是频繁地出现在我们的生活中。当大气水平能见度降低的天气出现时，我们常常很难区分是雾还是霾，雾和霾究竟是同一种天气现象吗? 按照《地面气象观测规范》的定义，雾是一种自然现象，是指接近地球表面、大气中悬浮的由小水滴或冰晶组成的水汽凝结物使大气能见度低于 1 千米的天气现象;霾主要是人为因素造成的空气中大量悬浮的气溶胶粒子（直径范围从 0.001 微米到几十微米）使空气混浊，它们对太阳光的散射和吸收作用导致水平能见度降低到 10 千米以下的天气现象。

　　雾滴的直径范围在几微米到十几微米之间，这些微滴的存在显著地影响了雾的光学特性，同时也引起雾和云辐射特性的差异，利用这些独特的光学特性，气象卫星就可以将大雾识别出来，同时将大雾和云区分开。在夜间，主要采用中红外通道结合热红外通道进行大雾识别。而在白天，还可以在这基础上运用可见光通道识别大雾，在可见光图像上雾区一般比其他云显得暗，雾顶光滑，纹理较均匀，边缘也较清晰。气象卫星大雾监测不仅可以及时地获取大雾发生的地理位置、覆盖范围等信息，通过多时次的卫星图像比较，还可以动态监测大雾的生成和消散过程，为高速公路、机场管理等交通运输部门提供重要信息。

　　图 1 是利用风云三号气象卫星资料制作的 2014 年 11 月 16 日华北、黄淮地区大雾监测图。左图中白色区域为大雾覆盖区域，影响面积约 17 万平方千米，右图是使用卫星资料计算的大雾光学厚度，从而实现对大雾强度的定量分析，山东西部和北部的红色区域显示了大雾强度较强的区域。

　　工农业生产、建筑施工、交通运输等人类活动中排放的细颗粒物和大风扬起的地表尘土等因素都会引起大气中气溶胶含量的变化。同时，污染气体形成的细颗粒在湿度较大的环境中会迅速吸收大气中的水汽而涨大，并加剧对太阳光的削弱，所以严重的霾天气现象常发生在工业排放较为严重和空气较为静稳的地区，并且伴随湿度较大的环境出现。利用气象卫星监测霾天气的方法包括：利用遥感图像直观地监测霾天气的发生及其范围；利用卫星遥感的紫外－可见光－短波红外光谱的辐射数据，监测表示气溶胶总含量的气溶胶光学厚度、与气溶胶类型相关的粒子尺度、紫外气溶胶指数等物理参数，并依据这些信息制作霾天气监测产品，包括可见光 RGB 真彩色图像、可见光－近红外波段多波长的气溶胶光学厚度和紫外气溶胶指数（AAI）等多种产品。

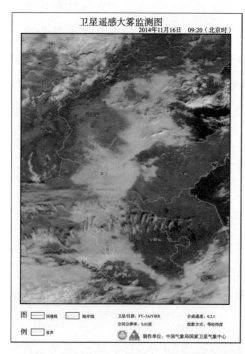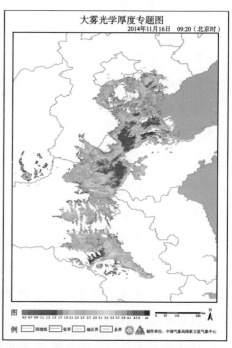

图 1　2014 年 11 月 16 日，风云三号气象卫星遥感获得的华北、黄淮地区大雾监测图（左）和大雾光学厚度专题图（右）

　　2015 年 12 月 20 日是北京市启动空气重污染红色预警措施的第二日，图 2 是利用风云三号气象卫星制作的该日霾监测图，图中灰色、弥散状的区域是霾覆盖区域。图 3 是由风云三号气象卫星原始观测信息进一步加工处理生成的霾气溶胶光学厚度和紫外气溶胶指数图。在霾天气影响下，华北、黄淮地区是气溶胶光学厚度的高值区；气溶胶粒子的消光作用使北京、河北中南部、山东西部等地的紫外气溶胶指数 AAI 值在 2.5~4.5 之间，说明这些区域受吸收性气溶胶影响。

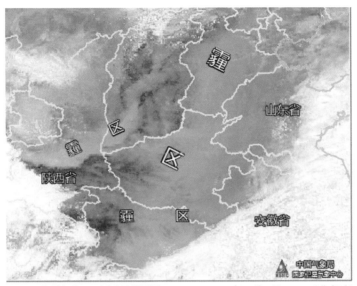

风云-3B极轨气象卫星遥感霾监测图　　　　2015年12月20日 14:00（北京时）

图 2　2015 年 12 月 20 日，风云三号气象卫星霾监测图像

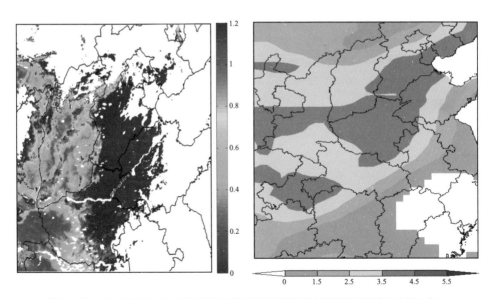

图 3　2015 年 12 月 20 日，通过风云三号气象卫星获得的气溶胶光学厚度分布图（左）和紫外气溶胶指数图（右）

由于雾和霾组成的成分有很大差异，利用遥感技术是可以把雾和霾区分开的。就物理本质而言，雾与云都是空气中水汽凝结（或凝华）的产物，所以雾也被认为是底部与地面相接的层云，在卫星监测图像上雾的表现更接近于云的特征，但其顶部没有凹凸的纹理特征，更为光滑、平整。雾的边界很清晰，但是霾与晴空区之间没有明显的边界。雾的色调近乎于白色，而霾的色调更为灰暗。透过霾常能看到一些地表特征，而透过雾却不能。从风云三号雾和霾的监测图像中可以很明显地看出两者的差异（见图4）。

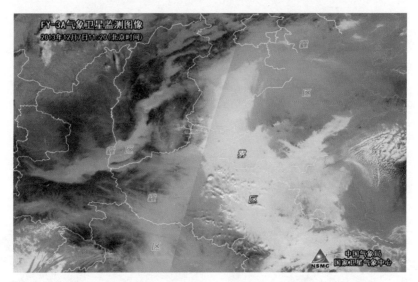

图4　2013年12月7日，风云三号气象卫星雾和霾监测图像

（撰写：李云　审订：方宗义）

9 气象卫星在航空气象保障中有哪些用处？

航空气象保障是在研究气象要素和天气现象对航空技术装备和飞行活动影响的基础上，实施的以预报为主的气象保障服务。航空与气象的关系非常密切，气象条件直接影响飞行活动与安全。

卫星资料由于具有较高的时空分辨率，特别是在反映航线的大气实况上，弥补了探空观测时间间隔过长和观测站点之间距离太大的不足，可为预报人员提供高时间分辨率的空中大气的实际状况，使得预报员能够连续地监测机场及周边地区的气象要素和时空变化，进而捕捉到一些常规探空观测难于发现的中小尺度天气系统及其演变趋势，为航空活动提供监测预警气象保障服务。

飞机起降的天气条件，包括风、能见度及云底高等，这些都是卫星遥感能有效监测的天气现象。首先谈谈它对低能见度天气现象（雾霾和沙尘暴）的监测。

利用极轨卫星的多通道和高空间分辨率图像，能看到比较精细的云雾结构，经过加工处理的云图，能够清晰地显示雾霾的分布及雾的浓淡（如图 1 所示）。在卫星可见光通道云图上，雾的色调均匀为白或灰白色，其表面纹理光滑，边界清晰，且与地形的边界吻合得很好，因此，白天用可见光通道资料通过人眼就能识别出哪里是雾，哪里是云。在白天和夜晚，可以利用云表面红外通道亮温的差异，区分高云、中云、低云和雾。水云在 3.9 微米的发射率小于 10.8 微米，利用这

图1　2009 年 1 月 8 日 10 时 5 分，气象卫星雾监测图像

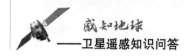
两个波段的亮温差也能进行雾监测。高时间分辨率地球静止轨道气象卫星监测到的雾区随时间的演变（雾区范围的收缩或扩展），是预测雾区何时消散（即机场何时开放）的重要依据。

沙尘天气会降低能见度，影响飞机的起飞和降落。依据沙尘气溶胶光谱辐射特性和卫星遥感原理，利用卫星遥感的多波段数据和相关的数理统计，能有效地获取沙尘信息，为航空气象保障提供服务。图2是2015年4月27日风云–3C的遥感图像，图上清晰可见两条沙尘暴向前推进

图2　2015年4月27日13时20分，气象卫星监测图像

的边界，一条位于北面由西向东推进；一条位于南面由西北向东南方向推进。

飞机在飞行中遇到的最恶劣、最危险的天气之一就是雷暴。雷暴对飞行的影响较大，不仅容易引起飞机的强烈颠簸，使飞机偏离航向，不能保持飞行高度，操纵性能恶化；而且在云内温度低于0℃的环境条件下，会出现强烈的飞机积冰。高时空分辨率的卫星资料对雷暴云团的监测方便而有效，图3是卫星观测得到的由多个发展旺盛的强对流云团组成的飑线系统。

当雷暴发展到成熟阶段时，会出现一种突发性的强下降气流，在近地面产生雷暴、大风，且具有极强的垂直风切变和水平风切变，这就是下击暴流（破坏路径的长度小于5千米的下击暴流称为微下击暴流）。这是一种严重威胁飞机起飞和降落安全的危险天气。一旦在雷

图3　2007年8月28日6时46分，气象卫星监测图像

雨季节遭遇下击暴流，极有可能发生严重的飞行事故。下击暴流下沉到地面的冷气流向四周外流，会形成一个弧状外流边界，进而生成弧状对流云线（详见 247 页图 2），在高时空分辨率的卫星图像上易于分析识别。

飞机在飞行过程中还会遇到高空急流对飞行安全带来的危害。高空急流是指出现在对流层上部或平流层下部、对流层顶附近的高速狭窄气流，沿急流带的轴线可出现一个或多个风速极大值中心，大多数轴线呈东西向。急流区有两个显著特点：一是风速大；二是风切变（包括水平切变和垂直切变）强。顺急流飞行时，飞行速度增大，可节省燃料，缩短航时或增加航程，但应避开风切变的不利因素；逆急流飞行则相反，应避开急流区，选择最小风速区域飞行。横穿急流时，会产生很大的偏流，容易造成颠簸，对领航计算和保持航线有较大影响。高空急流常与急流云系相伴，在卫星云图上易于识别，是监测和分析它们的有效手段。图 4 是一幅较典型的副热带急流云系图，图中一条西南—东北走向、呈反气旋性弯曲的卷云云带就是急流云系（图中红色箭头所指），它的极地一侧边界清晰与急流轴（图中蓝色箭头所指）相对应，其北侧若存在与云带相垂直的细云线纹理，则是高空风很强的标志。

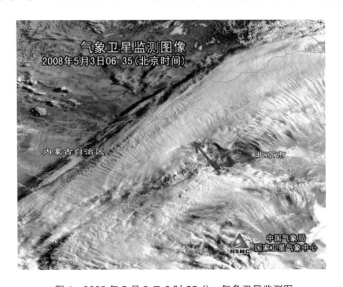

图 4 2008 年 5 月 3 日 6 时 35 分，气象卫星监测图

（撰写：蒋建莹 审订：方宗义）

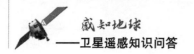
10 在用计算机预报天气时，气象卫星有哪些重要作用？

与人类生产、生活和社会活动密切相关的天气预报具有悠久的历史。在我国，利用观云测天和天气谚语预测天气已有几千年的历史。在国际上，1860年，法国人利用地面气象观测报告制作天气图进行天气预报，开创了天气预报业务。1913年，瑞典科学家皮叶克尼斯首先提出了利用流体力学方程组，依据观测的大气状况计算未来大气状况的设想，这就是数值天气预报。经过一个多世纪的发展，建立在数学、物理学基础上的数值天气预报，已经成为各种天气预报方法的核心，它的客观、定量和高可信度得到了公认，是天气预报业务服务不断改进和提高的基础。

那么，数值天气预报究竟包含哪些内容？为什么经过一个多世纪才发展到现在的水平？制约其未来发展和提高的主要因素是什么？

数值天气预报系统的核心是数学物理模型，也就是描述大气运动的流体力学和热力学偏微分方程组和其中所包括的物理过程；数值积分描述大气运动的偏微分方程组，从而"计算"出未来的天气；数值积分控制大气运动的偏微分方程组，需要大气运动的初始状况和大气上、下边界与侧边界上的气象要素分布，这就要求有良好的地球大气观测系统和观测资料的及时收集、传输和处理。从表面上看，数值天气预报系统的核心是控制大气运动的数学物理模型，但从实际的业务操作来看，上述三个部分是密不可分、缺一不可的。早在20世纪20年代，欧洲人理查森就动用了大量人力，用手工计算的办法，通过数值积分简化后的大气运动方程组，进行最早的数值天气预报，得到的6小时预报结果是地面气压变化146百帕，它比真实大气的气压变化大两个量级，是一个毫无参考价值的虚假结果。其原因是：为了克服当时计算能力的不足，对控制大气运动的方程组进行了不合理的简化；为了克服大气观测资料不足及收集和传输能力的限制，选取的预报范围、预报边界和数值积分的时空分辨率等，都与要解决的问题不相匹配。

在 20 世纪，尤其是第二次世界大战以后，科学技术取得了多方面的巨大进步，其中计算机的诞生和飞速发展，遥感技术的发展和它在人造地球卫星上的应用，为数值天气预报系统三大方面的改进、完善和发展创造了条件。通过相关科学技术人员的艰苦努力，人们对数值预报结果的认识从毫无参考价值，发展到有一定的参考价值，再到有很大的参考价值，最后到可以提供极有参考价值的定时、定点的具体天气预报。

数值天气预报的发展和进步充分说明，用计算机是可以"计算"出未来的天气和变化的，它与实际天气演变的符合程度依赖于以下两个方面：其一，数学物理模型对大气运动物理过程的描述是否完备和准确，这依赖于我们对大气运动规律的认识程度，也依赖于计算机的发展水平。其二，在数学上这是一个求解大气运动方程组的初值和边值问题，它依赖于我们是否能及时地获取高时空分辨率的真实大气运动的初始状态。

因此，得到高质量数值天气预报结果的关键问题之一就转换为快速地获取真实的表征实际大气运动、状态的初始观测数据（初始场）。遗憾的是，全球表面的 70% 以上是海洋，此外还有极区、高原和荒漠等人迹罕至的地区，靠建立观测站的方法是无法获取全球观测资料的。卫星遥感技术实现了探测资料的全球覆盖。卫星大气探测产品涵盖了数值预报必需的大气温度、湿度、位势高度和风等大气动力、热力状态的三维分布。通过对卫星数量、轨道和遥感探测器瞬时视场的恰当选取，就能得到不同时空分辨率的观测资料，满足从行星尺度到对流尺度的数值天气预报模式对高质量初始场的需求。但是，要把卫星遥感得到的地球大气对太阳辐射的反射、散射值和地球大气的发射、辐射值用于数值天气预报还有许多工作要做。首先，卫星遥感得到的各种辐射值均与大气的状态密切相关，但它毕竟不是数值天气预报模型中的模式变量；其次，卫星获取的全球数据是一条一条轨道的观测数据拼接起来的，这与模式计算所要求的从某一时刻开始向前积分的初始场的含义也不一致。

经过 20 余年的努力，尤其是 1989 年英国科学家 J.Eyre 率先提出在数值预报模式中直接同化卫星遥感辐射率问题，使卫星资料在数值预报模式中的应用发生了质的飞跃。目前，在美国和欧洲的中期数值天气预报中心（ECMWF）的业务数值预报模式系统中，输入的观测资料的 85% 来自卫星的辐射测值和加工处理出来的各种要素和参数。图 1 是 ECMWF 的业务数值预报模式在 1981 年 ~2013 年的 30 多年间预报的 500 百帕位势高度场距平相关图。图上给出的蓝、红、绿、黄 4 条色带分别表示 3 天、5 天、7 天和 10 天四个不同时段的预报结果，每一色带的上下方分别表示北半球和南半球的预报结果。图上清楚地表明，在 1990 年 ~2010 年这 20 年间，各时段的预报精度均提高了 20% 以上；南、北半球之间的预报差异也从 10% 以上，减小到预报误差大体相当；可用的预报时效延长了 1~4 天。在数值天气预报发展的历程中，这是进步最快的 20 年，主要得益于卫星遥感资料的输入应用。在多种卫星遥感资料对减小预报误差的贡献中，先进的微波探测器（AMSU）、先进的

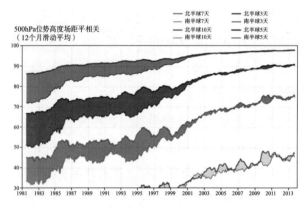

图 1　欧洲中期数值预报中心的模式预报能力的改进

红外探测器、导航卫星掩星观测（GPS-RO）和散射计（SCAT）等的贡献最为显著。

　　目前，卫星遥感资料已经成为全球数值天气预报所依赖的最重要的观测数据。通过国际合作，我国的风云气象卫星和国外气象卫星提供的全球观测资料，均在各国的业务数值预报模式系统中发挥着重要而不可替代的作用。当然，要在数值预报模式中充分应用好卫星遥感信息，在模式的同化技术、卫星遥感的反演技术和大气辐射传输模式的计算技术等方面都还有许多工作要做。

（撰写：方宗义　审订：杨军）

第十七章
卫星遥感在气候监测中的应用

1 **卫星遥感能探测到哪些影响气候变化的温室气体？**

大气层中主要的气体成分是氮气（N_2）和氧气（O_2），约占99%。剩下约占1%的大气成分，多为痕量气体。这些痕量气体相比于N_2和O_2占比很小，但作用却很重要。这些痕量气体中，二氧化碳（CO_2）、甲烷（CH_4）和氧化亚氮（N_2O）是对气候变化影响显著的3种重要的温室气体。它们具有吸热和隔热的功能，它们在大气中增多的结果是形成一种无形的玻璃罩，使太阳辐射到地球上的热量无法向地球之外的空间扩散，造成地球表面温度升高，在地球气候的形成和气候变迁中起着重要作用。《2014年WMO温室气体公报》结论显示，自工业革命以来，由于人类活动，特别是大量化石燃料和森林破坏的影响，大气中CO_2、CH_4和N_2O分别增长了约43%、154%和21%，给全球气候、生态、经济等各方面造成很大影响。

世界气象组织联合美国国家海洋大气管理局（NOAA）、加拿大气象局（MSC）、日本国立环境研究所（NIES）和中国气象局（CMA）等在世界各地建立了很多大气温室气体观测本底站，用于监测温室气体的变化。但是，传统的地基定点观测大气成分技术已经越来越不能满足全球气候变化的科学研究、国家决策和国际合作的需求。卫星遥感具有稳定、连续和大尺度观测等诸多优点，可以更好地获得温室气体全球时空分布与变化特征，对增加全球气候变化研究的可信度具有重要意义。

在上述 3 种温室气体中，CO_2 被认为是最重要的人为温室气体。大气中 CO_2 在长波红外的 15 微米和 4.3 微米带具有较强的吸收能力，同时在短波红外的 2.06 微米和 1.61 微米带也具有一定的吸收能力。研究表明，相比长波红外光谱仅对对流层中部以上的 CO_2 浓度变化较为敏感，短波红外反射光谱对近地面层的 CO_2 浓度变化则具有更好的观测能力。因此，对于应对气候变化而言，各国科学家都更加关注利用短波红外波段探测近地面 CO_2 的变化特征。晴空条件下，测量利用 1.61 微米和 2.06 微米吸收带的反射太阳辐射，原则上可以精确地反演大气 CO_2 柱浓度；但如果存在薄云或气溶胶，由于云或气溶胶粒子的散射作用将改变太阳辐射的光程，进而影响大气中 CO_2 的吸收强度，对散射影响忽略或错误的估计将导致 CO_2 反演精度大大降低。此时，一种较好的方法是同时测量大气氧气 A 带内的反射光谱来获得光程改变量，进而去除大气散射作用的影响。研究表明，同时利用短波红外 CO_2 1.61 微米、2.06 微米及近红外 O_2 0.76 微米三个波段的高光谱分辨率反射太阳光谱，可以较为精确地反演大气 CO_2 平均柱浓度。

卫星观测对流层中的大气 CO_2 的信息，可追溯至 2002 年欧洲发射的环境卫星上搭载的大气制图扫描成像吸收光谱仪（SCIAMACHY）试验载荷，一直到 2009 年日本在全球发射了第一颗专门的温室气体观测卫星（GOSAT）。随后，美国于 2014 年成功发射了一颗专门的 CO_2 探测卫星（OCO-2）。图 1 是利用欧洲环境卫星和日本温室气体观测卫星的 CO_2 观测结果，制作的全球 2003 年 ~2013 年期间陆地大气对流层 CO_2 浓度平均分布图，可以明显地看出在北半球人类活动密集的地区，二氧化碳的浓度显著高于其他地区。图2展示了卫星监测大气 CO_2 浓度的长期变化趋势，可以看到近十年全球各个区域的大气 CO_2 持续增加。卫星的不同探测波段也可以同步获取 CH_4、N_2O 等温室气体信息，卫星探测发现，近年来全球大气中的甲烷含量出现上升趋势，很可能与全球升温带来极区地下甲烷气体的释放有关。与 CO_2 相比，大气中的 N_2O 虽然含量低，但单分子的增温潜势却是 CO_2 的298倍，对全球的增温效应也越来越显著，已引起全球科学家的极大关注。

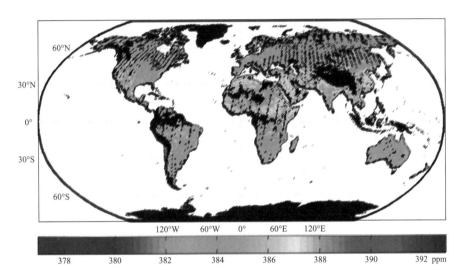

图1　2003年~2013年卫星遥感监测全球陆地对流层 CO_2 浓度平均值分布（黑色区域是缺测值）

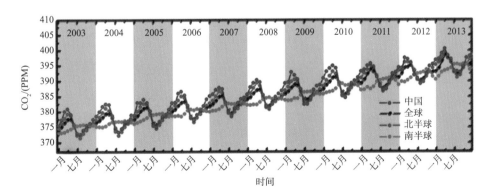

图2　2003年1月至2013年12月，卫星遥感陆地大气 CO_2 月平均值时间序列变化

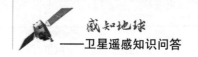
中国于 2016 年 12 月 22 日成功发射中国第一颗全球 CO_2 观测卫星，2017 年 11 月 15 日，又成功发射风云三号气象卫星（D 星），这颗卫星上搭载了高光谱温室气体监测仪。另外，在国家空间基础设施规划中，2019 年前后还将发射一颗大气环境监测卫星，上面将搭载主动激光雷达，对大气 CO_2 开展更高精度的探测。

（撰写：张兴赢　审订：杨军）

2 气象卫星如何监测大气中的臭氧浓度及其垂直分布和演变?

臭氧（O_3）是大气中自然存在的微量气体，主要存在于大气的平流层，臭氧浓度最大值的平均高度在 24 千米左右，随时间地点不同而在 20 ~ 28 千米之间变化。为了纪念发明观测大气臭氧仪器的英国物理学家陶普生（G.M. Dobson），国际上以他的名字作为臭氧含量的单位，即 Dobson Unit（DU）。1 个 DU 相当于 0℃、一个标准大气压下千分之一厘米气柱长度，大气中臭氧的平均柱含量大约为 300DU。平流层中臭氧会发生如下光化学反应：太阳紫外辐射，使臭氧分子分解成氧原子，氧原子、氧分子与中性第三体分子反应生成臭氧分子。臭氧分子也可以吸收太阳光中的紫外光而分解，通过大气中一些微量成分的催化作用，使得原子结合生成氧分子，此反应对臭氧有消除作用。平流层臭氧的浓度取决于臭氧生成反应和消除反应的平衡状态。全球臭氧浓度的水平和垂直分布是大气动力过程和光化学过程共同作用的结果（王卫国，等.大气臭氧层动力学系统中化学与动力扩散耦合过程的研究.南京大学学报，2003，39（3））。臭氧的浓度随季节和纬度变化，一般地，在赤道附近臭氧含量低于高纬度地区。虽然臭氧在大气中仅占微小的比例，但对地球的生命、环境和气候至关重要。首先，大气中的臭氧吸收了大部分对生命有破坏作用的太阳紫外线，对地球上的生命起到了天然的保护作用。如果平流层中臭氧的含量减少，则地面受到的 UV-B 段紫外辐射的强度将会增加。可以说，如果没有臭氧，地球上的生命就无法存在。但臭氧对环境也有影响。在对流层中，臭氧是一种有害的污染物，是光化学烟雾的组成部分，工业生产和自然过程（如闪电），都会增加对流层中的臭氧含量。此外，臭氧还是影响大气气候和大气中化学反应的重要微量气体。在各种人为因素的影响下，大气中臭氧的浓度呈现出不同的变化趋势：一方面，是在对流层中作为污染气体和温室气体的臭氧在逐渐增加；另一方面，作为生命天然屏障的平流层中的臭氧却呈现出减少的趋势，特别是在南极，每年的 8 月份到年底会形成覆盖整个南极大陆的臭氧洞。臭氧洞通常是指臭氧总含量低于 220DU 的区域。

在 20 世纪 70 年代，英国科学家通过地面观测，首次发现 10 月份南极臭氧的平均含量比 20 世纪 60 年代的 300DU 有所下降。20 世纪末，人类通过卫星首次绘制出了南极臭氧分布和南极臭氧洞图像。从图 1 可以看出，南极臭氧洞从 20 世纪 80 年代开始逐步加剧。

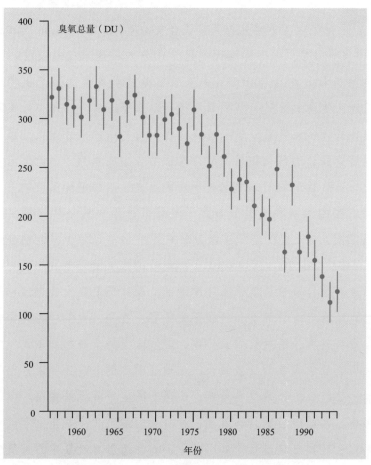

图 1　南极地区 10 月份臭氧平均浓度的年际变化

（摘自英国大气科学中心网 http://www.atm.ch.cam.ac.uk/tour/index.html）

在 20 世纪 70 年代之前，一般用地基紫外仪器如 Dobson 仪器观测大气臭氧柱总量，利用探空气球携带臭氧探测仪探测大气臭氧垂直分布廓线。自

20 世纪 70 年代初发射携带第一台紫外臭氧探测仪的卫星以来，星载紫外臭氧探测仪成为观测全球臭氧分布的主要手段，比较著名的仪器包括雨云卫星（NIMBUS）搭载的臭氧总量测绘分光仪（TOMS），以及美国国家海洋大气局卫星（NOAA）搭载的太阳紫外后向散射辐射仪（SBUV），其中 TOMS 用于探测臭氧总量，SBUV 用于探测臭氧垂直廓线。20 世纪 90 年代开始，高光谱紫外可见光仪器取代了早期的 TOMS，成为臭氧探测的主流仪器。我国于2008 年在风云三号系列极轨卫星上首次搭载了紫外臭氧总量探测仪（TOU）和紫外臭氧垂直探测仪（SBUS），用于探测大气臭氧总量和臭氧垂直廓线，目前我国卫星臭氧探测产品已成为国际上主要的臭氧观测数据源。图 2 是卫星探测得到的 1980 年 ~2000 年间每年南极地区臭氧最小含量及其出现时间。

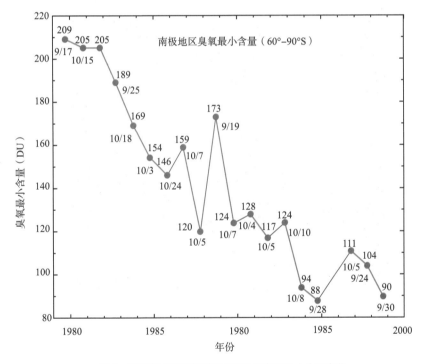

图 2　卫星遥感观测得到的南极地区臭氧最小含量变化

　　紫外仪器探测大气臭氧的主要原理是测量对紫外吸收差异较大的不同紫外波长的大气后向散射太阳辐射，从后向散射辐射中提取臭氧吸收信息，根

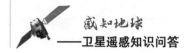
据臭氧在两个波长上对紫外线吸收的差异与臭氧总量的关系定量反演大气臭氧总量。在波长 252~340 纳米之间设置若干个波长通道，利用观测的大气紫外后向散射辐射，通过不同波长对组合反演得到不同高度层臭氧含量，生成臭氧垂直廓线产品。除紫外臭氧探测仪外，也可以利用臭氧吸收较强的红外探测仪探测大气臭氧，另外微波仪器也可以用于探测臭氧垂直分布廓线。图 3 是我国风云三号气象卫星搭载的紫外臭氧总量探测仪探测的南极臭氧洞。

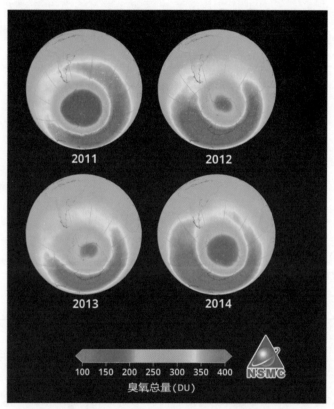

图 3　风云 −3B 星搭载的紫外臭氧总量探测仪 TOU 探测的
2011 年 ~2014 年南极臭氧洞（10 月份南极臭氧平均值）

（撰写：王维和　审订：杨军）

③ 如何利用气象卫星监测大气温度的长期变化?

全球大气温度的长期变化可以反映在一段时间范围内（十年、百年或更长）大气温度是偏暖、偏冷还是维持不变。政府间气候变化委员会（IPCC）第四次评估报告指出，全球地表平均温度的增暖变化得到了更为确定的结论，即最近100年（1906年~2005年）全球平均地表温度上升了0.74℃，比2001年第三次评估报告给出的100年上升0.6℃有所提高。与地表温度变化相比，高空大气温度变化的不确定性更大，对于大气垂直温度变化的监测，可以更好地认识人类对气候变化的影响，因此大气温度变化的监测成为近年来各方关注的热点。但大气温度变化的监测是一个难点，由于十年气温变化量大约为零点几摄氏度，是一个非常微弱的信号，因此要对这个微小量进行精确的监测，对仪器的灵敏度要求非常高，资料的噪声处理也非常复杂。

对于大气温度变化的监测，可以利用常规探空资料、卫星资料以及模式再分析资料。由于探空站点分布稀疏、世界各国用于探空观测的仪器和方法不同，且经常变化，资料连续性和一致性较差，加之高空观测涉及多个层次，故难以准确确定参照序列。而再分析资料用于气候诊断分析时，长时间序列也存在非均一性问题。卫星资料全球覆盖，在某些方面弥补了上述两种探测资料的缺点。从1978年开始，美国在极轨卫星上搭载了第一颗微波大气探测仪（MSU），用于遥感地球大气的温度变化。随后，其改进型仪器——先进的微波大气探测仪（AMSU）几乎可以全天候测量从地表到平流层低层的大气温度。该序列星载仪器已经稳定运行了近30年，可用于大气温度长期变化的监测和研究。当然，卫星长序列资料用于气候变化也存在着处理技术难度大，需要解决资料的一致性等问题。一颗卫星的观测寿命通常只有几年时间，因此卫星长序列资料是由多颗卫星上的遥感探测资料组成，由这些不同卫星的探测资料得到均一性时间序列的过程，不只是要订正单独一颗卫星的测量误

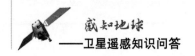

差，如定标误差、轨道高度衰减、过赤道时间变化、热黑体温度变化等，还要考虑卫星间的差异，以及从早期的传感器升级到较高级传感器后的测量偏差。因此，长时间序列卫星资料应用于气候诊断分析，首先需要解决资料的空间和时间一致性问题。在上述问题中，星载黑体的温度变化对卫星遥感资料的大气温度变化监测的影响最大，且是目前序列均一性订正中不确定性最大的因素。

　　美国有三家机构对卫星微波大气探测仪 30 多年的数据进行了不同噪声控制方法的处理，得到对应的长序列卫星气候数据产品，即阿拉巴马大学（其产品名缩写为 UAH）、遥感系统科学小组（RSS），以及美国海洋大气局下属的卫星应用和研究实验室（STAR）。图 1 和图 2 分别给出了 3 组产品估计的 1979 年 ~2001 年全球对流层中层（850hPa~300hPa）和平流层低层（100hPa~50hPa）大气温度变化趋势。从图中可以看出，UAH、RSS 和 STAR 得到的全球对流层中层均呈现增温的趋势，其中 UAH 增温幅度最小，为 0.014K/10a，RSS 次之，为 0.071K/10a，而 STAR 增幅最大，为 0.1K/10a。而平流层低层大气温度的变化以降温趋势为主，其中 STAR 降温趋势为 –0.414K/10a，RSS 为 –0.408K/10a，UAH 降温趋势最大，为 –0.539K/10a。

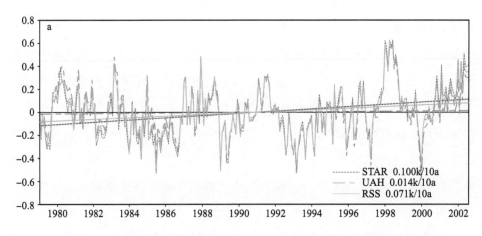

图 1　三组 MSU 数据产品估计的 1979 年 ~2001 年全球对流层温度变化趋势

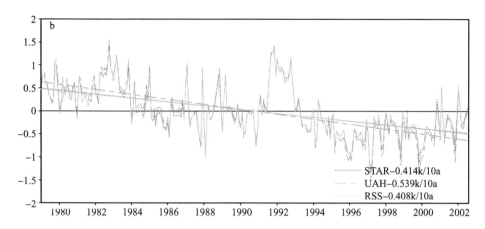

图 2 三组 MSU 数据产品估计的 1979 年 ~2001 年全球平流层温度变化趋势

已经累积 30 多年的卫星资料是气候诊断分析和气候变化研究中一个重要的信息来源。利用卫星微波大气探测仪资料分析得到的结果，表明了近 30 年对流层增温和平流层降温的趋势，支持了政府间气候变化委员会评估报告（2001 年、2007 年）中的结果。

（撰写：廖蜜　审订：方宗义）

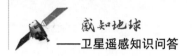

4 **气象卫星能得到哪些影响气候变化的全球长时间平均参数?**

在《联合国气候变化框架公约》(简称《公约》)第一款中,将"气候变化"定义为:"经过相当一段时间的观察,在自然气候变化之外由人类活动直接或间接地改变全球大气组成所导致的气候改变。"《公约》因此将因人类活动而改变大气组成的"气候变化"与归因于自然原因的"气候变化"区分开来。气候变化主要表现为三方面:全球气候变暖、酸雨和臭氧层破坏,其中全球气候变暖是人类目前面临的最迫切的问题。卫星从外空对地球大气进行观测,通过遥感波段和主被动探测方式的选择,对导致气候变化的三个方面都有很好的长期监测能力。

全球气候变暖,主要是由地球辐射收支能量的不平衡引起的。由于温室气体的增加,阻挡了地球向外空的射出辐射。气象卫星能够同时监测地球和大气向外反射的太阳能量和发射的长波辐射(如图1所示)。卫星具有日、月甚至年时间尺度上的监测能力,提供了详细研究地球辐射收支变化的机会。科学家很早就认识到卫星对地球辐射收支观测的重要性,地球辐射收支实验(ERBE)是第一次多卫星观测地球辐射收支的计划。ERBS、NOAA-9和NOAA-10三颗业务卫星搭载了ERBE的宽波段非扫描和扫描仪器,实现了近10年的ERB长期观测。20世纪90年代,云和地球辐射能量系统(CERES)的应用是地球辐射收支观测的一个飞跃,CERES不仅延续了ERBE的算法,保证了长时间数据的连续性和一致性,还进一步关注云和辐射的相互作用,发展了更先进的仪器和算法。2011年发射的Soumi NPP卫星仍然携带CERES(FM5)载荷,使其至今已积累近20年的观测资料。欧洲是第一个(于2002年)将地球辐射收支观测仪器(GERB)搭载在静止卫星EUMETSAT上的;借此获取更高时空分辨率的ERB数据。我国2008年发射的风云-3A气象卫星上,有两个专门用于观测地球辐射收支的仪器,即地球辐射收支探测仪(ERM)和太阳辐照度监测仪(SIM)。此后,我国连续发射的风云-3B和风云-3C

气象卫星均很好地延续了对地球辐射收支的观测。气象卫星观测的地球辐射收支基本量包括直接入射太阳辐射通量、地球和大气反射的短波太阳辐射通量及地球和大气放射的长波辐射通量。行星反照率与大气顶净辐射通量可由基本量计算得到。结合云和气溶胶等参数信息，还可以得到云和气溶胶辐射强迫等参数。由气象卫星长时间平均辐射收支观测得到的地球辐射强迫变化是影响气候变化的重要参数。

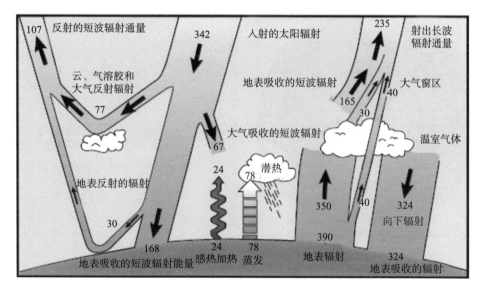

图 1　地球辐射收支

对于影响"气候变化"的酸雨而言，卫星遥感能力主要体现在对大气污染气体的监测。酸雨是指 pH 小于 5.6 的雨雪或其他形式的降水，是雨水被大气中存在的酸性气体（主要为 SO_2 和 NO_2）污染的结果，是人为向大气中排放大量酸性物质造成的。我国的酸雨主要是因大量燃烧含硫量高的煤而形成的，多为硫酸雨，少为硝酸雨，各种机动车排放的尾气也是形成酸雨的重要原因。一般说来，某地 SO_2 污染越严重，降水中硫酸根离子浓度就越高，pH 越低。美国、欧空局、日本等国家或机构发射的遥感卫星上都安装了类似于大气制图扫描成像吸收光谱仪（SCIAMACHY）这样的探测器，可以监测 SO_2 和 NO_2 等大气污染气体。利用高光谱传感器约 10 年（2004 年 10 月 1 日

~2014 年 12 月 31 日）的卫星观测数据处理得到的全国平均 NO_2 和 SO_2 柱总浓度分布,发现 NO_2 对流层柱总量的高值主要集中在京津冀及周边(河南北部、山东西部)、长江三角洲和珠江三角洲,其次新疆乌鲁木齐、辽宁沈阳、陕西西安等地也存在不同程度的 NO_2 高值。SO_2 的高值主要集中在京津冀及周边、长江三角洲、珠江三角洲、四川、重庆等地。NO_2 和 SO_2 的含量与当地工业活动强度、气象条件、地形等因素密切相关。

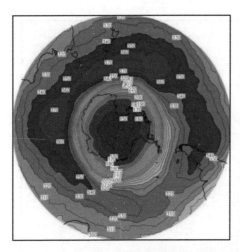

图 2 2015 年 10 月,风云三号卫星紫外臭氧总量探测仪观测得到的南半球月均臭氧总量分布图(单位: DU)

1985 年,美国云雨 7 号气象卫星观察到南极上空的臭氧层出现巨大的"空洞",面积与美国国土相当,引起大气、环境等科学界极大的关注。从每年的 8 月份开始,南极地区开始进入极昼,伴随着极昼的开始,臭氧总量急剧消耗并形成臭氧洞。南极臭氧洞一般在 10 月初发展到最严重的程度,1 月南极臭氧总量开始增加,臭氧损耗减小。图 2 是利用风云三号卫星监测的 2015 年 10 月南半球平均臭氧总量分布情况,南极圈周围存在臭氧总量高值区,在高值区内臭氧总量平均值超过 360DU,在南极地区臭氧洞已经形成,臭氧洞内臭氧总量低于 220DU,臭氧洞中心臭氧总量低于 150DU。为了保护臭氧层免受破坏,自 1987 年《蒙特利尔公约》签订和执行以来,臭氧损耗物质使用量已经显著减少,2000 年后全球臭氧层维持一个基本稳定的状态。近几年臭氧洞面积略有减小,预计 2045 年 ~2060 年南极地区的臭氧将会恢复。然而,南极臭氧洞的出现和变化已经对南半球气候产生了显著影响,南极臭氧洞引起了南极平流层变冷,进一步改变了大气加热率,进而影响环流,造成气候变化。

(撰写: 张艳 审订: 方宗义)

5 卫星遥感如何监测重大气候事件——厄尔尼诺和拉尼娜?

19 世纪人们发现，在南美洲西海岸，经常会出现一股沿海岸南移的暖流，造成海表温度升高，喜欢冷水的鱼类大量死亡。由于这种现象最严重的时候常常发生在圣诞节前后，因此人们称其为"厄尔尼诺"，该词来源于西班牙语，原意为"圣婴"（小男孩）。相反的，有些年份，该海域的海温又异常偏低，人们把该地区海温降低的"反厄尔尼诺"现象称为"拉尼娜"（小女孩）。

太平洋的赤道中东部海温持续异常的变暖或变冷形成的厄尔尼诺或拉尼娜事件，会造成世界上有些地区气候发生变化，一些地区变得异常干旱，另一些地区则因为降水太多而发生洪涝。"厄尔尼诺"的全过程分为发生期、发展期、维持期和衰退期，一般会持续一年左右。这种事件出现的时间间隔并不完全一致，大致四年会出现一次，一般持续五个月或以上。"厄尔尼诺"发生时，我国夏季的强降水带多位于江淮流域，容易出现洪涝灾害。

最近两次强厄尔尼诺事件出现在 1997/1998 年和 2015/2016 年。2015/2016 年出现的超强厄尔尼诺也被称作"李小龙"，太平洋赤道中东部地区的暖海温最先出现在 2014 年 9 月，持续一年多时间后，于 2016 年 5 月正式结束，6 月初赤道东太平洋开始出现偏冷的海温，即拉尼娜事件。当厄尔尼诺事件结束后，它的影响并不会立刻消失，受大气环流对海洋变化响应滞后的影响，在结束后的几个月里仍会持续出现厄尔尼诺效应。对于我国而言，受厄尔尼诺影响，发生极端天气气候事件的概率较大，容易出现区域性暴雨造成的洪涝等灾害。例如 1998 年，受厄尔尼诺影响，东北的松花江、嫩江流域和南方的长江流域出现了大洪水，造成严重的自然灾害。同时，在厄尔尼诺年，西北太平洋在春季和初夏台风数量减少，但秋季台风可能偏多，平均强度偏强，例如，1998 年第一个西北太平洋台风生成于 7 月份，而 2016 年也出现在 7 月份。

厄尔尼诺或拉尼娜事件发生时，赤道中东太平洋地区海温异常偏暖或偏冷的这一事实，可以利用气象卫星反演的海表温度来监测。同时，海表温度异常偏高造成对流活跃，海表温度偏低造成对流减弱，也可以通过气象卫星进行实时监测。

图1为利用极轨卫星反演的海表温度距平产品。1998年1月平均的海表温度距平分布显示，在180°经线以东的赤道太平洋地区为异常的高海温区，最强的高海温中心位于赤道附近的130°W~90°W区域。图2给出了2016年强厄尔尼诺发生时海表温度的分布，也同样在180°经线以东的赤道地区出现异常高海温，但最大的海温距平出现在偏东的160°W~130°W区域。厄尔尼诺发生的次年，一般容易出现拉尼娜事件，图3给出了1998年厄尔尼诺事件的次年发生的一次拉尼娜事件对应的月平均海温距平。可以看到，1999年1月160°E以东的赤道附近为冷海温。

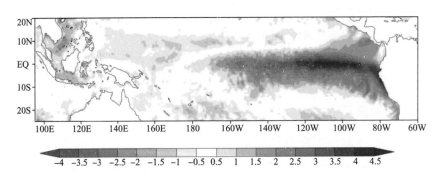

图1 气象卫星反演得到的1998年1月平均的海表温度距平分布（厄尔尼诺年）

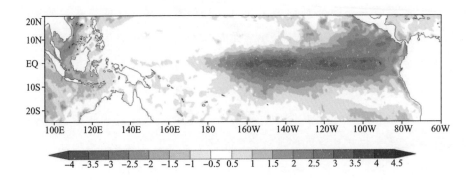

图2 气象卫星反演得到的2016年1月平均的海表温度距平分布（厄尔尼诺年）

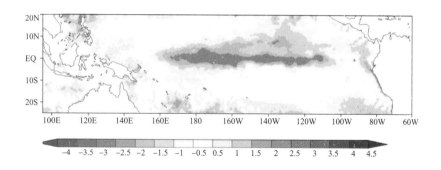

图3　气象卫星反演得到的1999年1月平均的海表温度距平分布（拉尼娜年）

　　在厄尔尼诺发生时，赤道中东太平洋地区海表温度异常偏高，高海温会加热低层的大气，造成垂直上升运动加强，临近区域则会出现补偿的下沉运动，由此形成的对流分布和拉尼娜年出现的分布显著不同。图4和图5给出1998厄尔尼诺年和1999拉尼娜年1月份气象卫星监测到的射出长波辐射值（OLR）分布，其中的低值区是对流活跃区。可以看出，在厄尔尼诺年，强对流出现在棉兰老岛以东的赤道中东太平洋地区（低OLR值，160°E~140°W），西侧的南海及以南地区对流不活跃；在拉尼娜年，中东太平洋地区对流较弱，强对流出现在90°E~140°E附近的赤道及以南地区，南美大陆也出现了相对的强对流区域。由对流分布不同造成的降水也出现了相对应的变化（如图6、图7所示）。以上事实表明，卫星遥感及其产品能有效地从多个侧面监测厄尔尼诺事件从发生到结束的全过程。

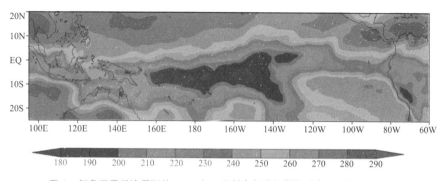

图4　气象卫星反演得到的1998年1月射出长波辐射值分布（厄尔尼诺年）

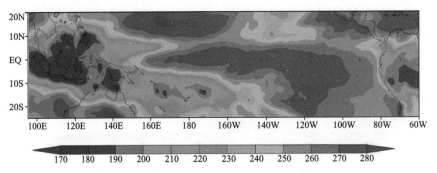

图 5　气象卫星反演得到的 1999 年 1 月射出长波辐射值分布（拉尼娜年）

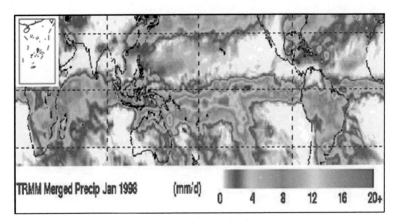

图 6　厄尔尼诺年 TRMM 卫星监测到的赤道地区降水分布（1998 年 1 月）

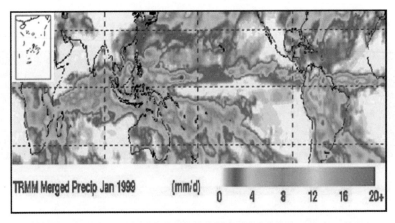

·图 7　拉尼娜年 TRMM 卫星监测到的赤道地区降水分布（1999 年 1 月）

（撰写：任素玲　审订：方宗义）

第四篇

海洋遥感卫星应用知识

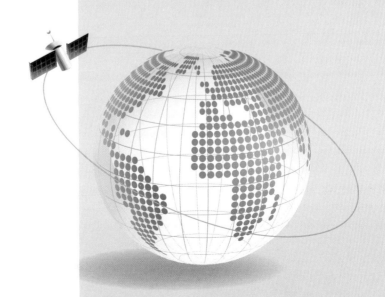

第十八章
卫星遥感在海洋观测预报中的应用

1 海洋卫星如何监测全球海平面变化?

全球海平面变化是指海平面升降的变化。海平面的上升会淹没滨海地区，破坏沿海生态系统，加剧风暴潮、海岸侵蚀、洪涝和海水入侵等海洋灾害，危害沿海的设施安全，给沿海地区的经济社会发展带来不利影响。海平面上升可使沿海地势低洼的国家面临被淹没的危险。其中，太平洋岛国图瓦卢由于海平面的上升已经举国迁往新西兰。我国沿海地区也同样受到海平面变化影响，尤其需要加强对海平面变化的监测和灾害的防范。

全球海平面变化是各国沿海地区面临的主要海洋灾害之一，它属于缓发性灾害，传统的方法是通过验潮仪长期的观测来对其变化趋势进行预测。20世纪末，随着遥感技术的发展，海洋卫星上搭载的雷达高度计在全球海平面变化监测中显示出独特的观测优势，卫星所获取的海面高度数据已经成为监

测全球海平面上升的重要数据源，已经广泛应用于海平面上升的监测和预测
中。图 1 为利用 TOPEX、JASON-1 和 JASON-2 三颗卫星雷达高度计数据得
到的 1993 年 1 月~2012 年 12 月全球海平面变化趋势。

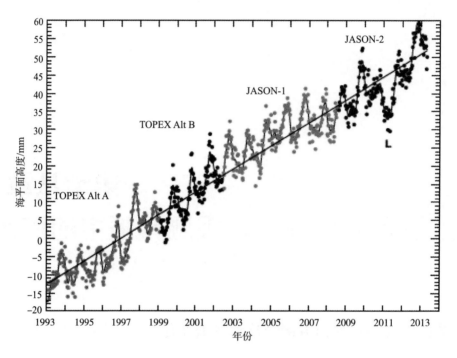

图 1　利用 TOPEX、JASON-1 和 JASON-2 卫星雷达高度计观测到的全球海平面变化趋势

　　由图 1 可知，在这 20 年间，全球海平面升高了大约 6.4 厘米。图中曲线
的生成是一个非常复杂的过程，需要通过将卫星雷达高度计观测的海面高度
与全球海域布放的 64 个验潮仪现场实际观测的海面高度进行比较分析后确
定。同时，利用卫星雷达高度计还能观测区域海平面的变化。利用我国自主
研制的海洋二号 A 卫星上搭载的雷达高度计与国外的 JASON-1 和 JASON-2
卫星雷达高度计，联合观测到的中国近海海平面变化显示：1980 年至 2014 年，
我国沿海海平面上升速度为每年 3 毫米，远高于全球每年 1.7 毫米的平均水平。

（撰写：张有广　审订：林明森）

2 海洋卫星如何监测海洋赤潮和绿潮？

赤潮是海洋中的一种或多种微小浮游生物、原生动物或细菌，在一定的环境条件下突发性迅速增殖或聚集，引起一定海域范围在一段时间内变色的生态自然现象。赤潮作为一种海洋灾害，不仅给海洋环境、海洋渔业和海水养殖业造成严重危害，对人类健康和生命也有一定影响。

我国东海海域是赤潮高发区域，海洋卫星遥感技术为赤潮的监测和预报提供了有效的观测手段。利用海洋卫星遥感技术可测定赤潮的时空分布，反映其聚集特点及严重程度的表观特征，获取赤潮光谱特征，识别赤潮生物种类，通过在赤潮发生期间进行赤潮区域和影响范围的大尺度监测，掌握赤潮水体的扩展、漂移等动态变化情况，为赤潮防控提供科学依据。我国的海洋一号B星和国外的MODIS等卫星可以实现对赤潮的监测。图1为2013年7月东海赤潮遥感监测分布图。

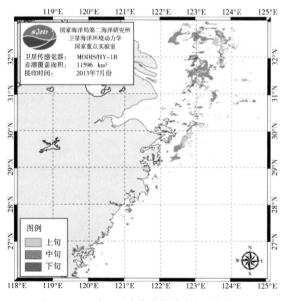

图1　2013年7月东海赤潮遥感监测分布图

大型海洋绿藻过量增殖的现象，被称为"绿潮"。人类向海洋中排放大量含氮和磷的污染物而造成的海水富营养化，是绿潮爆发的重要原因。海藻在铁量增加、阳光照射和其他有利条件同时出现的情况下，便会疯狂生长繁殖，进而形成绿潮。绿潮已成为世界范围内的近海、海湾和河口等海域一个普遍的现象。2007 年夏季，中国黄海中、南部海域首次发现由浒苔大量增殖引发的绿潮，呈稀疏带状分布，过程持续约 2 个月，自此每年在相同海域相同时间段发生规模不等的绿潮。绿潮严重影响海域景观和旅游观光，干扰水上运动项目的顺利开展；大量繁殖的浒苔能遮蔽阳光并消耗海水中的氧气，对海洋养殖业及渔业具有较大的破坏作用；当海流将大量绿潮藻类卷到海岸时，绿潮藻体腐败产生有害气体，破坏近岸生态系统。利用海洋一号 B 卫星、EOS/MODIS、环境一号等卫星数据能够实现绿潮的综合监测。2012 年 6 月 19 日在东海发现绿潮，图 2 和图 3 分别为 2012 年 6 月 19 日绿潮灾害卫星监测图和绿潮爆发期间绿潮中心位置分布图，其中绿色区域即绿潮爆发区域。

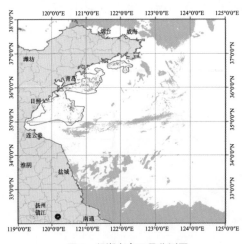

图 2　绿潮灾害卫星监测图

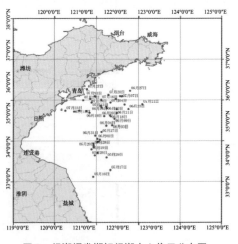

图 3　绿潮爆发期间绿潮中心位置分布图

（撰写：张有广　　审订：林明森）

3 海洋卫星如何监测海冰的变化?

　　海冰是指直接由海水在海面上冻结而成的咸水冰,其形成于海水温度低于−1.8℃时(这个值取决于海水盐度)。广义的海冰指海洋上所有的冰:咸水冰、河冰、冰山等。海冰对高纬度地区以及极地地区的水文、热力循环、洋流和生态系统都有重大影响。

　　海冰在南北半球都很普遍,但是南北半球不同的地理环境使得它有不同的特征。南大洋的海冰覆盖面积从 9 月的 1800 万平方千米变化到 2 月的不到 400 万平方千米。在北极,冰覆盖面积从 9 月的 800 万平方千米变化到 3 月的 1500 万平方千米,但这些数字年际变化比较大。厚度小于 0.3 米的海冰在北极可达 50 万平方千米,在南极可达 100 万平方千米。图 1 为南、北极海冰厚度分布情况。

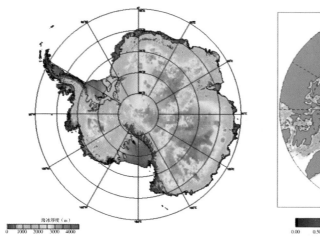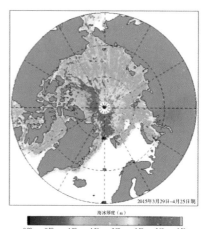

图 1　南(左)、北(右)极海冰厚度分布情况

　　我国渤海和黄海位于北纬 40 度左右,每年冬季都有不同程度的结冰现象。冰情状况直接影响着海上油气资源开发、海上交通运输、港口海岸工程的正

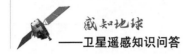
常作业。尤其在冰情严重的年份，往往造成人民生命财产的重大损失。图2显示了渤海冬季海上的结冰情况。

图2　冬季渤海海域结冰情况

卫星遥感具有大面积、同步观测的特点，是海冰监测的有效手段。用于海冰遥感的传感器包括可见光、红外、微波辐射计、合成孔径雷达等。可见光和红外辐射计空间分辨率较高，但会受云雾的影响，且可见光遥感只能在日间进行。微波遥感几乎不受云雾的影响，可以昼夜连续进行。

海冰在遥感图像上容易识别。在可见光和近红外波段，海冰的反照率比背景开阔水域高很多，由此可以区分海冰。图3为利用光学遥感影像解译的黄、渤海海域海冰产品，利用的是Terra卫星在2016年2月26日对黄、渤海海域成像的遥感影像。

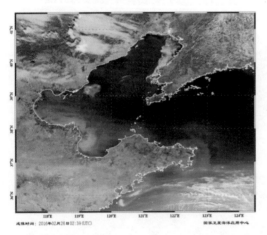

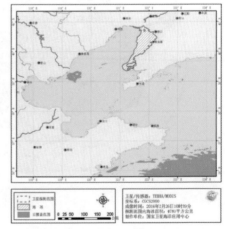

图3　光学遥感影像解译的黄、渤海海冰分布图

当然，海冰遥感不仅仅局限于探测海冰的存在，我们还希望获得冰的类型（一年冰或多年冰，甚至更细的分类）、海冰的动态行为、海冰厚度、浮冰和冰间水道大小的分布，以及其他可探测的物理参数。利用合成孔径雷达识别冰类型中最具有发展前景的是多频率、多极化合成孔径雷达。图4中显示了1988年3月11日由C波段（蓝）、L波段（绿）和P波段（红）观测的波弗特海海冰区，其中标记的区域分别是多年浮冰（1和3）、已变形的一年冰（2）和没有变形的一年冰（4和5）。

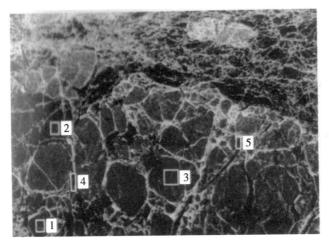

图4　波弗特海海冰的多频率合成孔径雷达假彩色合成图像

（撰写：张有广　审订：林明森）

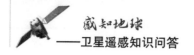
4 海洋卫星如何为极地航线提供航行保障？

卫星遥感以其高分辨率、大面积、近实时观测的优势，为极地航线的选择，人员、船只和设备的安全提供了有利的保障。

早期的低分辨率卫星获取的云图，很难对极区航线前方的浮冰、冰山变化情况进行监测，这无疑降低了考察船在极区航行中抵御风险的能力。高分辨率遥感卫星从根本上解决了这个问题。卫星遥感在极地航行保障中的作用主要体现在躲避绕极气旋、冰区航行和航线选择等方面。

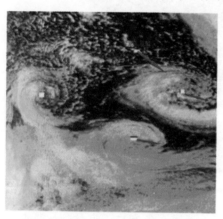

图1 挡住"雪龙"号船的三个强气旋

1997年12月10日，"雪龙号"船由新西兰克赖斯特彻奇（Christchurch）港起航进入西风带时，海上风大浪高，卫星图像显示位于航线前方有三个强气旋挡住了"雪龙号"船的去路（如图1所示），"雪龙号"船根据卫星云图结合西风带极地气旋的移动规律，及时调整了航行方向，避开了绕极气旋的连续影响，顺利通过了西风带。

在极地周边海域的浮冰和冰山对船只正常航行也有很大影响，随时会遇到意想不到的危险和困难。利用遥感监测的手段，可在遇到大范围浮冰时，为船舶寻找较为开阔的水域，使船舶安全地通过浮冰区，既节省航行时间，又能保证船只的安全航行。1998年1月16日，"雪龙号"船从俄罗斯青年站到中山站，卫星遥感图像显示，航线大部分海域被浮冰覆盖，"雪龙号"根据卫星图像信息，及时选择了一条新航线（如图2所示，其中红色为新航线，蓝色为原航线），结果表明，新航线比原计划航线缩短了1111.2千米的航程。

图2 "雪龙号"航线

在极地航行中及时掌握沿线的海况，对航行的安全也是必不可少的。利用我国的海洋动力环境卫星（海洋二号A卫星）和国外的ASCAT-A/B和Oceansat-2卫星进行联合观测，可以得到极地区域海面风速和浪高的信息（见图3），为极地航线的优化选择、气旋的躲避提供了可靠的观测数据源。

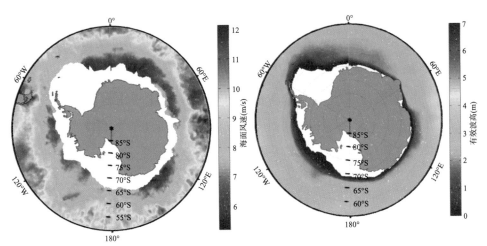

图3 利用国内外海洋卫星获取的南极周边海域海面风速（左）和海浪波高（右）分布

（撰写：张有广 审订：林明森）

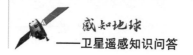

5 海洋卫星如何监测海洋内波、锋面等中尺度现象?

海洋内波是指在密度稳定层化的海洋中产生的、最大振幅出现在海洋内部的波动，其主要恢复力是约化重力（重力和浮力的合力）或地转力，频率介于惯性频率与浮力频率之间，常以孤立波的形式传播。海洋内波的周期一般为几分钟至几十小时，波峰线长度从几米到几百千米，振幅可从几米到上百米不等。图1中是内波形成示意图，图中上层与下层因温度、含盐量等差别导致密度不同，当上层与下层之间的界面受到扰动时，就形成了内波。

内波的振幅并不达到海面，但内波的震荡会影响海面的海水流动，造成海面流动的辐聚辐散。这种辐聚辐散现象可反映在雷达或可见光图像上，形成强弱不同的条纹。

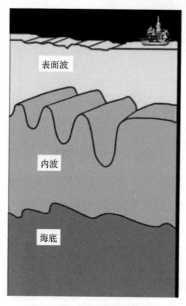

图1　海洋内波形成示意图

合成孔径雷达发射的电磁波处于微波波段，其穿透海水的深度仅为厘米量级，却能观测到水下几十米、甚至几百米深处的海洋内波，这是由于海洋内波在运动、传播过程中，所引起的海表层流调制海表面微尺度波的空间分布，改变了海面的雷达后向散射强度，从而使内波在合成孔径雷达图像上形成黑白相间的条纹。对于可见光，内波成像机理与合成孔径雷达相似，内波的出现在不同尺度上改变了海面的坡度场，进而调制了传感器接收到的太阳光反射强度，使得内波在可见光图像中成像。图2是南海内波遥感影像，左图为微波遥感合成孔径雷达图像，右图为可见光图像。图中亮暗相间的条纹为海洋内波。

图2　合成孔径雷达和可见光影像内波分布图

　　海洋内波在卫星遥感影像上呈现条纹状分布,通过人机交互解译等方式,能够获取内波空间位置、波向、波长和波包间距等参数。根据卫星遥感影像的经纬度信息,提取内波前导波波列线,从而确定内波空间位置信息;沿着垂直于波列线两端点直线选择剖面,计算剖面线与正北向的夹角,即为内波波向信息。结合一维非线性KdV(Kortewe-de Vries)方程,通过建立海洋内波波数、跃层深度、振幅等与遥感图像信息的关系,实现从合成孔径雷达海洋内波遥感图像中提取上述相关参数的目的。

　　海洋锋一般指水平方向上毗邻的、性质明显不同的两种或几种水体之间的狭窄过渡带。狭义而言,有人将其定义为水团之间的边界线。广义地说,可泛指任一种海洋环境参数的跃变带。海洋锋可以用温度、盐度、密度、速度、海况、叶绿素等要素的水平梯度或更高阶微商的特征来描述。因而出现了诸如水温锋、盐度锋、密度锋、声速锋、水色锋以及海水化学、生物等要素的海洋锋的称谓。

　　海洋卫星可以通过获取海洋表面温度、叶绿素等海洋环境要素,并采用合适的处理算法,从图像中提取过渡带和锋线。海洋锋信息的提取属于海洋要素高频信息的提取。利用海洋温度遥感资料检测出的海洋温度锋面如图3所示。

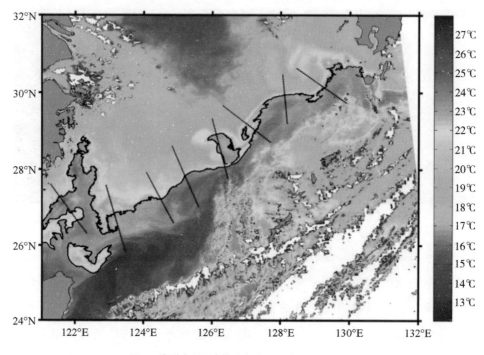

图 3　海洋表面温度锋分布（2007 年 5 月 7 日）

（撰写：张有广　审订：林明森）

6 海洋卫星如何监测溢油？

随着世界海洋运输业的发展和海上油田不断投入生产，海上溢油事故频发。油污在进入海水后受到海浪和海风的影响，形成一层漂浮在海面上的油膜，阻碍了水体与大气之间的气体交换，而且海洋溢油扩散范围大、持续时间长，且难以消除（如图 1 左图所示）。油膜粘附在藻类和浮游生物上对浮游植物的光合作用产生抑制作用，同时其在分解的过程中又消耗了海水中的溶解氧，致使海洋生物死亡。海上溢油还会破坏海鸟生活环境，导致海鸟死亡和种群数量下降（如图 1 右图所示）。

图 1　被溢油污染的海面和海上生物

当海面存在溢油时，油膜覆盖的海面的物理性质（发射率、辐射、水色等）与纯净海面相比有所不同。因此，海面对电磁波的反射和辐射光谱也随之发生改变。在卫星遥感监测中，传感器利用溢油海区的光谱信息变化或后向散射信号特征来辨别溢油区、油污种类、厚度和面积等，通过连续几天的影像资料来分析油污的移动方向和速度，从而推断溢油源和估算溢油量。到目前为止，对于溢油的监测，可见光和微波遥感应用最为广泛。

利用可见光遥感监测海面溢油时，虽然海面油膜比洁净海面的发射率要大得多，但油膜的反射强度也会随着照明光线的波长、观测角度、油品类型和背景水体透明度等的不同而发生变化。因此，探测泄漏于浑油中纬度水体的指定油品颜色和亮度与清洁的热带水体是不同的。也就是说，溢油在可见光内缺乏有效的区别于背景信息的特征光谱。根据 Taylor 的研究，如果将原油光谱在实验室和现场观测两种情况下进行对照，可以发现可见光谱曲线是平直的，没有可以用于原油信息提取的特征光谱，而且存在大量干扰或虚假的信息，如太阳耀斑和风产生的海表亮斑、海表水草或水下海藻床等生物物质往往会影响溢油的探测。总的来说，可见光监测溢油能力是有限的，但其在提供溢油定性描述和相对位置等方面是一种较为经济和实用的手段。图2为墨西哥湾溢油期间的光学影像，从图中可以看到溢油条带。

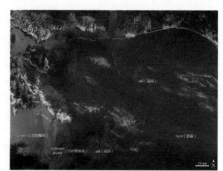

图2　墨西哥湾溢油事件光学影像

　　微波遥感手段是根据海面反射雷达波的特性，进行溢油遥感监测。由于海面毛细波和短重力波可以反射雷达波，会产生一种叫作海面杂波的"亮"图像，而当海面出现溢油时，油膜与毛细波和短重力波相互作用，因此，出现溢油的地方会由于海表面波受到抑制而呈现"暗区"。但并不只有溢油才会产生上述现象，如在陆地背风区、波浪阴影区、海洋生物聚集区等情况下也会发生上述情形，这给该类遥感器的溢油探测带来了不确定性。此外，如果海面过于平静，则很难与油膜覆盖的海面形成对比，如果海面过于粗糙，则会影响雷达波的散射，从而影响探测效果。适用于溢油雷达探测的风速一般为 1.5~6 米/秒，这在一定程度上限制了雷达在海面溢油探测中的应用。图3为墨西哥湾溢油期间的合成孔径雷达影像，图中大面积暗色区域为溢油地区。

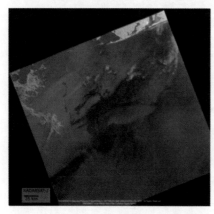

图3　墨西哥湾溢油事件合成孔径雷达影像

（撰写：张有广　审订：林明森）

7 海洋卫星如何监测近岸水质？

海洋近岸水体是由海水、水中溶解物质、悬浮物、底泥、水生生物等构成的自然综合体。因某种物质的介入，超过了海水自净能力，导致其物理、化学、生物等方面特征的改变，造成海水水质恶化，从而影响到海水的利用价值，危害人体健康或破坏海洋生态环境的现象称为海洋水体污染。随着社会生产力和科学技术的迅猛发展，海洋受到了来自各方面不同程度的污染和破坏，赤潮、绿潮、溢油等海洋水体污染日益严重，恶化了沿海居民的生存条件，制约了海洋经济的发展，引起了人们的广泛关注。

为防控和减少海洋水体污染，首先要做好水体污染的监测工作，卫星遥感是海洋水体污染监测的重要技术手段，具有其他技术手段无法媲美的覆盖面广、时效性强、精度高等优势。利用卫星对海洋污染水体进行监测，可以获取污染海域的基本状况和发展程度的数据资料，通过对污染海域遥感影像的分析，可以快速监测出水体污染源的类型、位置分布以及水体污染的分布范围等，连续的遥感监测还可提供水体污染的扩散方向和漂移速度等致灾趋势信息，从而对海洋水体污染做出准确、客观的评价，为防控海洋水体污染提供决策依据。

目前卫星遥感在海洋水体污染监测方面主要使用可见光、红外、紫外、微波辐射计、侧视雷达、合成孔径雷达、高光谱等多种传感器，获取多源高分辨率多时相遥感影像，组合集成各类遥感技术提取污染水体的外缘线、分布范围、面积、形状、密度、组成分类、扩散漂移速度、方向等信息。基于多源高分辨率的遥感影像可以快速监测短期的海洋水体变化；基于多时间段的遥感影像可以监测长期的水体变化。利用海洋一号 B 卫星数据，结合 MODIS 产品资料，可获取我国管辖海域及周边海域的叶绿素浓度分布信息，这些信息已在海洋环境保护、海洋渔业等相关行业和部门得到使用。

（撰写：张有广　审订：林明森）

8 海洋卫星如何监测台风风暴潮？

风暴潮是发生在沿海近岸的一种严重的海洋自然灾害。它是在强烈的空气扰动下所引起的海面升高，这种升高与天文潮叠加时，海水常常暴涨，造成自然灾害。风暴潮会导致近海及沿岸浅水域水位猛烈增长，当风暴潮与天文潮叠加后的水位超过沿岸"水位警戒线"时，会造成海水外溢，甚至泛滥成灾，造成人民生命财产以及工业、农业、渔业、交通运输等方面的巨大损失。

对风暴潮进行有效预警，是预防和减小风暴潮损失的关键。风暴潮预警的关键是如何将风暴增水值叠加到相应的天文潮位上。通常采取的做法是：风暴潮预报员根据热带气旋预测的移动速度和热带气旋强度，计算出热带气旋中心位置达到有利于热带气旋引发某个验潮站产生最大风暴潮增水时刻，然后将该时刻的风暴潮增水值叠加到对应的天文潮位上。上述预报方法的关键是精确地确定热带气旋的移动速度、强度和移动路径。其中，热带气旋越强、风速越大，风暴潮增水也就越大，造成的危害也就越大。

海洋卫星上搭载的微波散射计在热带气旋的观测中具有明显的优势，能够观测热带气旋的风速和风向，对涡旋特征进行识别和定位，并能够实时监测热带气旋移动路径。图1为利用海洋二号A卫星微波散射计观测到的台风"灿鸿"的中心位移动路径和风速及风向信息。

利用微波散射计提供的风场和气旋位置等信息，根据最小二乘原理，用模型风场拟合卫星风场数据，得到一个最大风速半径R，然后利用风暴潮模式进行计算，可得到沿岸风暴潮增水值，为风暴潮的防范提供依据。

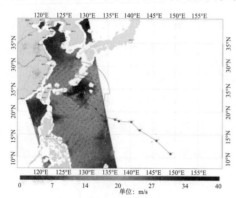

图1 利用海洋-2A卫星微波散射计观测到的"灿鸿"台风（2015年第九号台风）路径

（撰写：张有广 审订：林明森）

9　卫星遥感资料在海洋预报中的应用效果如何？

　　海洋资料同化可以将多源观测场信息和海洋数值模拟背景场信息有效结合起来，给定某时刻海洋状态的最优估计，为海洋预报提供初始条件，通过减少初值的不确定性来改进预报效果。因此，海洋资料同化是提高海洋环境预报能力的重要保障。海洋中尺度现象是强烈的海洋信号，对海洋安全保障极为重要，能分辨中尺度过程的全球高分辨率同化技术与数值预报是发达国家争抢海洋安全保障的制高点，数值预报水平的提高严重依赖于初始条件的准确性和模式的完善性，能分辨中尺度过程的全球高分辨率海洋资料同化技术必是未来海洋数值预报发展的趋势。将大尺度全球海洋资料同化技术推进到能分辨中尺度过程的全球高分辨率预报系统，不是简单的代码更改或者线性插值，资料同化作为改善数值预报的重要技术手段，在多时空尺度观测资料有效融合技术问题、数值模式多尺度特征在同化中的表征技术问题、同化算法的高效计算问题，以及不同海洋状态变量之间平衡关系的同化技术方面必然遇到一系列的科学和技术上的新挑战。

　　海洋数值预报不是精确的初值问题，决定数值预报准确率的两个主要因素是数值模式本身的完善程度和数值模式初始场的准确程度。因此，提高数值预报水平的途径通常情况下有两种：改进模式物理过程和改进模式初始场。目前，在数值预报模式不断完善的情况下，模式初始场的准确程度对数值同化预报水平的提高显得尤为重要，能否为数值预报模式提供准确、协调的模式初始分析场成为海洋数值同化预报成功与否的关键。

　　数值预报的初始场是由观测资料提供的。目前的观测资料由常规观测资料（主要是海上现场观测资料）和非常规观测资料（主要是卫星遥感资料）。常规观测资料存在时间取样不连续、空间分布不均匀、覆盖范围不完整等问题。卫星遥感技术的迅速发展，提供了更为丰富的海洋观测数据，卫星遥感资料

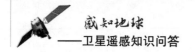

的时效性对海洋预报资料同化系统的实时运行提供了可靠的资料保障。以卫星观测的风场、海浪、海流、海温和盐度等多源海洋环境信息作为海洋预报模式的初始场，其数据空间分辨率和精度对海洋预报的时效和质量有着决定性的影响，这已为大量的研究所证明。

不同海洋要素的卫星遥感资料时空分辨率、覆盖范围、空间分布等不尽相同。不同海洋要素的数值预报，卫星遥感资料在其中所起的作用不同。例如，海洋预报中的海面风场数值预报系统所需的卫星微波散射计获取的海面风场数据已经达到 2 米 / 秒（风速）和 20 度（风向）的精度，覆盖全球 90% 的海洋只需要 1~2 天，达到了海洋预报业务应用的水平。欧洲中期数值预报中心的试验表明：如果不用卫星遥感资料，南半球的可信预报时效会减短 2 天以上，北半球会减短近 1 天。卫星遥感资料对预报效果有明显的改进作用，通过数据的同化，使可信预报时效延长了 2 天左右。

通常采用同化指数（*IA*）来评估海面温度、海浪、海面风场、潮汐、风暴潮、海洋环流、海冰等海洋要素的同化预报效果。同化指数 *IA* 定义为 *IA*=（*RMSN*–*RMSA*）÷*RMSN*×100%，其中，*RMSN* 为没有同化卫星遥感资料的预报结果与观测数据相比的均方根误差，而 *RMSA* 为同化了的卫星遥感资料的预报结果与观测数据相比的均方根误差。

（撰写：张有广　审订：林明森）

10 海洋卫星在海洋经济和海洋维权中取得了哪些成果?

2002 年 5 月 15 日，我国第一颗海洋卫星（海洋一号 A 星）发射成功，实现了我国海洋卫星零的突破，圆满完成了海洋水色探测功能及试验验证。2007 年 4 月 11 日成功发射的海洋一号 B 卫星为海洋一号 A 卫星的后续星，加大了水色扫描仪幅宽，增加了境外探测次数和时间，调整了海岸带成像仪波段位置及光谱分辨率，增加了多种工作模式，提高了全球覆盖能力。卫星于 2007 年 9 月 30 日交付用户使用，实现了海洋一号系列卫星由试验应用型向业务服务型的转变。海洋一号系列卫星已经广泛应用于我国海温预报业务系统、冬季海冰业务监测和夏季赤潮、绿潮的监测，已经成为我国海洋环境预报和海洋灾害防治不可或缺的手段，为海洋经济的可持续发展提供了重要的观测数据源。

海洋二号 A 卫星是我国首颗海洋动力环境探测卫星，也是我国首颗集主、被动微波遥感器于一体的遥感卫星。卫星于 2007 年 1 月 23 日经财政部和国防科工委批复立项，经历方案、初样、正样的研制过程，于 2011 年 8 月 16 日成功发射，2012 年 3 月 2 日正式交付用户。卫星的在轨运行取得了良好的应用成果，综合指标达到国际领先水平，在国内外海洋动力环境信息获取方面发挥了重要作用，获得了各界用户的一致好评。

海洋二号 A 卫星主载荷微波散射计和雷达高度计能够进行台风和风暴潮的监测，有效监测了 2012～2015 年的全部台风。在每次台风的生命周期中，至少对其完成一次观测，4 年共计捕获 104 次台风，为科研、业务和分析预报台风提供了新的准确的数据源。海洋二号 A 卫星不仅填补了我国海洋动力环境卫星遥感的空白，也是世界上唯一在轨运行的综合型海洋动力环境卫星，卫星在轨获得的数据提高了我国灾害性海况预报的水平，为国民经济建设和国防建设、海洋科学研究、全球气候变化提供了可靠的观测数据。

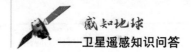
　　基于海洋二号 A 卫星遥感数据，结合海洋一号 B 卫星和国外卫星遥感数据，针对远洋渔业发展、海洋强国战略和海洋国防等重大战略需求，建成了具有自主知识产权的全球大洋渔场环境信息的综合处理系统；在此基础上建立了全球重点渔场环境、渔情信息的产品制作与服务系统，形成海天一体化的我国大洋渔业环境监测与信息服务技术平台，以大洋渔场环境遥感信息、渔场预报预测技术为基础，生成指导渔业生产作业的大洋渔场环境信息产品和渔场概率预报产品，解决了我国远洋渔业生产中渔场环境与渔情不明的"瓶颈"问题，提高了我国远洋渔业的综合效益，促进了我国远洋渔业可持续发展。同时提高、扩大、拓展了我国全球海域监测能力，为维护我国海洋权益和海洋安全提供了技术支持。

（撰写：张有广　审订：林明森）

第十九章
卫星遥感在海洋渔业中的应用

① 海洋卫星如何指导渔业捕捞生产？

　　海洋卫星主要用于海洋水色和海洋动力环境信息的监测，通过这些监测信息可以进行渔业资源评估和渔场渔情分析，以此来指导渔业捕获生产。具体来说，利用海洋水色卫星探测的海洋水色要素来获得海洋初级生产力、水体浑浊度和有机/无机污染等信息。利用海洋动力环境卫星探测的海面高度和海面温度等信息来预测中心渔场的分布。基于上述海洋水色和动力环境信息，就可以研究确定渔场鱼群的最适温度、浮游生物浓度、海流等渔场环境特征参数，从而为渔场渔情预报提供依据，指导渔业捕获生产。

　　到目前为止，卫星遥感的海面温度信息、海水叶绿素等水色信息和海洋动力环境信息等已经在渔场分析判读和渔场渔情预报中得到成功应用。多个国家相继成立了专门的渔业遥感研究机构和企业，开展遥感渔况监测和渔场

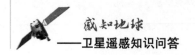
渔情信息服务的业务化应用，如日本的渔情信息服务中心（JAFIC）、法国的采集定位卫星公司（CLS）、美国的轨道影像公司（Orbimage）等。我国应用卫星遥感技术进行渔情信息服务的研究，最早始于 20 世纪 80 年代初东海水产研究所进行的气象卫星红外云图在海洋渔业上的应用可行性研究。利用美国 NOAA 卫星红外影像提供的信息，反演得到海面温度图，并与黄海、东海、对马海域渔场进行相关性分析，得到了我国黄海和东海渔情遥感分析预报模式。我国自主研制的海洋一号 B 卫星和海洋二号 A 卫星也在大洋渔业方面得到了成功应用。海洋二号 A 卫星遥感数据及其他海洋遥感卫星获取的海面高度、有效波高、海面温度和海面风场等信息的应用，提高了我国远洋渔业的综合效益，促进了我国远洋渔业的可持续发展。

（撰写：张有广　审订：林明森）

2 大洋渔场环境信息产品的主要要素有哪些?

大洋渔场环境信息包括海水叶绿素信息、海洋动力环境信息(海面风场、有效波高、流场、海面地形等)、海面温度信息等。

海水叶绿素信息可以反映海洋的初级生产力状况,叶绿素浓度越高,则支撑海洋渔业资源的潜力越大。利用卫星遥感数据,可以通过分析叶绿素在可见光红光波段和非可见的近红外波段的光谱吸收情况,来识别海水叶绿素含量(浓度)以及空间分布和时间动态变化情况,进而反演某海域的锋面、海流、涡旋等信息,据此分析渔场相关信息。如叶绿素浓度变化急剧的狭窄地带或叶绿素浓度梯度最大的地方可反映海洋水色锋面;而海洋水色锋面与海洋温度锋面有极强的时空关联性,可由此推算海洋温度锋面位置和相关动态信息,从而判别大洋渔场的可能位置以及变化情况。在目前的商业捕鱼活动中,利用卫星遥感监测海水叶绿素信息已经得到成功应用。图1为日本东部近海叶绿素锋面与渔场分布状况。

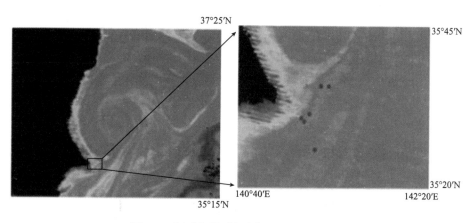

图1　日本东部近海叶绿素锋面与渔场分布状况

海洋动力环境信息与大洋渔业也有密切关系,海洋温度锋面附近经常出现较复杂的海洋动力特征。海面高度的异常变化与海洋温度场冷暖水团的关系密切：在北半球，海面高度异常偏高的区域对应顺时针方向运行的暖水团，海面高度异常偏低的区域则对应逆时针方向运行的冷水团；南半球则相反。一般情况下，冷暖水团中心到边缘的过渡区通常会形成温度锋面，海流流速较大，易形成某些鱼类集群的渔场（如图2所示）。利用海洋卫星装载的雷达高度计，可以获取海面高度、海流等信息；利用微波散射计，可以获取海面风场、有效波高等信息；综合这些信息，可以推算海洋温度锋面的位置及其变化情况。

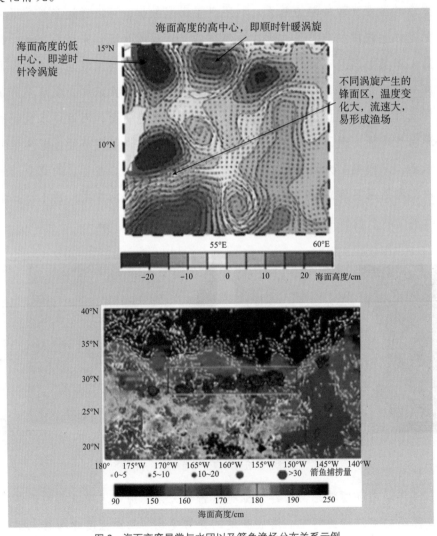

图2 海面高度异常与水团以及箭鱼渔场分布关系示例

利用海洋卫星上装载的微波辐射计能够获取海面温度信息，可以结合渔场的温度特征，分析和预测渔场分布和变化情况。通过海水表层温度等温线图（如图3所示），可以识别海水温度的分布情况，识别冷暖水系。利用等温线的走向、疏密程度等信息，也可以反演海洋温度梯度，进而分析海洋锋面、涡旋位置等信息。温度梯度越大，反映该海域的温度变化越强烈（如暖潮和寒潮交汇区），会形成天然的"温度屏障"，鱼群往往在屏障前停留，形成渔场，如亲潮（也叫千岛寒流或堪察加寒流，从白令海峡发源，沿堪察加半岛和千岛群岛南下）和黑潮（也叫日本暖流，从北赤道发源，经菲律宾，沿中国台湾东部进入东海，再经琉球群岛，沿日本列岛南部流去）的交汇区就是北海道渔场，盛产北太平洋巴特柔鱼。

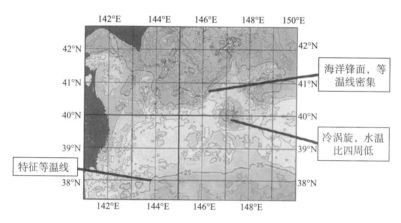

图3　海水表层温度等温线图示例

（撰写：张有广　审订：林明森）

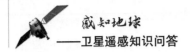
3 **渔海况信息产品的主要要素有哪些?**

渔海况信息产品作为服务渔业捕捞生产的一种助渔信息,不仅包括渔场预报和渔场环境分析等信息,而且包括与渔业捕捞生产有关的渔港、禁渔期、保护区等信息,因此,在制作渔海况信息产品之前,首先要针对所应用的捕捞种类及海域,对所掌握的信息进行分类,筛选出必需的和辅助的信息。具体来说,渔海况信息产品的主要要素包括:海况信息、渔获量信息、渔场预报信息、渔场相关要素、基础背景海图信息,以及图例与注记信息。其中,海况信息主要指渔场环境信息,不仅包括直接从卫星遥感反演获取的海面温度、海洋水色、海流、海面高度、海面风场等信息,也包括监测或计算得到的溶解氧、盐度、混合层深度、温跃层深度、海洋锋面、涡旋等信息。渔获量信息主要包括根据历史捕捞产量判读的历史渔场信息以及当前渔获速报信息等。渔场预报信息主要是根据历史渔场预报模型等计算得到的渔场预测信息,如渔场位置、渔场面积大小、渔场移动方向及趋势等。渔场相关要素主要包括禁渔区、保护区、渔港、航道等与捕捞作业密切相关的信息,这类信息虽然不是直接的生产助渔信息,但对捕捞作业具有预警作用。基础背景海图信息主要包括行政边界、海陆边界、水深、海底地形、岛屿、港口、河流、城市等,这类信息也是人们判读图件的必要信息。图例与注记信息包括经纬度、渔场符号、等值线标注、渔场文字分析、渔场预报周期、制作单位及制作时间等。

(撰写:张有广　审订:林明森)

4　渔海况信息是如何发布给渔业用户的？

　　在渔业生产和管理过程中，及时掌握渔海况信息对渔业生产企业十分重要。渔海况信息的发布主要是将制作完成的各类信息产品，通过语音、传真、网络等方式提供给渔业用户。

　　我国早在 20 世纪 60 年代，就开展了渔业资源量评估及渔汛预报，主要通过广播、会议等形式发布。1987 年开始，东海水产研究所制作并对外发布东海、黄海渔场海况速报信息。此后，东海、黄海渔场海况信息服务不断改进和完善。目前东海、黄海渔场海况图发布的主要内容为渔场表层温度和底层温度等温线图，并辅以文字说明，每周发布一次。随着我国远洋渔业的发展，远洋渔场渔情评估及预报逐渐成为渔业生产企业的主要需求。1997 年，我国开始发布北太平洋鱿鱼渔场海况速报图，2002 年，研发了西北太平洋鱿鱼渔场速报系统，实现了鱿鱼渔场的速报及预报，并通过电子邮件发给渔业生产企业。目前预报渔场海域覆盖了我国主要的远洋渔场区，主要包括西太平洋金枪鱼围网渔场、太平洋金枪鱼延绳钓渔场、中大西洋大眼金枪鱼延绳钓渔场、印度洋金枪鱼延绳钓渔场等，每周发布一次渔场预报图。渔业用户通过客户端软件获取信息是最直接、最便利的方式，但由于渔业用户所在地不同，通信条件不同，尤其是渔船上的用户，通信及网络条件均受到限制，渔情信息产品的获得仍然受到影响。2006 年开通的"中国渔业遥感信息情报网"及"中国远洋渔业信息网"均提供了渔情信息产品的发布功能，进一步促进渔情信息产品的快捷发布。

（撰写：张有广　审订：林明森）

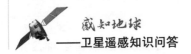
5　卫星遥感如何实现渔业栖息地与水产养殖的监测和应用？

在渔业发展过程中，科学家和管理者逐渐意识到栖息地对鱼类资源的维持和持续利用起着至关重要的作用，因此在渔业管理实践中，逐渐强化了生境保护意识。卫星遥感图像几乎提供了全球海洋环境条件的基本信息，利用遥感和地理信息系统等空间监测技术与分析手段，结合现场环境和生物数据进行栖息地的识别，可以了解那些影响到物种分布的重要的海洋过程，洞悉其分布模式和对环境变化的响应。在特定的海洋环境中，通过生态区的设计，识别需保护的优选站位，逐一建立保护框架。

在水产养殖监测方面，利用遥感技术可以监测海洋温度场分布、洋流、叶绿素分布、沿岸居民点分布可能带来的污染、可能形成的赤潮区域等，结合地理信息系统的地理属性，可形成决策系统。同时，遥感数据可提供潮间带宽度、潮间带的地质类型、环境交通状况、人文情况、邻近海域污染情况等信息。依据这些信息与滩涂水产养殖有关的参数，可更好地对滩涂养殖的选址、养殖品种、劳动力成本等进行评估。对于内陆水域大水面水产养殖来说，利用遥感技术可以测定水域形态、周长、水体面积、水生植物分布及数量、富营养化及污染情况、已有网箱养殖位置及分布、叶绿素总量等。依据大水面的河道出入口数据可以推断、评估水体的营养来源、水质变化的原因等，同时利用卫星遥感技术还可以很方便地监测破坏渔业生产的污染源等。水产养殖可以依据上述卫星遥感观测数据对项目进行决策、评估，以确定选址、选种、资金投入等。

（撰写：张有广　审订：林明森）

第五篇

天文和空间遥感卫星应用知识

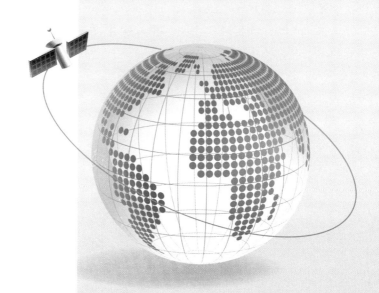

第二十章
卫星遥感在天文观测中的应用

1 引力波作为关于广义相对论的预言之一，真的存在吗？可以探测到吗？

　　爱因斯坦在 1915 年建立的广义相对论，颠覆了我们对时空的理解，物理规律的内在和谐和数学形式的美好表达在广义相对论理论中完美结合。人类群星璀璨，爱因斯坦和他的场方程无疑闪耀其中，而引力波是广义相对论理论最重要的预言之一。爱因斯坦突破性地把时间空间曲率（几何结构）和物质的能量、动量联系在了一起。

　　广义相对论认为，我们所处的空间不是一成不变的，空间距离本身也会有振荡现象，这主要反映在物体与物体间的距离会发生变化上，这种距离的变化被认为是引力波，也有人浪漫地称之为"时空的涟漪"，这是一种波动现象，波的强度由振幅决定，也就是说振幅越大，空间距离变化越大。如果在没有引力波时，空间尺度为 L，有引力波存在时，空间尺度变化为 y，振幅可以简单地表示为它们的比值 y/L。根据爱因斯坦的广义相对论，空间距离振荡变化（也就是引力波）是由物体的加速运动引起的，理论表明，即使质量巨大的天体产生的引力波的振幅也非常微弱，例如，数十个太阳质量的黑洞双星相互绕转产生的引力波仅能使 1 米的空间距离在 10^{-20} 米的量级上振荡（振幅也和距离有关）。

测量这么小的空间距离变化需要极高精度的仪器。在爱因斯坦完成广义相对论大约 50 年后，美国马里兰大学 Joseph Weber 声称使用长约 2 米、直径 1 米的高品质铝制棒状探测器探测到来自超新星剧烈爆发的引力波辐射，这被认为是首个引力波探测"天线"（见图 1），而这个结果没有获得普遍认可。在 20 世纪 70 年代，射电天文技术的快速发展导致了双星中脉冲星（PSR B1913+16）的发现，人们很快发现该双星的绕转轨道在收缩，而收缩的速度和广义相对论预言的由引力波引起的轨道收缩完全一致，这被认为是引力波存在的首个重要证据。图 2 为双中子星艺术图和测量的轨道收缩。

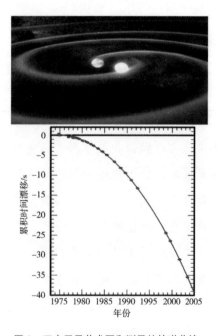

图 1　Joseph Weber 和棒状探测器　　　图 2　双中子星艺术图和测量的轨道收缩

几乎和 Joseph Weber 同一时间，20 世纪 60 年代，人们研制出另一种测量原理稍微类似但又存在很大不同的高灵敏度探测器——激光干涉仪（LIGO）。这类探测器使用两束相同高功率激光通过由不同长度的路径返回后的干涉条纹变化来推断空间距离的变化，也就是引力波的振幅。美国在西北和东南方各建造了一个完全一样的激光干涉仪，这可以实现交叉认证。随后，世界各地也建造了类似的激光干涉仪，如位于意大利的 VIRGO，德国的 GEO600 等。目前激光干涉仪干涉臂长已经升级到 4 千米，高真空度的光学腔内功率可达上百千瓦。图 3 为激光干涉仪观测站之一。

2016 年 2 月，激光干涉仪团队发表了轰动学术界的激动人心的论文，在广义相对论提出 100 年后，引力波最终被探测到了。探测到的引力波事件发生在当地时间 2015 年 9 月 15 日，引力波振幅达 10^{-21}（也就是对于 4 千米的干涉臂长，引起的距离变化约为 10^{-18} 米），信噪比达 24，置信度 99.9% 以上。该引力波事件被认为是由遥远的分别为约 36 个太阳质量和 29 个太阳质量的两个黑洞并合产生的，并合后形成的黑洞为 62 个太阳质量。观测结果与广义相对论的理论预言完美吻合。这次观测表明，我们可以通过引力波观测研究和确定宇宙中的"黑暗天体"——黑洞的物理本质。图 4 为引力波源——双黑洞并合的艺术图。

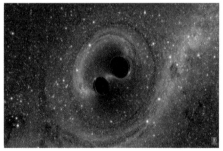

图 3　激光干涉仪观测站之一　　　图 4　引力波源——双黑洞并合的艺术图

毋庸置疑，观测和理论都表明，微弱的引力波信号是存在的，它们隐藏在宇宙中黑暗的角落，但是对宇宙的演化贡献着能量。除了激光干涉仪的引力波探测，还有很多工作在不同频率的高精度仪器在探索着黑暗的宇宙。许

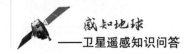

多实验正在或计划通过引力波对电磁信号的影响来寻找引力波，如一些微波望远镜（BICEP、ACT、SPT 等）可以通过宇宙背景辐射的极化观测来探测引力波；高灵敏度的射电望远镜正在观测引力波对脉冲星射电脉冲到达地球时间的影响，中国 FAST 望远镜，也期望能在脉冲星探测方面有所贡献；此外，也有一些其他小型高频引力波探测器方案。

目前所知的引力波的特点是频率低、波长长，那么是不是我们建造一台比激光干涉仪臂长更长的探测器，就能观测到更多或者更强的引力波信号呢？答案不得而知。早在 20 世纪七八十年代，人们就已经开始利用从地面发送射电信号到卫星，然后接收从卫星反射回来的射电信号的频率变化，也就是多普勒效应，来探测引力波，目前约有八九个卫星（包括 Cassini 卫星）完成过相关实验，但是由于噪声较大，仅给出引力波振幅的上限。

很值得一提的是高灵敏度的空间激光干涉仪引力波探测器，如欧洲空间局正在研制的 eLISA，该探测器由 1 个母卫星和 2 个子卫星组成，卫星间距（也就是干涉臂长）100 万千米，在滞后于地球 20 度的轨道上，距地球平均约 5 千万千米（图 5 为 eLISA 卫星和引力波源示意图）。eLISA 探路者卫星已于 2015 年 12 月发射升空（图 6 为 eLISA 探路者模型），经数次变轨后，于 2016 年 1 月最终到达太阳和地球之间的 L1 点。eLISA 探路者卫星的实验结果已经证明了 eLISA 的设计可以测得引力波。eLISA 可探测的主要引力波源可能为星系中心超大质量黑洞的并合、极端质量比双星轨道运动、星系中的致密双星、宇宙起源时期的引力波源、早期宇宙膨胀的引力波遗迹、宇宙弦和宇宙拓扑结构，等等。

 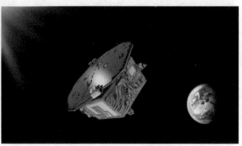

图 5　eLISA 卫星和引力波源示意图　　　　图 6　eLISA 探路者模型

我国目前也提出两种空间卫星探测引力波方案——太极计划和天琴计划。前者是 3 颗卫星组成等边三角形探测星组，在位于偏离地球—太阳方向约 18 度 ~20 度的位置进行绕日运行，3 颗卫星所构成的平面与黄道面之间约成 60 度夹角，可以用来探索中等质量的种子黑洞如何形成、暗物质能否形成种子黑洞、种子黑洞如何成长为大质量黑洞、黑洞并合过程（如图 7 所示）；后者由 3 颗卫星组成以地球为中心的等边三角形，主要目标是探测双星的引力波辐射（如图 8 所示）。

目前国际国内对引力波的探测和理论研究进入快速发展阶段，我国在空间卫星探测引力波方面的研究，也必将提高卫星研制技术和基础科研水平。

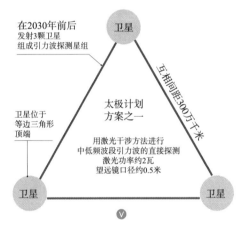

图 7　太极计划示意图

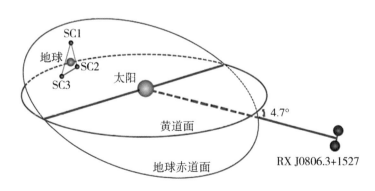

图 8　天琴计划示意图

（撰写：阎昌硕　陈学雷　审订：裘予雷　吴潮）

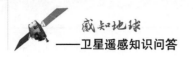
2 早期宇宙是什么样的？卫星遥感在寻找第一代恒星中能发挥怎样的作用？

根据现在普遍接受的大爆炸宇宙学模型，在大约 150 亿年前，宇宙内的所有物质都聚集在一个"点"上，这个"点"具有很小的体积、极高的温度、极大的密度。我们所处的时空和时空中所有的物质都是来自这个"点"所发生的一次宇宙创生大爆炸。在大爆炸后，刚刚诞生的宇宙是极其炽热、致密的，随着时空的迅速膨胀，温度急速下降。大爆炸之初，宇宙中只有质子、中子、电子、光子等基本粒子。这时的宇宙处于一种基本粒子混合的极高温、高密状态，我们称之为热平衡状态下的"宇宙汤"。随着温度的进一步下降，基本粒子相互结合后形成了氢和氦元素，以及极少量的锂等金属元素（天文学上把所有比氦重的元素称为金属）。接下来，宇宙膨胀导致温度进一步降低到几千摄氏度，使得自由电子与原子核复合形成中性原子。这时我们的宇宙是几乎完全电中性的，我们称之为宇宙的"黑暗时期"。但是在我们今天的宇宙中观测表明，星系际介质里的气体却是高度电离的。这表明宇宙一定经历了一个从中性到电离的再电离过程。大爆炸宇宙学模型的研究表明，这一再电离过程最早可能发生在红移约为 20 的早期宇宙中。已有的研究表明，宇宙的再电离应该来自于宇宙中第一代恒星所释放出的第一缕曙光。由于早期宇宙中金属极度匮乏，按照恒星结构和演化理论，第一代恒星的质量都很大，能够发射出足够多的紫外光子来电离星系周围气体中的中性氢〔中性氢的电离电势为 13.6eV（$1\text{eV} \approx 1.6 \times 10^{-19}\text{J}$），对应的波长为 912Å（$1\text{Å} = 10^{-10}\text{m}$）〕。随着宇宙的演化，其中的星系不断增长，电离区也逐渐扩大。当电离气体遍布整个宇宙时，再电离过程也宣告完成。再电离过程是宇宙演化中的一个关键环节，是星系形成与演化的关键阶段，因此一直是宇宙学与天体物理学研究中的热点和难点问题。

由于距离我们实在是过于遥远，第一代恒星自身的辐射很难被现有的天文望远镜观测到，因此寻找第一代恒星一直是天体物理中的难点问题。好在 γ 射线暴为我们提供一种可能的途径。γ 射线暴是宇宙中除宇宙大爆炸外最猛烈的爆发现象。按照恒星演化理论，它是大质量恒星（大于 25 个太阳质量）演化到最终阶段的产物。恒星内部直接塌缩为一个黑洞或者中子星，同时产生洛伦兹因子达到约 1000 的极端相对性喷流。由于相对论效应，喷流的同步辐射被集中在一个只有几度张角的锥体内。当喷流的角度正好对向观测设备时，我们就能在 γ 射线波段看到一个瞬时的爆发现象。

自从 20 世纪美国的 Vela 卫星首次探测到 γ 射线暴后，人们对 γ 射线暴起源的认识有了长足的进步。CGRO 卫星上的 BATSE 探测器确定了 γ 射线暴在空间的各向同性分布，给出了 γ 射线暴在高能波段的标准能谱。接下来的 BeppoSAX 卫星首次探测到了 γ 射线暴在 X 射线波段的余辉辐射，通过地面大口径光学望远镜的配合，首次通过光学光谱测量了 γ 射线暴的红移。此后的 HETE-2 卫星进一步揭示了 γ 射线暴与大质量超新星的成协性，为 γ 射线暴的大质量恒星起源奠定了坚实的观测基础；同时它也揭示了 γ 射线暴的宇宙学起源。美国的 Swift 卫星则将 γ 射线暴的红移记录推到红移为 9.2，这已经接近或者达到了宇宙再电离阶段的边缘。随着探测到的 γ 射线暴数量的增长，人们开始对 γ 射线暴开展了大量的统计研究。尽管还存在一定的争议，但是有研究表明，γ 射线暴能够用来示踪整个宇宙中恒星形成历史随红移的演化。

（撰写：王竞　审订：裘予雷　吴潮）

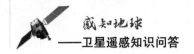
3 天文遥感卫星如何观测神秘的黑洞？

黑洞是爱因斯坦广义相对论所预言的一种特殊天体，这种天体的密度无限大、体积无限小。1916年，德国天文学家卡尔·史瓦西（Karl Schwarzschild，1873～1916年）通过求解爱因斯坦引力场方程得到一个对称解，这个解表明，如果将大量物质集中于空间一点，其周围会产生奇异的现象，即在质点周围存在一个界面——"视界"。一旦进入视界，即使光也无法从中逃脱。美国物理学家约翰·阿奇巴德·惠勒（John Archibald Wheeler）将之命名为"黑洞"。

经过接近一个世纪的努力，天文学家已经有足够的证据相信黑洞是普遍存在于宇宙中的。已知的有质量达到十几个太阳质量的恒星级黑洞，也有位于星系中心的质量达到十亿个太阳质量的超大质量黑洞。事实上，在我们的银河系中心就有一个超大质量黑洞。

由于"黑洞是时空曲率大到光都无法从其视界逃脱的天体"，所以按照现有的物理学理论、探测手段和能力，黑洞是无法被直接观测到的。但是人们可以利用黑洞对周围恒星和气体的影响，通过间接的方式来探测它，测量它的质量和自旋。

在活动黑洞中，黑洞周围的气体被黑洞强大的引力势束缚并最终吸入黑洞。被吸入的冷气体因为气体的粘滞效应被加热到约1万摄氏度，导致部分引力势能最终转化为辐射能。被加热的气体辐射出的低能光子会被黑洞周围的高能电子通过逆康普顿散射转化为高能的硬X射线，甚至更高能的 γ 射线光子。通过空间的 X 射线和 γ 射线观测可以获得黑洞存在的确凿证据。从黑洞周围发射出的辐射会电离距离黑洞较远的气体云团，在 X 射线到中红外波段形成特有的发射线，通过对这些发射线的观测和研究，不仅可以获得黑洞存在的证据，而且还可以估算出黑洞的质量和自旋这两个黑洞最基本的参数。

　　除了对周围气体的吸收外，还有一类极端的情况。那就是黑洞对整个恒星的吞噬效应。当一个恒星非常接近黑洞的视界时，黑洞的潮汐引力效应能将整个恒星撕碎。撕碎的气体最终也被吸入黑洞中。这一过程发生得非常快，并在 X 射线波段产生快速剧烈的辐射。

　　与活动黑洞对应的是宁静黑洞。例如银河系中新的超大质量黑洞就是一个宁静黑洞。在宁静黑洞周围由于气体匮乏，吸积过程可以忽略不计。尽管这时上述的辐射探测手段已经失效，但是我们可以利用恒星和气体动力学的手段来探测黑洞的存在。简单地来说，就是对超大质量黑洞候选体周围开展高空间分辨率的成像观测，确定其中恒星和气体的运动学性质，通过引力定律推算出中心天体的质量和密度下限，进而可以给出黑洞存在的观测证据。

（撰写：王竞　审订：裘予雷　吴潮）

第二十一章
卫星遥感在空间探测中的应用

1 空间遥感卫星如何监测太阳大气爆发？

　　太阳大气爆发泛指太阳大气中发生的持续时间短暂、规模巨大的能量释放现象，主要通过增强电磁辐射、高能带电粒子流、等离子体云的形式输出。太阳大气爆发向外输出的物质和能量导致日地空间环境的强烈响应，表现为太阳风暴沿"太阳大气—行星际空间—地球空间"传输因果链的时序扰动。太阳大气爆发是太阳风暴的起源，太阳风暴常常表现为太阳耀斑、日冕物质抛射等。太阳耀斑指太阳电磁辐射突然增强的现象，表现为日面某区域的突然增亮。日冕物质抛射指太阳大气中的磁化等离子体团在几分钟至几小时内被抛射至行星际空间的现象，表现为日冕扰动的径向传播和日冕宏观背景的剧烈响应。太阳耀斑和日冕物质抛射不一定同时出现，但两者同时出现通常意味着剧烈的太阳风暴。太阳风暴具有突发性和随机性，很难准确提前预测

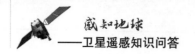
某次具体太阳风暴的发生时间和爆发强度。但由于地球空间环境扰动滞后于太阳爆发几十分钟至几十小时，人类利用空间遥感卫星从空间天气的源头上监测太阳活动，提前预测行星际和地球空间环境的扰动效应，从而为卫星、导航、无线电通信等人类高技术系统提供空间天气预报服务。

空间遥感卫星通过被动接收太阳电磁辐射来监测太阳活动。太阳辐射的频谱覆盖范围非常宽，从 X 射线、紫外、可见光、红外，直到射电米波段。太阳电磁辐射主要集中在可见光和近红外波段，人类肉眼只能看到电磁辐射的可见光波段。地球大气对入射太阳光谱的透明窗口主要在可见光和射电区的连续波段、红外区内某些非水汽和臭氧等大气分子吸收的离散波段。为了摆脱地球大气的光吸收，太阳紫外线和 X 射线辐射仅能在空间观测；为了消除地球大气的光散射，太阳日冕的可见光成像最好在空间进行。太阳大气从内向外依次可划分为光球层、色球层、日冕层，大气温度相应地从几千摄氏度上升至百万摄氏度。

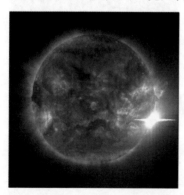

图 1　通过 SOHO 卫星的极紫外成像仪 EIT 观测的典型太阳耀斑

太阳光谱的谱线形成温度与太阳大气高度有关，利用不同太阳光谱辐射可直接探测太阳大气的不同高度。如图 1 所示，19.5 纳米的紫外波段的对日连续成像可监测冕环和冕洞等太阳大气结构，并抓拍太阳耀斑。基于空间卫星平台，对太阳大气开展时间、空间、频谱的高分辨率同时观测，构建三维太阳大气的多视角、多层次、立体化的遥感监测体系。空间对日遥感卫星是太阳风暴源头预报的观测基础。

及时了解和掌握太阳活动现状及其发展趋势是空间天气监测和预警的内禀需求。空间对日遥感仪器有磁像仪、极紫外成像仪、X 射线成像仪、白光日冕仪等，用于监测光球层的黑子和光斑、色球层的谱斑和日珥、日冕层的冕洞和冕流等太阳特征现象。如图 2 所示，太阳黑子是光球表面的磁场凝聚区。黑子温度比光球低，在明亮的光球背景衬托下显得较暗。太阳风暴的能量来自太阳大气的自由磁能。以黑子群为中心的太阳活动区被认为是太阳大

气爆发的源区。黑子群的大小、形态、演化都
与太阳大气爆发的发生和强度相关。太阳活动
区的磁场结构越复杂，越容易存储更多的磁能，
从而越容易产生剧烈的太阳大气爆发。因此，
太阳黑子数指示太阳整体活动水平，对太阳光
球磁场的监测，是判断太阳大气爆发必不可少
的依据。日冕物质抛射是最为剧烈的太阳大气
爆发活动，携带总质量约为几十亿吨至几百亿
吨的等离子体云，以每秒几十千米至上千千米

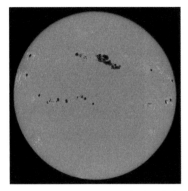

图 2 通过 SOHO 卫星的多普勒成像
仪 MDI 观测的典型太阳黑子

的速度运动，通常驱动行星际激波，可诱发地磁暴，是灾害性空间天气事件
的肇事者。日冕物质抛射有环状、泡状、云状、束流状、射线状等多种形态，
其中以环状最多。如图 3 所示，典型的环状日冕物质抛射结构包括：亮外环、
被环所包围的低密度空腔、腔内由高密度物质构成的亮核。在太阳活动周极
小年，日冕物质抛射的发生率为 0.5 个 / 天，其源区通常出现在太阳赤道附近；
在太阳活动周极大年，该发生率为 2~5 个 / 天，其源区分布弥散在太阳南北
纬 60 度之间的较大范围。太阳活动的状况决定日地空间环境的状态，人类对
太阳风暴危害的认识日益加深，在保障空间资产与活动安全的需求推动下，
以空间遥感卫星为基石的太阳风暴监测和预报体系已进入一个高精度、全方
位、实时常规性、快速发展的新时代。

 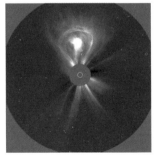

图 3 通过 SOHO 卫星的白光日冕仪 LASCO C2（左）和 C3（右）观测的典型日冕物质抛射

（撰写：熊明 审订：沈芳）

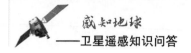

2 如何利用卫星遥感观测美丽的极光？

极光是一种五彩缤纷且形状不一的绮丽之光，它出现于地球南北两极附近的高空，在自然界中鲜有其他现象能与之媲美（如图1所示）。随着科技进步，极光的奥秘越来越被人们所知晓，原来这美丽景色是太阳与大气层合作表演出来的作品，是两极上空的一种大规模放电过程。它由来自地球磁层或太阳的高能带电粒子流（太阳风）沉降进入大气时撞击高层大气中的分子或原子激发（或电离）产生。极光的颜色和强度取决于大气中性成分的跃迁能级和沉降粒子的能量通量等。

图1 极光图像

极光是唯一能够直接用肉眼观测到的极区地球物理现象，其活动特征蕴含丰富的物理过程。极光活动就像磁层活动的实况电视画面，沉降粒子为电视机的电子束，地球大气为电视屏幕，地球磁场为电子束导向磁场。科学家从这个天然大电视中得到磁层以及日地空间电磁活动的大量信息。例如通过极光谱分析可了解沉降粒子束来源、粒子种类、能量大小，地球磁尾的结构，地球磁场与行星际磁场的相互作用，以及太阳扰动对地球的影响方式与程度等。因此观测极光是认识地球空间天气变化的一种有效手段。

作为一种绚丽多姿的自然现象，人类一直在摸索认识极光。极光数据的获取方式有多种，包括极光雷达观测、全天空成像观测、卫星成像观测、地磁观测、二维宇宙噪声成像观测，以及子午面扫描光度计观测等。光学成像是应用最早、使用最广泛的极光观测手段，其优点在于能够得到极光的二维图像，并且可以对极光的空间运动特性进行连续观测。目前，较常用的有基于地面的全天空成像仪（All-sky imager，ASI）拍摄的 ASI 图像和基于卫星的紫外成像仪（Ultra-violet imager，UVI）拍摄的 UVI 图像。随着空间探测技术的发展，卫星遥感探测已成为研究极光的重要手段。卫星携带的成像仪从极区高空俯瞰地球上的极光，提供了地面上无法得到的全球极光的多种信息。

极光光谱与太阳光光谱是不同的，由太阳核心产生出来的 γ 射线，经过一两百万年才穿过致密的辐射层，最后呈现连续光谱的黑体辐射；而极光是自己发光，并且高空气体密度又低，所以呈现的是不连续光谱，如图 2 中可见光范围内的极光光谱线。除可见光光谱之外，极光光谱也出现在紫外（UV 160~290 纳米）和远紫外波段（FUV 110~190 纳米）。由于在地表的可见光波段光害严重，所以除少数卫星（飞行高度低，数百千米）利用可见光观测极光外，大部分卫星都采用紫外波段来对极光进行探测。

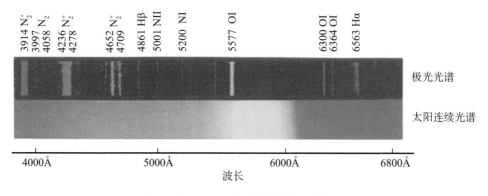

图 2　在可见光波段的太阳与极光光谱（吕凌霄，2015）

325

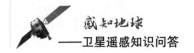

国际上在紫外波段对极光进行形态探测开始于 20 世纪 70 年代。代表性的仪器包括：1981 年发射的 DE-1 卫星上搭载的 SAI（The Spin-Scan Auroral Imager），用于可见光和远紫外波段的全球极光成像；1986 年瑞典发射的 Viking 极轨卫星搭载的紫外极光成像仪，可分别对 134~180 纳米和 123.5~160 纳米波段进行成像。紫外极光成像仪是一个独具创新的仪器，它的最大特点是仪器结构紧凑，实现了对极光形态的可视化探测，特别适合于在高轨道卫星上进行极光探测。随着技术的进步，紫外极光成像仪及改进型远紫外极光成像仪应用于各种高度、大椭圆轨道的卫星上，每年获得大量的星载极光图像。图 3 为各种卫星拍摄到的极光图像。

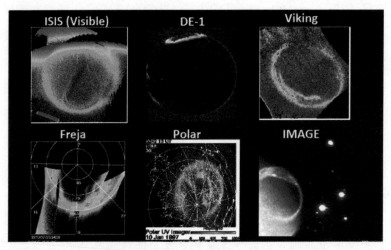

图 3　各种卫星拍摄到的极光图像（吕凌霄，2015）

1996 年，美国国家航空航天局发射了 POLAR 卫星，卫星轨道倾角为 90 度，轨道运行周期为 12 小时。卫星携带有 11 种科学探测仪器，用于测量进入地球极区的能量，并获得全域紫外极光分布图像。POLAR 卫星紫外成像仪的光学传感器在 4 个滤波器带宽通道工作，可同时观测日侧和夜侧极光，生成远紫外（130~190 纳米）极光图像。它的圆形视角范围为 8 度，角分辨率为 0.036 度，时间分辨率为 18 秒或 37 秒。它有两个滤波器处于紫外光谱中的 LBH（Lyman-Birge-Hopfield）区域。

IMAGE 卫星为美国国家航空航天局 2000 年发射的极轨卫星，轨道倾角为 90 度，近地点为 1000 千米，运行周期为 13.5 小时。卫星载有两个远紫外成像系统：140~180 纳米宽带成像照相机 WIC（Wideband Imaging Camera）和摄谱成像仪 SI（Spectrographic Imager），IMAGE 卫星远紫外成像系统最大的特点是，可以同时观察电子和质子极光，并覆盖整个极光椭圆区。

近年，我国空间科学界也越来越重视极光的天基探测，拟于 2021 年发射"中欧联合空间科学卫星"——太阳风—磁层相互作用全景成像卫星（Solar wind Magnetosphere Ionosphere Link Explorer，SMILE），将搭载极紫外成像仪，提供全球极光分布图像，仪器时间分辨精度达 30 秒。此外，我国还提出了以极光探测为主要目的的夸父计划，其中夸父 B 卫星将对极区的全域极光进行长期的连续观测并获取海量极光图像。

（撰写：任丽文　审订：王赤）

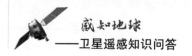

3 什么是等离子体层？如何对其进行遥感成像？

在近地空间，地球磁场近似于偶极磁场。中、高纬度电离层（高度70～1000千米）的低能（几个电子伏特）带电粒子能沿着磁力线向上运动到较高的磁层区域，并被地磁场捕获，沿着闭合的路径漂移。这样，由这些低能粒子围绕着地球形成的稠密的冷等离子体区域，称之为地球等离子体层。等离子体层起始于电离层顶（与电离层没有明显的分界），终止于外边界层。外边界层的位置主要受地磁活动的调控，处于2RE～8RE（RE≈6371千米，代表地球半径）的空间范围内。因此，等离子体层是一个非常活跃的区域，其分布和变化对电离层和磁层其他区域（尤其是地球辐射带）产生重要影响，从而关系到飞行于其间的航天器的安全。

等离子体层内除了电子外，主要还有质子（约占80%～90%）和氦离子（约占10%～20%）。质子只有原子核，没有核外电子，不能产生电子跃迁，不存在发光现象。而氦离子则刚好和太阳大气中的氦离子相对应，可以共振散射来自太阳大气氦离子的极紫外辐射（30.4纳米），产生等离子体层"发光"的现象。光子不受地磁场的约束，可以到达远离等离子体层的地方。因此，利用光学方法可以对这些光子进行遥感成像观测。利用氦离子的"发光"对等离子体层成像有两个好处：一是等离子体层内氦离子的密度较低，不会发生二次散射，这样遥感图像的亮度正比于探测器视场对应张角内氦离子的数量，便于由图像亮度推算等离子体层氦离子的密度；二是氦离子的分布和等离子体层主要成分质子的分布是基本一致的，因此从遥感得知氦离子的分布，也就代表了整个等离子体层的空间状态。

利用氦离子30.4纳米的辐射，2000年搭载在美国IMAGE卫星上的极紫外成像仪从90度轨道倾角的大椭圆轨道上，在远地点8RE附近首次成功实现了等离子体层的整体遥感探测。但这仅仅获取了等离子体层在地球赤道方向的图像，对认识等离子体层三维结构还是不够的。月球是距离地球最近的天体，它有一侧始终面向地球，月球表面无大气，是非常好的天然观测平台。利用月球平台，我国在嫦娥三号探测器月球着陆器上搭载了极紫外相机，从月球视角对等离子体层进行了遥感探测，得到了等离子体层在地球子午面内的完整图像。图 1 即为 2013 年 12 月 24 日地磁平静期间，嫦娥三号探测器极紫外相机探测到的等离子体层。

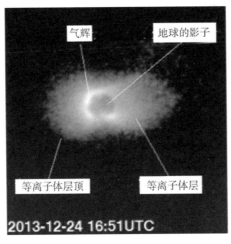

图 1　2013 年 12 月 24 日，嫦娥三号探测器极紫外相机遥感探测图

根据等离子体层的遥感观测，能够从宏观上监测等离子体层在地磁活动期间的变化，结合地球磁层、电离层的其他观测，研究各层次之间的耦合关系，从而认识灾害性空间天气过程的变化规律。

（撰写：黄娅　审订：李磊）

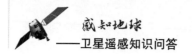
4 如何利用卫星遥感探测"大空洞"？

电离层中的"大空洞"又被称为电离层等离子体泡，它是低纬度地区电离层特有的一类大尺度电子密度不规则体，其特征是夜间电离层电子密度在东西向宽度约几十至几百千米范围内突然下降，下降幅度可达百分之十几甚至1个数量级以上。等离子体泡在高度上可以上升至1000千米以上。目前认为，赤道地区重力瑞利泰勒不稳定性（gravitation Rayleigh-Taylor instability）是驱动等离子体泡发生的基本机制，但已有的观测和研究表明，除了重力、碰撞频率和背景电离层密度梯度之外，还应包括其他电离层背景参量带来的影响，如背景电场矢量，热层中性风场矢量，横向、纵向电导率，以及低层大气、行星际磁层和电离层耦合带来的影响。典型的等离子体泡的发展过程如下：在赤道电离层底部附近因重力波等扰动因素而产生不稳定性，低密度等离子体在不稳定性作用下快速从底部抬升到较高高度后，在重力和扩展机制的作用下沿着磁力线向南北两侧扩展，通常上升高度越高，其南北扩展范围越远，最远可达磁纬30°左右。因此，当这种低密度等离子体泡穿过电离层赤道电离异常区（高密度等离子体区）时，低密度等离子体泡与背景的高密度等离子体具有非常大的对比度，从而使得我们在电离层南北驼峰区域观测到的"大空洞"会特别地显著。

"大空洞"的观测手段多种多样，主要包括：①卫星实地探测，如AE-E卫星、Champ卫星、ROCSAT-1卫星、C/NOFS卫星。图1为2004年4月23日16:32-16:34 UT期间，ROCSAT-1卫星在海南上空约600千米高度处实地观察到的一大一小（A和B）两个等离子体泡，大等离子体泡（A）的电子密度（N）下降了约1个数量级，东西向宽度为220千米。其中DLAT为磁纬度，红的竖虚线表示卫星轨道经过海南富克台站经度（109.1°E）时的位置。②相干或非相干散射雷达探测，如在秘鲁Jicamarca的非相干散射雷达、中国海南的甚高频雷达。③气辉探测，如云南天文台的多波段被动光学全天空气辉成像仪。④无线电雷达探测，如中国海南的数字测高仪 DPS–4D。图 2 为 2004 年 4 月 23 日，海南富克台站数字测高仪 DPS–4D 观测到的电离图。其中显示的时间为世界时。从图 2 中可以看到，持续很长时间的强区域扩展 F 现象，其与图 1 给出的等离子体泡具有密切关系。⑤密集的 GPS–TEC 观测网探测。⑥电离层 GPS 闪烁监测仪探测。

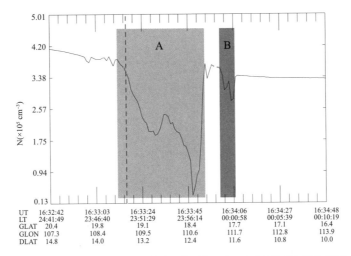

图 1　ROCSAT–1 卫星在海南上空实地观察到的一大一小（A 和 B）两个等离子体泡

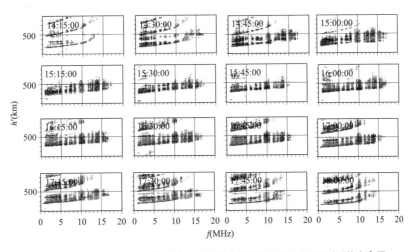

图 2　2004 年 4 月 23 日，海南富克台站数字测高仪 DPS–4D 观测到的电离图

（撰写：王国军　审订：史建魁）

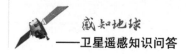
5　高层大气的神秘"火焰"是怎么回事？如何利用卫星遥感探测神秘"火焰"？

生活中，我们熟悉的是"对流层闪电"，此类闪电表现为雷雨天气中云与云之间、云与地之间或者云体内各部位之间的强烈放电现象。对流层大气闪电持续时间约为 0.01~0.1 秒，甚至超过 1 秒，发生的高度约为几千米到十几千米。

然而，有趣的是，在对流层顶（大约 15 千米）以上至 100 千米的高层大气中，也存在大气放电而引起的发光现象，即高层大气神秘"火焰"。因为此类大气放电发光现象持续时间极短（毫秒级），所以又被称为中高层大气瞬态发光现象，即 TLEs（Transient Luminous Events）。

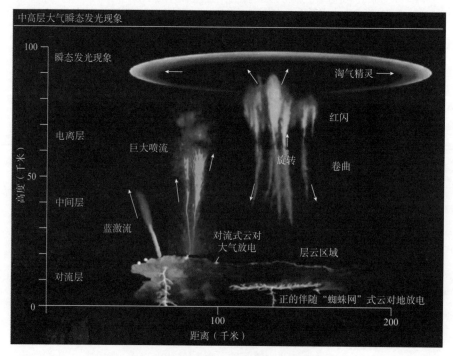

图 1　中高层大气瞬态发光现象的形态分类

根据光辐射形态特征和发生位置的不同，中高层大气瞬态发光现象主要分为四类（如图 1 所示）：红闪，又称红色精灵（Red Sprites）；蓝激流，又称蓝色喷流（Blue Jets）；淘气精灵，又称光辐射和 EMP 源引起的甚低频扰动（ELVEs）；巨大喷流（Gigantic Jets）。

（1）红闪

红闪是一种发生在雷暴云之上 40~95 千米高空的大规模放电现象，红闪通常成簇发生，其大小形态变化很大，出现时间持续几毫秒。红闪闪烁光是由闪电在高空的巨大放电引起的，并在与空气中氮分子的碰撞过程中获得深红色色调。红闪的明亮区域（头部）集中在 70~75 千米高度上，微弱的红发状发光将从这一区域延伸到 90 千米左右的高度。在明亮的头部区域以下将呈现蓝色卷须状特征，并向下延伸到 40~50 千米的高度区域。红闪在 1989 年 7 月 6 日首次被明尼苏达大学的科学家拍摄下来，其后在世界其他一些地方都观察到了这种现象。

（2）蓝激流

蓝激流是从雷暴云的顶端向平流层大气空间放电的一种现象，始于雷暴云顶部，发展的最大高度约在 40~50 千米，持续时间 200~300 毫秒，它是一种倒圆锥形蓝色光束。其蓝色可能是来自氮气分子的发射光谱。蓝激流在 1989 年 10 月 21 日由一架经过澳大利亚上空的航天飞机初次观测到。蓝激流的发生率要比红闪稀少得多。

（3）淘气精灵

淘气精灵是闪电激发的一种红色的圆环状放电现象，产生于 85~95 千米高度，其水平扩展距离可以达到 200~600 千米，持续时间小于 1 毫秒。淘气精灵发生在闪电放电之后，但在红闪出现之前。淘气精灵在 1990 年 10 月 7 日法属圭亚那的一次航天任务中被首次观测到。

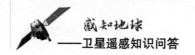
（4）巨大喷流

巨大喷流与蓝激流类似，也是从强烈的雷暴云顶部向平流层的放电现象，始于雷暴云顶部，但是巨大喷流可一直延伸到大约 70~90 千米的高度，直达地球电离层下部，持续时间约 100 毫秒。观测发现，巨大喷流具有树型和萝卜型两种形态。巨大喷流的首次视频记录来自波多黎哥岛 Arecibo 观测站。

卫星探测中高层大气瞬态发光现象主要通过光学快速照相手段，比如：2004 年 7 月发射的福尔摩沙 2 号（FORMOSAT-2）卫星搭载的高空大气闪电影像仪（Imager of Sprites and Upper Atmospheric Lightning，ISUAL）。高空大气闪电影像仪观测发现红闪和淘气精灵的全球发生率分别约为 1 次 / 秒和 35 次 / 秒。若考虑全球发生率，则红闪和淘气精灵在中高层大气中的能量注入分别约为 22MJ/min 和 665MJ/min。这些能量的注入，对大气的化学组成（如 NOx）将会有相当的影响。中高层大气瞬态发光现象不只是在特定区域出现，南北美洲、地中海、欧洲、澳大利亚、日本、中国大陆沿岸等都有观测记录。

（撰写：姜国英　审订：徐寄遥）

第六篇

军事遥感卫星及应用知识

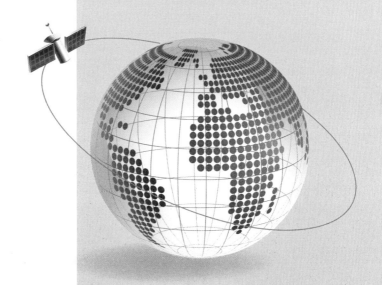

第二十二章
成像侦察卫星及其应用

1 什么是成像侦察卫星？主要包括哪些类型？

  1961 年 1 月，为了弄清苏联战略优势的真面目，美国国防部副部长麦克纳马拉集中 3 周时间，专门研究美国"发现者"光学成像侦察卫星沿苏联的铁路和主要公路拍摄的照片，但是并未发现任何导弹的痕迹。于是，在同年 2 月份答记者问时，麦克纳马拉否认了所谓的美苏导弹差距。此事激起极大反响，"发现者"光学成像侦察卫星因此一举成名，这也是世界军用遥感卫星首次投入实用。

  军用遥感卫星系统是指用于军事目的且分辨率较高的遥感卫星系统。这种卫星利用各种遥感器或无线电接收机等侦察设备收集地面、海洋或空中目标的信息，获取军事情报。经过几十年的发展，它已由最初单一的返回式光学成像侦察卫星，发展成传输式成像侦察卫星、电子侦察卫星、海洋监视卫星、导弹预警卫星和军用气象卫星等种类繁多的"天兵天将"家族，而且性能不断提高，成为现代战争中不可或缺的"千里眼"。其中，成像侦察卫星是军用遥感卫星家族中的"老大"，因为它不仅在军用遥感卫星中问世最早，而且军事用途广，种类、发射数量和拥有这种卫星的国家也最多。

成像侦察卫星主要用于战略情报收集、战术侦察、军备控制核查和打击效果评估等目的，通过星载遥感器获取地面的高分辨率图像信息，查明具体目标的详细特征，然后送回地面使用。根据星载遥感器的不同，成像侦察卫星可分为光学成像侦察卫星和雷达成像侦察卫星。图1为日本首批光学成像侦察卫星和雷达成像侦察卫星示意图。

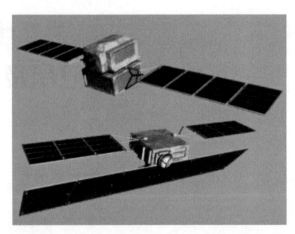

图 1　日本首批光学成像侦察卫星（上）和雷达成像侦察卫星（下）示意图

光学成像侦察卫星携带可见光、红外和多光谱相机等遥感器，其优点是空间分辨率高，缺点是只能在天晴时提供信息。

雷达成像侦察卫星的优劣与光学成像侦察卫星正好相反，即空间分辨率稍低，但可风雨无阻地进行全天候、全天时侦察，因为它携带的遥感器是合成孔径雷达。所以，把光学成像侦察卫星和雷达成像侦察卫星结合使用，可以取长补短，达到最佳效果。

按获取图像的方式分类，光学成像侦察卫星还可分为胶卷回收型和数字图像传输型两种，后者因具有分辨率高、在轨时间长、能实时传输信息等优点，目前被广泛使用，而前者现已很少使用了。当前，美国、俄罗斯、法国、日本、以色列、印度、秘鲁和土耳其等许多国家都拥有光学成像侦察卫星。图 2 为美国"发现者"胶卷回收型光学成像侦察卫星。

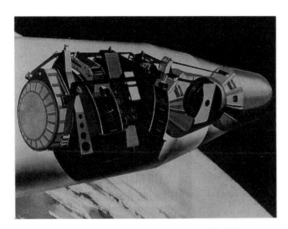

图 2　美国"发现者"胶卷回收型光学成像侦察卫星

在 2016 年，美国发射了第 4 颗"未来成像体系 – 雷达"卫星和第 9 颗"猎户座"地球静止轨道电子侦察卫星。俄罗斯发射了 2 颗军用测绘卫星，一颗为猎豹–M2 军用光学测绘卫星，另一颗为军用大地测量卫星——空间大地测量综合系统–2–02 星（GEO–IK–2–02）。印度发射了制图卫星–2C，全色分辨率 0.65 米，多光谱分辨率 2 米，印度称该卫星可协助印度陆军完成对恐怖分子实施"外科手术式"的打击。以色列发射了地平线 11 号光学成像侦察卫星，它是以色列新一代光学成像侦察卫星的首发星，与上一代卫星最大的不同是增加了多光谱成像能力。2016 年升空的秘鲁卫星 1 号和土耳其的格克蒂尔克 1 号都是军民两用光学成像侦察卫星，均由欧洲研制，分辨率分别为 0.7 米和 0.8 米。

值得一提的是，进入 21 世纪后，俄罗斯一般每年发射 1 颗"钻"返回式详查卫星和"角色"传输型详查卫星，全色分辨率分别为 0.2 米和 0.33 米。2019 年将部署"拉兹丹"新型侦察卫星，将会装备新的直径两米多的望远镜，以及抗干扰的高速无线电通信装置。据初步计划，新系统由 3 颗 Razdan 卫星组成，将在 2019~2024 年从普列谢茨克发射场发射。新卫星将由国家进步火箭航天中心负责研发。

（撰写：庞之浩　审订：卫征）

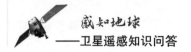

② 成像侦察卫星分辨率是越高越好吗？它与民用遥感卫星的区别是什么？

　　成像侦察卫星在军用遥感卫星中具有"大哥大"地位。衡量这种侦察卫星性能好坏的最重要指标就是空间分辨率，其实它也是民用或商用遥感卫星的重要指标。一般来讲，空间分辨率越高，对地观测越清楚，所以高分辨率是成像侦察卫星的主要特点。

　　对于采用光学成像的遥感卫星来讲，其运行轨道越高，分辨率就越低，所以，军用高分辨率遥感卫星通常运行在近地轨道，有时甚至采用临时性降低轨道高度的方法来取得短期更高分辨率的图像，以满足特殊需要。另外，相机的焦距越大，分辨率越高，这就像在生活中人们使用变焦相机摄影一样。

　　对于采用雷达成像的遥感卫星来讲，可工作在略高的低轨道上，但需要雷达成像卫星自身能提供高功率雷达信号。提高其分辨率的方式主要有两种：一是采用短的波长；二是增大天线口径。为此，可以提高雷达波的频率，缩短其波长，但是当频率增加到一定程度时，大气对雷达波的衰减和吸收特性就会表现得非常明显，从而影响雷达的正常工作；同样，雷达的天线口径也不可能无限增大，因为增大雷达口径不仅会增加工艺难度和研制成本，而且会导致发射困难。为此，提出了合成孔径雷达的概念。这种雷达是利用雷达与目标的相对运动，把尺寸较小的真实天线孔径用数据处理的方法合成为较大的等效天线孔径。图1为德国首颗"合成孔径雷达–放大镜"。

　　不过，在实际应用中也并不是分辨率越高越好，因为有时太高的分辨率反而造成一叶遮目、不见森林的弊端。为此，可根据识别、确认和详细描述侦察目标等需求，来要求军用成像侦察卫星的分辨率。其中：识别就是判断目标的类型或属性，如辨别是房屋还是汽车，其所需分辨率是目标尺寸的1/5～1/7，若用于识别坦克，其分辨率应为1米；确认就是能从同类物体中区别出不同型号，如区分是公共汽车还是小面包车，其所需分辨率为目标尺寸的 1/10，若用于确认坦克，其分辨率应为 0.6 米；详细描述就是能辨认目标的特征和细节，如看清军舰的舰首、舰尾等，其所需分辨率是目标尺寸的 1/30 ～ 1/60，若用于详细描述坦克，其分辨率应为 0.2 米。

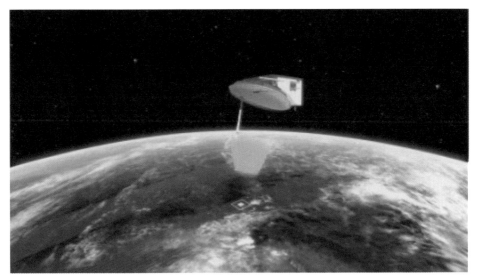

图 1　德国首颗"合成孔径雷达－放大镜"（欧洲第一颗雷达成像侦察卫星）

　　成像侦察卫星与民用遥感卫星大同小异，主要区别是使用的谱段和空间分辨率的要求不同。前者主要在可见光或近红外谱段成像，分辨率更高；后者在多频谱成像，从而识别地面各种特征，但分辨率可以稍低。

　　1963～1967 年间发射成功的 36 颗美国"锁眼 7 号"是第一批真正的军用高分辨率遥感卫星，分辨率 0.5 米。每颗星用 2 个回收舱分别将胶卷送回地面，其工作寿命一般为 5 天，主要用于侦察苏联当时新式的 SS-7、SS-8 洲际导弹。

　　目前分辨率最高的光学成像侦察卫星是从 1992 年开始发射的美国锁眼 12 号卫星，分辨率达 0.1 米。它采用了高分辨率可见光与近红外电荷耦合器件（CCD）、红外成像仪、数字成像系统、实时图像传输技术、自适应光学成像技术、大型反射望远镜系统等。其中大型反射望远镜系统能以巨大的放大率把地物的辐射能量引入视场，然后再送至每个遥感器进行光谱分离，

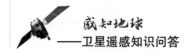
形成的图像经放大、数字化后，传送给中继卫星，再转发至地面站。图2为 1998 年 12 月 19 日，沙漠之狐行动以后，美国锁眼 12 号卫星拍摄的伊拉克总统秘书处。

图2　1998 年 12 月 19 日，沙漠之狐行动以后，美国锁眼 12 号卫星拍摄的伊拉克总统秘书处

目前分辨率最高的雷达成像侦察卫星是美国 1988 年开始发射的"长曲棍球"，其分辨率达 0.3 米。它的显著特点是装有巨大的合成孔径雷达天线和巨大的太阳电池翼。其星载高分辨率合成孔径雷达能以多种波束模式对地面目标成像。它不仅可以全天候、全天时工作，还能发现伪装的武器和识别假目标，甚至可穿透干燥的地表，发现藏在地下一定深度的设施，并对活动目标有一定跟踪能力。

（撰写：庞之浩　审订：卫征）

3 美国锁眼12号光学成像侦察卫星有何优势？有何短板？

在世界光学成像侦察卫星中，著名的美国"锁眼"系列现已发展了12个型号，为美国提供了重要的军事侦察能力，并为美国建立全球地理信息系统与全球地理框架提供了重要的基础与支撑（图1为美国"锁眼9号"结构图）。20世纪90年代后，"锁眼"卫星的应用逐渐向战术领域拓展。目前在轨服役的"锁眼12号"为传输型详查卫星。

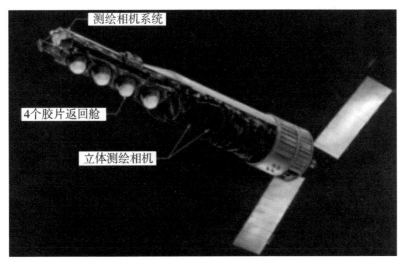

测绘相机系统

4个胶片返回舱

立体测绘相机

图1 美国"锁眼9号"结构图

"锁眼12号"是当今世界上"眼力"最好的光学成像侦察卫星，绰号为"高级水晶"。它的设计寿命为8年，轨道高度为300～1000千米，长15米，直径4米，净重10吨，总重17吨左右。该卫星于1992年11月28日开始发射，至今已经发射了大约7颗，一般保持4颗卫星同时在轨服役。

该卫星分两个部分：位于卫星前部的是有效载荷舱，长约11米，用于承载相机系统；卫星支持舱位于卫星的尾部，长约4米，装有卫星的电子设备和推进系统。星体两侧装有两副刚性太阳电池翼，功率3千瓦。"锁眼12号"

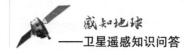
具有寿命长、机动能力强、分辨率高和实时传输图像等特点。图 2 为美国"锁眼 12 号"示意图。

图 2　美国"锁眼 12 号"示意图

　　在美国第一代传输型详查卫星"锁眼 11 号"基础上改进的"锁眼 12 号"采用了与"哈勃"空间望远镜一样的成像方式，可在计算机控制下随视场环境灵活地改变主透镜表面曲率，从而有效地补偿因大气造成的观测影像畸变。

　　该卫星的相机采用自适应光学成像技术制成，可根据需要快速改变镜头焦距，既能在低轨道具有很高的分辨率，也可适当升轨来增加幅宽。星上的高级"水晶"测量系统能使数据以网格标记传输。它还采用了防核效应加固、防激光武器和防碰撞技术，以提高卫星的生存能力。

另外，"锁眼12号"采用了小像元和多像元CCD、长焦距等新技术和复杂的卫星稳定控制技术，不但使地面分辨率从"锁眼11号"的0.15米提高到0.1米，达到目前顶级水平，足以发现地表几乎所有的军事目标，也使瞬时观测幅宽从7~10千米提高到40~50千米，从而增加了卫星的时间分辨率。

"锁眼12号"的光学系统与"锁眼11号"的基本相同，直径3米，焦距约38米。其不同之处是：除了使用更先进的技术，使卫星的分辨率提高到0.1米外，星上还增装了分辨率为0.6～1米的热红外成像仪，从而改善了红外观测能力。此举使卫星不仅成为"夜猫子"，而且能发现地面利用树林和灌木丛进行伪装的目标、飞机发动机和大烟囱等有热源的目标，可对地下核爆炸或其他地下设施进行监测，能分辨出目标区内哪些工厂开工、哪些工厂关闭等。

"锁眼12号"上装有1台潜望镜式的旋转透镜，即可旋转反光镜，能把图像反射到主镜上，使卫星在大倾角轨道运行的条件下也可以成像，能获得处于飞行路线数百千米外物体的图像。

由于"锁眼12号"比"锁眼11号"增装了约4吨推进剂，发射时总重达17吨，所以加强了卫星机动变轨能力，能适应新的作战要求。其工作寿命也由"锁眼11号"的3年增加到了8年。

简言之，"锁眼12号"有3个特点：①采用大型CCD多光谱线阵器件和"凝视"成像技术，使卫星在具备高几何分辨率的同时，还有多光谱成像能力，其先进的红外相机可提供更优秀的夜间侦察能力；②采用自适应光学成像技术，当卫星在高轨道普查或在低轨道详查时，能快速改变镜头焦距，使其在低轨道具有高分辨率，在高轨道可获得大幅宽；③机动能力强，可满足现代战争的需要。

自发射以来，"锁眼12号"在美国的全球军事战略中发挥了重要作用，无论是海湾战争、波黑战争，还是科索沃战争、伊拉克战争，"锁眼12号"都扮演了重要角色。2003年2月1日，美国哥伦比亚号航天飞机在着陆前

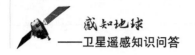

16 分钟时突然爆炸解体。此后，在航天飞机恢复飞行期间，美国动用了包括"锁眼 12 号"在内的各种手段拍摄航天飞机在轨运行时与安全和工程有关的图像。

不过，"锁眼 12 号"并不是十全十美，也存在一些缺陷。除了无法在有云、有雾等天气不好的时候工作外，还有一个主要缺陷，就是时间分辨率不高，即对敏感地区重访周期太长，故不能随时提供所需情况来直接支持战术行动。这是因为"锁眼 12 号"主要用于搜集战略情报，为了获得高的空间分辨率，它的运行轨道较低，所以扫描幅宽小，不适合战区作战，战场指挥员抱怨它是"用麦管看战场"。为此，美国正在研制更为先进的"锁眼 13 号"。图 3 为美国"锁眼 12 号"结构图。

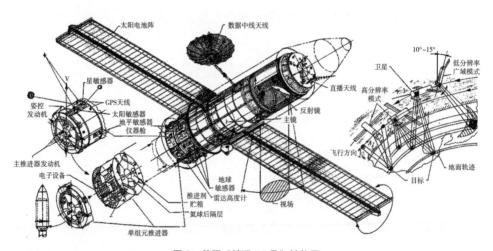

图 3　美国"锁眼 12 号"结构图

（撰写：庞之浩　审订：卫征）

4 **以色列光学成像侦察卫星为什么都很小？现已发展了几代？**

在第 4 次中东战争中，以色列一度遭遇阿拉伯联军围攻、几乎全军覆没时，美国最先送来的援助不是大批军火，而是几张显示埃及军队防线空隙的卫星照片，正是依靠这份价值连城的情报，以色列国防军才得以"绝地大反攻"，化险为夷。

虽然以色列依靠美国侦察卫星拍摄的照片多次获得战争胜利，但也存在一些不足，例如：不能随意用侦察卫星拍摄所感兴趣的地区，且美国给的卫星图片太少；由于获取卫星照片的传递环节过多，所以无法及时得到最新的卫星照片；缺乏系统性，一些支离破碎的卫星照片很难使用。为此，从 20 世纪 80 年代起，以色列开始自行研制成像侦察卫星，并于 1988 年 9 月 19 日成功发射了名为地平线 1 号的试验型光学成像侦察卫星，从而成为世界上第 8 个自行研制并发射卫星的国家，并且成为世界上第 3 个拥有侦察卫星的国家。

到 2016 年年底，以色列先后发射了 4 代共 11 颗"地平线"系列成像侦察卫星，其中地平线 1 号、2 号卫星为第一代，地平线 3 号、4 号卫星为第二代（采用光学卫星 –1000 卫星平台），地平线 5 号、6 号、7 号、9 号卫星为第三代（采用光学卫星 –2000 卫星平台），地平线 11 号卫星为第四代（采用光学卫星 –3000 卫星平台）。它们均为光学成像侦察卫星。近年升空的地平线 8 号、10 号卫星是雷达成像侦察卫星（图 1 为以色列第三代、第四代"地平线"光学成像侦察卫星和雷达成像侦察卫星）。与美国成像侦察卫星相比，以色列成像侦察卫星最大的特点就是小，这是什么原因呢？

这是由于受本国运载火箭运载能力的限制，并且为了降低费用，以色列所有"地平线"系列成像侦察卫星都是小卫星，每颗卫星质量只有 300 千克左右，但性能均非常优异，目前在轨服役的光学成像侦察卫星是地平线 5 号、

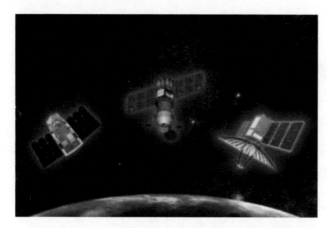

图1 以色列第三代、第四代"地平线"光学成像侦察卫星
和雷达成像侦察卫星

7号、9号和11号卫星。由于以色列没有数据中继卫星，所以其卫星获取的图像数据采用存储转发方式，即在飞经以色列地面站接收范围时下传数据。

2002年5月28日发射的地平线5号卫星运行在近地点538千米、远地点574千米的近地轨道。该卫星高约2.3米，直径约1.2米，采用三轴稳定方式。可拍摄全球任何区域的照片。它所携带的1台高分辨率光学相机的分辨率为0.5米，幅宽约7千米，具有侧视成像能力，可以提供有关部队移动、导弹发射架位置或者核设施修建情况的图片情报。"地平线5号"不仅能清晰地看出机场每个角落的变化，连暴露在外的飞机型号都能识别。虽然其设计寿命为4年，但目前仍在超期服役。

2004年9月6日，以色列沙维特火箭在发射地平线6号时出现故障，导致"地平线6号"坠入地中海。

"地平线7号"于2007年6月11日发射升空。它是"地平线5号"的后继星，分辨率仍为0.5米，足以鉴别导弹发射车内是否搭载导弹等细节。卫星连同太阳能电池翼展开后的宽度为3.6米，设计寿命4～6年。星上除载有高分辨率相机外，还载有改进版软件、GPS接收机、星上计算机、气体推进剂贮箱、望远镜以及其他先进组件。

2010年6月22日，以色列成功发射了"地平线9号"。该卫星带有30升的肼燃料，平均功率400瓦，采用反作用轮控制卫星姿态，全色分辨率还是0.5米。虽然这颗卫星与地平线5号和7号卫星基本相同，不过它为以色列国防军提供了更大的灵活性。图2为以色列"地平线9号"发射示意图。

图 2　以色列 "地平线 9 号" 发射示意图

　　"地平线 11 号" 于 2016 年 9 月 13 日发射升空，被送入 380 ~ 600 千米、倾角 142 度的低地球轨道。它是以色列第四代光学成像侦察卫星的首发星，采用了更先进的新型卫星平台和 "木星高分辨率成像系统"。其 "木星高分辨率成像系统" 口径为 70 厘米，全色分辨率为 0.5 米，多光谱分辨率为 2 米，幅宽为 15 千米。

图 3　打造中的以色列 "地平线"

　　第四代 "地平线" 与第三代 "地平线" 最大的不同是增加了多光谱成像能力，寿命、重量、幅宽等也增加了。根据设计，第四代 "地平线" 设计寿命为 6 年，质量约 400 千克，采用三轴稳定技术，具备了高度的敏捷性和自主性，可拍摄大量高清晰度卫星图像。该卫星采用的小型平台可适应多种类型有效载荷，携带全色/多谱段相机，由于采用光学拼接技术，所以具有图像融合生成能力。此外，它能由单独的地面控制站控制，为多个用户服务。图 3 为打造中的以色列 "地平线"。

（撰写：庞之浩　审订：卫征）

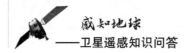

5 **法国为何青睐光学成像侦察卫星？其发展途径有什么特点？**

在很长一段时间里，欧洲在军事航天系统发展方面一直依赖于美国，非常缓慢，缺少独立、有效地获取所需战略和战术信息及战场动态的军事航天系统，也无法在地球上跨度较大的区域内进行有效作战指挥。在较长的一段时间里，欧洲部队主要依靠美国侦察卫星所提供的情报实施作战计划，使欧洲处于被动局面，这充分说明没有信息就没有力量。为此，欧洲近些年来，积极发展侦察卫星，尤其是法国在光学成像侦察卫星方面，先后研制和发射了两代"太阳神"系列光学成像侦察卫星。

与美、俄通过发展军用卫星再带动民用卫星的发展途径不同，法国是利用其斯波特4号民用遥感卫星平台研制了光学成像侦察卫星。法国与西班牙和意大利合作，用了10年时间研制了首颗第一代光学成像侦察卫星——太阳神1号A，并于1995年7月7日发射，为欧洲提供了独立于美国的航天侦察能力。该卫星重2.5吨，运行在轨道倾角99度、轨道高度850千米的太阳同步轨道，设计寿命5年，是数字成像侦察存储转发型卫星，星上两台磁带记录仪的总存储容量为120吉字节。图1为"太阳神"拍摄的阿富汗坎大哈区域。

由于太阳神1号A卫星的运行轨道远远高于美、俄侦察卫星的轨道（300～400千米），故

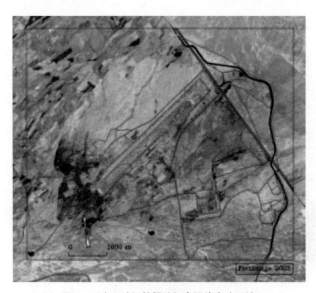

图1 "太阳神"拍摄的阿富汗坎大哈区域

其分辨率只有 1 米。但只要增加推进剂，引入变轨技术，从而降低卫星的轨道高度，太阳神 1 号 A 卫星的分辨率就能进一步提高。

1999 年 12 月 3 日，太阳神 1 号 B 卫星顺利升空，并在发射后第 2 天就传回了所拍摄的首批图像。第一代"太阳神"光学成像侦察卫星的研制以法国为主，意大利和西班牙也参与其中，总投资为 10.7 亿美元。

这两颗"太阳神"基本相同，只是太阳神 1 号 B 卫星上增加了静态大容量存储器，以弥补太阳神 1 号 A 卫星两台磁带记录仪的不足。这种大容量存储器允许卫星在飞经其 3 个地面站之一时按照地面控制人员所选择的任意顺序下载卫星图像，而磁带记录仪只能以卫星拍摄顺序下载图像。这两颗卫星在轨道上协同工作，可将重访周期即卫星两次飞越某一地区的时间间隔由 48 小时缩短为 24 小时。图 2 为太阳神 1 号 B 卫星在轨飞行示意图。

图 2　太阳神 1 号 B 卫星在轨飞行示意图

第一代"太阳神"主要提供战损评估的信息。它所拍摄的照片还用于帮助北约对难民的数量进行比较精确的估算。其信息一般是先送到西班牙情报分析中心进行测定和分析，然后传给北约盟军最高司令部与北约各国共享。

在科索沃战争中，第一代"太阳神"卫星首次作为一种实战工具，被成功地用于空袭计划制定和轰炸效果分析、拟议中地面部队进入走廊评估以及难民营和塞族部队集结地位置确定等。这在很大程度上归功于 1998 年投入使用的一种既可空运亦可陆运的战术性移动式卫星图像接收站，它使得战区内的野战指挥官坐在如同小型公共汽车大小的活动机房内就能在"太阳神"卫星过顶时直接接收到卫星图像。此外，一些前方空军基地和福煦号航空母舰也具有独立的图像接收能力。尽管科索沃战区经常被阴云所笼罩，但"太阳神"还是能每天至少送回一次有价值的图像数据。据法国国防部长说，在科索沃战争中，"太阳神"卫星所提供的图像占欧洲各国所搜集之侦察数据的3/4。图3为"太阳神"侦察卫星系统的地面移动接收站。

图3　"太阳神"侦察卫星系统的地面移动接收站

由于仅装有可见光遥感器，第一代"太阳神"卫星无法穿透黑夜和浓云，而且对南斯拉夫塞族人布设的假目标也一筹莫展。南斯拉夫塞族人建造了许多逼真的假桥梁、塑料坦克和其他假目标，以假乱真，转移北约的注意力。要想对付这种战术，就必须拥有多种观测手段——卫星、飞机、无人侦察机和地面侦察人员，单靠其中任何一种手段都难以奏效。

虽然两颗第一代"太阳神"在局部战争中都发挥过一定作用，但与美国的光学成像侦察卫星相比仍有较大差距，为此，法国又研制了两颗第二代"太阳神"，总耗资30亿美元。

2004年12月18日，首颗第二代"太阳神"光学成像侦察卫星——太阳神2号A卫星发射。该卫星采用更先进的斯波特5号民用卫星平台，质量4.2吨。该星能对监测对象进行精确拍照，然后传回位于法国瓦兹省的基地加以研究、储存，有些还做成3D图像，最后提供给总参谋部、情报部门以及特种部队等军方用户。它可拍摄到作战所需的图像，为"阵风"战斗机提供数据支持，并支持目标定位、制导以及信息化作战系统的运行。另外，第二代"太阳神"与第一代"太阳神"的地面设备兼容。

太阳神2号A卫星功耗3千瓦，设计寿命5年，分辨率提高到0.5米，每天绕地球14圈，拍摄100幅图片，并且用X和S频段传输图像数据。除了装有分辨率达0.5米的全色CCD相机外，太阳神2号A卫星还装有1台分辨率很高的红外相机和1台中分辨率的宽视场全色CCD相机，前者用来为欧洲军事计划制定人员提供第一代"太阳神"所不具备的昼夜侦察能力，后者与斯波特5号民用卫星上用的型号相同，可提供5米分辨率、60千米幅宽的全色图像。此外，该卫星还装有固态数据记录仪和用以改进数据处理、提高存取速度及增强与其他成像系统交互能力的有关硬件。由于增加了红外相机，卫星具备昼夜侦察、伪装识别、导弹发射监视和核爆炸探测的能力；同时也支持目标定位、制导、任务计划和战斗损伤评估。有了第二代"太阳神"卫星，法国就可证实美国提供的卫星图像的真伪。

2009年12日18日，价值约10亿美元的太阳神2号B卫星进入高681千米的太阳同步轨道，以加强空中监测能力。它与太阳神2号A卫星属于同一代。法国国防部官员称，法国在科索沃、黎巴嫩、阿富汗、乍得和达尔富尔等军事行动中证明了"太阳神"卫星的价值，该卫星被视为国防系统的眼睛，可用于绘制战场地图，监视恐怖主义威胁，强化裁军与不扩散条约。

目前，法国正牵头开展"多国天基成像系统"星座，它由多种分辨率、不同型号的光学和雷达小型卫星组成，预计数量10颗以上。法国还拟研制"光学空间段"新型光学成像侦察卫星，它为三星星座，包括2颗位于同一轨道上的高分辨率侦察卫星，1颗轨道较低的超高分辨率侦察卫星，卫星采用高敏捷卫星平台。其空间分辨率优于0.5米，敏捷能力优于法国现役军用"太阳神"卫星和军民两用的"昴宿星"。

（撰写：庞之浩　审订：卫征）

6 研制雷达成像侦察卫星的初衷是什么？雷达成像侦察卫星有何绝活？

在 1991 年 1 月 17 日美军对伊拉克实施"沙漠风暴"行动之前，萨达姆让其精锐的共和国卫队进入掩体，以躲避轰炸，保存实力。这一招确实让分辨率极高的美国锁眼 12 号光学成像侦察卫星成了"睁眼瞎"，但是，美国还留了一手，就是用名叫"长曲棍球"的雷达成像侦察卫星像 X 光机一样来透视伊拉克掩体的内幕，结果这一"法眼"使所有藏在沙堆下的伊拉克坦克、管路暴露无遗。假若不是"长曲棍球"卫星所获得的大量侦察数据因传输能力受限而无法得到及时处理的话，恐怕萨达姆精锐的共和国卫队早在"沙漠风暴"行动中就会损失殆尽。在海湾战争中和后来的波黑战争中，美国还用"长曲棍球"多次跟踪伊拉克装甲部队行踪和监视塞族坦克，取得了很好的效果。它也多次用于评估美国巡航导弹对伊拉克和南联盟的攻击效果。

尽管美国锁眼 12 号卫星"视力"绝佳，但它存在所有光学成像侦察卫星共有的一个先天不足，就是在天气条件不好的情况下无法完成成像侦察任务。这一缺陷在冷战时期就很明显，当时由于苏联的大部分领土经常被云层所覆盖，所以美国一时难以及时搜集苏联的重要情报。为此，美国开始研制雷达成像侦察卫星，因为这种卫星可以不受云、雾、烟以及黑夜的影响，进行全天候、全天时侦察，并且有一定的穿透能力，从而能识别伪装，发现地下军事设施。其幅宽也比较大，这对全面观测战区和侦察全球性军事动态有重要意义。不过，它的空间分辨率较光学成像侦察卫星稍低，而且观测不到西伯利亚的某些地区。所以，两者结合使用是最佳"组合"。

1988 年 12 月 2 日，美国用阿特兰蒂斯号航天飞机发射了世界上第 1 颗雷达成像侦察卫星——"长曲棍球"。它是美国在冷战时期针对以苏联为首的华沙条约组织制造的，确实名副其实，又长又大，用当时的运载火箭还真发射不了。其主体呈八棱形，长15米，直径约4米，一对太阳电池翼在轨道上展开后跨度为33米，可提供10～20千瓦的电力，这在当时的卫星中是最大的，原因是该卫星要向地面发射微波能量，所以需要大功率电源。"长曲棍球"卫星重15吨，设计寿命8年，运行在倾角57度～68度、高670～703千米的轨道上。图1为正在组装的"长曲棍球"雷达成像侦察卫星。

图1　正在组装的"长曲棍球"雷达成像侦察卫星

"长曲棍球"卫星之所以神通广大，主要是它携带了名叫合成孔径雷达的超级"天眼"。那么，合成孔径雷达是如何工作的呢？它与一般的雷达有什么不同呢？所谓合成孔径雷达，是指雷达能边沿其飞行轨迹移动边把所接收到的回波信号组合起来，以合成一副等效特长天线的超大型高级雷达，从而可用来产生细节清晰可辨的雷达图像。由于它是靠自身提供照射(即雷达脉冲)，所以不论白天还是黑夜，也不论是否有阳光照射，它都可以随时对目标成像。另外，由于雷达的波长要比可见光或红外光的波长长得多，因此还能够透过云雾和烟尘"看到"地面目标，甚至能穿透干燥的地表，发现藏在地下数米深处的设施。这是锁眼12号卫星望尘莫及的。

最初的两颗"长曲棍球"卫星采用两副长约12米、宽为2.44米的平板形合成孔径雷达天线，顺星体纵向安装在星体左右侧下方，其最高分辨率为1米，单颗价值高达5亿美元。后来的几颗"长曲棍球"卫星的合成孔径雷达天线不再是平板形而是抛物面形，其最高分辨率提高到 0.3 米。美军一般至少保持两颗"长曲棍球"卫星同时在轨服役，分别运行在倾角 57 度和 68 度的两个轨道面。它们所获图像数据通过大型抛物面跟踪天线经"跟踪与数据中继卫星"传至白沙地面站，再经过国内通信卫星传到贝尔沃堡。

"长曲棍球"卫星在设计上的显著特点是装有巨大的雷达天线和巨大的太阳能帆板。一对太阳能帆板对称地垂直于星体两侧，可提供比以往任何天基雷达所能得到的最大电能还高 10 倍之多的电能。另外，"长曲棍球"所获得的巨大数据量，不仅要求数据传输速率达到每秒数百兆比特，还要求以强大的计算能力进行数据处理。

其星载合成孔径雷达能以标准、宽扫、精扫和试验等多种波束模式对地面轨迹两侧的目标成像。这些不同的波束模式各有各的独特用途。例如，有的模式用高分辨率对几十千米见方的小面积区域成像，有的模式用较低分辨率对几百千米见方的大面积区域成像。前两颗"长曲棍球"卫星在以标准模式成像时分辨率为 3 米，以精扫模式成像时分辨率为 1 米。这虽与锁眼 12 号卫星上的光学成像相机的 0.1 米分辨率相距甚远，但对于识别和跟踪体积较大的军事装备（如坦克和导弹运输车）来说已经足够了。后几颗改进型"长曲棍球"的精扫模式分辨率提高到了 0.3 米，与锁眼 12 号卫星的精度已相差无几。图 2 为改进型"长曲棍球"雷达成像侦察卫星结构图。

用两颗"长曲棍球"配对工作，可以反复侦察地面目标。它们不仅适于跟踪舰船和装甲车辆的活动，监视机动导弹的动向，还能发现伪装的武器和识别假目标。"长曲棍球"服役后，主要用于全天候昼夜监视敌对国家的装甲部队等活动，同时也负责核查有关条约的遵守情况。

现在，美国已用新一代雷达成像侦察卫星——"未来成像体系-雷达"卫星取代"长曲棍球"，现已发射了 4 颗，其中第 4 颗是 2016 年 2 月 10 日升空的，而"长曲棍球"现仅剩一颗在轨服役，这说明美国雷达成像侦察卫星将完成新老接替的过渡期。

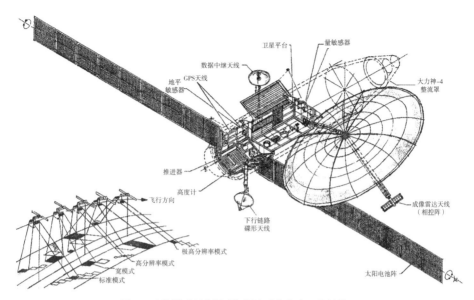

图2　改进型"长曲棍球"雷达成像侦察卫星结构图

　　"未来成像体系–雷达"卫星运行在轨道高度1100千米、倾角123度的圆轨道上。与"长曲棍球"相比，"未来成像体系–雷达"改用逆行轨道，轨道高度提高了约450千米，体积仅相当于"长曲棍球"的1/3，重量不足5吨，分辨率更高。为了节省开支，美国国家侦察局已关闭对在轨"长曲棍球"的测控，在有重大紧急事件时除外。

　　　　　　　　　　　　　　　　　（撰写：庞之浩　审订：卫征）

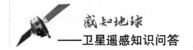

7 欧洲与美国的雷达成像侦察卫星有哪些不同？

2006 年以前，欧洲只拥有"太阳神"光学成像侦察卫星，而没有雷达成像侦察卫星，在天气不好的时候很难发挥作用。而欧洲许多国家天气多变，常常阴云密布，所以急需拥有全天候、全天时观测的雷达成像侦察卫星。为了完善独立的成像侦察卫星系统，经过多年努力，欧洲首颗雷达成像侦察卫星——"合成孔径雷达–放大镜"于 2006 年 12 月 19 日升空。它由德国研制，也是德国首颗侦察卫星，后来又发射了 4 颗同样的卫星。

与美国的"长曲棍球"雷达成像侦察卫星不同，欧洲"合成孔径雷达–放大镜"是当时世界上质量最小的雷达成像侦察卫星，只有 770 千克（现在质量最小的雷达成像侦察卫星是以色列地平线 8 号卫星，只有 300 千克）。另外，它采用由 5 颗卫星组成星座的方式运行（如图 1 所示），因而具有性能好、成本低、风险小的优点。

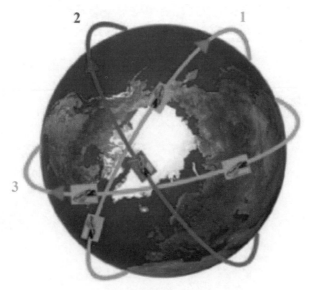

图 1 "合成孔径雷达–放大镜"星座

5 颗"合成孔径雷达 – 放大镜"运行在 3 个高约 500 千米的近圆太阳同步轨道上，第 1 和第 2 轨道面夹角 64 度，第 2 和第 3 轨道面夹角 65.6 度。第 1 和第 3 轨道面各部署 2 颗卫星，第 2 轨道面部署 1 颗卫星。卫星的相位角分别为：第 1 轨道面 0 度和 69 度，第 2 轨道面 34.5 度，第 3 轨道面 0 度和 69 度。这种布局能够实现图像和命令交换，缩短反应时间，每天可以提供全球从北纬 80 度 ~ 南纬 80 度之间的 30 幅以上图像。即使仅有 2 颗"合成孔径雷达 – 放大镜"工作，军事用户也会在发出成像指令后 12 小时以内接收到图像数据。

"合成孔径雷达 – 放大镜"外形尺寸为 4 米 ×3 米 ×2 米，整星质量约 770 千克，设计寿命 10 年，采用三轴稳定。卫星天线和太阳电池翼均采用固定安装方式，以减少卫星姿态的扰动。其太阳电池翼面积为 2.4 平方米，可提供 550 瓦功率。星上存储容量 128 吉字节，数传、指令、遥测和遥控数据链路都进行了加密。数据传输与合成孔径雷达共用天线，但两者不能同时使用。通过 X 频段加密数据传输线路下传图像数据，通过 S 频段和卫星间链路接收地面站上传的加密指令数据。对于用户的高优先级成像申请，最快可在成像申请提出后约 10 小时交付图像。所有的优先成像申请有 95% 将会在 17 小时之内得到满足。

该卫星使用 X 频段合成孔径雷达，中心频率 9.65 吉赫兹。其天线为抛物面天线，采用前端偏置馈源设计，尺寸 3.3 米 ×2.7 米。卫星有两种成像模式，以聚束模式工作时分辨率约 0.5 米；以条带模式工作时卫星姿态不变，随卫星飞行形成成像条带，分辨率约 1 米。其主要图像产品为覆盖面积为 5.5 千米 ×5.5 千米的高分辨率聚束单幅图像和 8 千米 ×60 千米的较低分辨率条带图像。前者要求卫星缓慢移动，其地速减小为约 2 千米 / 秒以使天线能够有更长的时间看到目标地区；后者是星载雷达利用条带模式工作时产生的，卫星以大约 7 千米 / 秒的地速向前移动。图 2 为飞行中的"合成孔径雷达 – 放大镜"示意图。

图2 飞行中的"合成孔径雷达－放大镜"示意图

由于"合成孔径雷达－放大镜"星座有星间通信链路，所以加快了成像指令从一颗卫星向另一颗卫星的传递速度，缩短了图像获取的延迟时间。例如，地面控制人员可把成像指令发给处在地面站视线范围内的一颗卫星，该卫星会通过星间无线电通信链路，将这一指令快速传递给处在另一地方上空的一颗卫星。德军可用星间通信链路，来确保终端用户能够在成像指令发出后12小时内接收到卫星对全球任何一个地点拍摄的图像数据。

鉴于"合成孔径雷达－放大镜"系统在服役期间发挥的重要作用，以及为了保持侦察情报的连续性，德国开始发展下一代军用雷达成像卫星系统——SARah，主承包商德国不来梅轨道高科技系统股份公司负责研制两颗被动卫星，空客防务与航天公司负责研制1颗主动卫星，计划于2019年前后完成卫星部署，将加入欧洲"多国天基成像系统"。SARah系统延续了其上一代"合成孔径雷达－放大镜"系统的目标、用途和发展方式，但在星座配置、技术水平和服务能力等方面将有所改变和提升。

（撰写：庞之浩　审订：卫征）

8 **侦察卫星在空袭利比亚行动中有何突出表现? 都有哪国卫星介入?**

侦察卫星在空袭利比亚行动中发挥了重要作用, 美、英、法等国运用几十颗军用、军民两用和民用遥感卫星, 全天候侦察监视利比亚, 为空袭行动提供了有力的情报支持。其中有雷达成像卫星、光学成像卫星、信号情报侦察卫星等。多国联军空袭利比亚80%以上的战略战术情报是依靠侦察卫星获取的。

参与此次利比亚空袭行动的有美国低轨道、高轨道、大椭圆轨道等多种类型的卫星, 如美国"锁眼12号""战术卫星""长曲棍球""陆地卫星""世界观测"等构成了具备持续侦察能力的卫星网络。还有法国的太阳神2号A和2号B卫星、"昴宿星"卫星等, 这些卫星与美国锁眼12号卫星一样, 具备红外成像功能, 可执行夜间侦察任务。这些对地观测卫星, 为联军查明利比亚部队及其防空火力部署情况、进行空袭效果的评估提供了重要手段, 使指挥官得以及时确定作战方案, 实施高效打击行动。图1为"战术卫星"示意图。

图1 "战术卫星"示意图

在空袭利比亚军事行动中, 侦察卫星拍摄了利比亚空军基地、雷达设施和防空导弹基地图像, 实时获取的数据被存入联军共享数据库, 实现融合、分类、处理。在对利比亚空袭行动前，这些数据主要用于计算多国联军空对地导弹和舰对地导弹的飞行轨迹，然后以照片数据和雷达信号辨认并摧毁目标。比如，法国在 2011 年 3 月 19 日开始的空袭行动中，通过对地观测卫星连续进行空袭情报信息采集，并以三维图像传回法国戴高乐号航母的指挥机构和作战部门，以此指导战斗机发起空袭行动。多国联军的对地观测卫星有力支持了空袭力量在利比亚战场上的目标识别与精确打击行动。

联军为保障其情报信息传递的快捷顺畅，实现信息优势向作战能力的迅速转化，在多个军事基地均设立了卫星数据地面接收站，所有卫星都通过卫星数据接收系统把航空侦察和航天侦察的目标图像和数据直接传送到判读中心，分析判读后，及时反馈到指挥中心。这得益于联军主要空袭作战平台较好的兼容性，美军无论是在前期参与的空袭行动中，还是在后期为其他国家提供的情报支援行动中，均在情报处理方面发挥了突出作用。

美军主要使用驻欧洲空军"综合信息系统"和陆军的"战场目标处理系统"，将对地观测系统所获得的目标情报信息实时传至欧洲战区指挥与控制系统，有时可直接传送给执行打击任务的飞机，或回传到美国本土进行处理，多种途径相结合，缩短了情报处理时间。法军和英军也都使用各自军队的信息处理系统实现信息融合。同时，多国联军参与空袭作战的战术单位均配备了战场情报终端处理设备，结合各种侦察卫星、侦察机和地面人员等侦察手段收集到的情况进行比较处理，能实时了解战场情况，对上级的作战意图、友邻的位置、敌方的动态等一目了然，实现了所谓的新型"分散式网络指挥"，大大缩短了情报处理和信息反馈时间。

（撰写：刘韬　审订：卫征）

第二十三章
其他军用遥感卫星及其应用

1 导弹预警卫星是怎样预警来袭导弹的?

2017 年 1 月 20 日,美国第 3 颗地球静止轨道"天基红外系统"导弹预警卫星升空。什么是导弹预警卫星呢?为什么要研制它?这需要从头说起。

早在 1972 年 11 月 23 日,1 枚高达 100 多米的巨型火箭从苏联拜克努尔发射场飞向太空,当时发射场上洋溢着一片欢笑声。然而,突然一声巨响,该火箭立即化作一个巨大的火球,上千吨的庞然大物顿时灰飞烟灭。就在苏联人自己都"丈二和尚摸不着头脑"时,在美国科罗拉多夏延山内 1000 米深处岩洞内的美国航天司令部已经开始研讨苏联火箭发射失败的原因了。因为美国通过其印度洋上空名叫"国防支援计划"的导弹预警卫星,已经掌握了这枚苏联火箭飞行的全过程。不过,出于安全保密的原因,当时很少有人了解美国导弹预警卫星。直到海湾战争爆发,它才在一夜之间成为家喻户晓

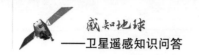

的"明星"，因为该卫星通过与"爱国者"导弹的默契配合，完成了大量反导作战任务，创造了战争史上的奇迹。图1为美国第一代"国防支援计划"导弹预警卫星结构图。

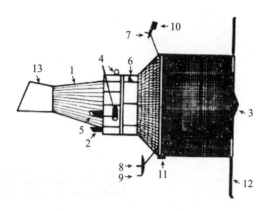

1. 红外望远镜
2. 可见光传感器
3. 核爆炸辐射探测器
4. 恒星传感器
5. 太阳定向传感器
6. 电子仪器
7. 发送红外传感器数据的下行发射天线
8. 发送可见光传感器数据的下行发射天线
9. 上行指令接收天线
10. 辅助核爆炸辐射探测器
11. 三轴稳定姿态控喷嘴
12. 太阳电池帆板
13. 红外探测器太阳防护罩

图1　美国第一代"国防支援计划"导弹预警卫星结构图

美国导弹预警卫星是冷战时期的产物。20世纪50年代后期，苏联发射成功洲际弹道导弹，而美国对它束手无策。为此，美国空军提出了研制天基预警系统的方案，即把红外探测仪器装在卫星上来探测敌方导弹火箭发动机尾焰的强烈热辐射，以及时掌握来袭导弹的类型、发射点位、飞行弹道和所要袭击的目标等，于是导弹预警卫星应运而生，成为来袭导弹的天敌。

被誉为太空预警机的导弹预警卫星是一种监视、发现和跟踪敌方来袭弹道导弹而早期报警的遥感型侦察卫星。它一般在高轨道上运行，所以可不受地球曲率的限制，居高临下地进行对地观测，具有覆盖范围广、监视区域大、不易受干扰、受攻击的可能性小和提供的预警时间长等优点。这种卫星能较早地探测到导弹的发射，并将有关信息迅速传递给地面中心，从而使地面防御系统能赢得尽可能长的预警时间，以组织有效的反击或采取相应的应对措施。

在很长一段时间里，美国主要使用"国防支援计划"导弹预警卫星，其中第三代"国防支援计划"卫星曾在海湾战争和伊拉克战争中大显神威，及时把来袭的伊拉克"飞毛腿"导弹的有关信息传送给美国"爱国者"防空导弹，使"爱国者"防空导弹及时采取有的放矢的拦截措施。

首颗第三代"国防支援计划"卫星是1989年6月14日发射的,至今已先后发射了约10颗(图2为组装中的"国防支援计划"导弹预警卫星)。这种卫星装载了多种探测导弹发射的仪器,如红外望远镜、高分辨率可见光电视摄像机、核爆炸辐射探测仪器和紫外跟踪探测仪器等。其中主要的探测仪器是红外望远镜,用于监测导弹点火和导弹轨迹。该种卫星有许多优点,典型特点如下。

体积大。其外形为长10米、直径6.74米的圆柱体,能安装大型陀螺仪,并携带许多推进剂,可以随时机动到战区上空。它还携带了动能碰撞敏感器,可在动能武器来袭击时自动实施机动躲避,提高生存能力。

图2 组装中的"国防支援计划"导弹预警卫星

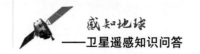

能以两种不同的红外波长探测导弹发射。这样不仅增强了对导弹发射阶段和起飞阶段的侦察，使卫星上的探测仪器既能探测和跟踪地平线以上的目标，又可探测和跟踪地平线以下的目标，还能防激光干扰和提高鉴别能力。

其红外探测仪器装有 6000 个硫化铅和碲化汞镉红外探测元。探测灵敏度较高，能很好地探测红外特性不明显的中、近程导弹，有效识别各种导弹发射。

卫星上的计算机有较大改进。卫星即使失去地面站的控制，仍能发送导弹预警数据，且可以减少虚警和漏报。

装有多个先进的核辐射探测仪器。平时用于监测有关国家履行核禁试条约的情况，战时则可精确测定核爆炸位置。

具有数据重复发送功能。在敌人实施干扰、数据传送中断时，卫星可快速重复传送加密的预警数据，并能用激光把数据传给其他卫星。

"国防支援计划"卫星系统有四大优势：①连续性好，能全天候、全天时连续不断地监视全球的导弹发射；②实时性好，可将所探测到的信息和数据借助光电传输手段和中继站，几乎同步地传送给位于美国科罗拉多州夏延山内的北美防空防天司令部和美国航天司令部预警中心，以满足作战指挥的需要；③精确性好，所计算的发射点、目标点和弹道等参数数据定位精度可达 5 千米；④灵敏性好，对于全球陆海空任一区域的导弹发射，星载探测仪器均可在 1 分钟之内捕捉并定位其尾焰的红外辐射。

（撰写：庞之浩　审订：卫征）

2 美国"国防支援计划"的软肋是什么？有哪些应对措施？

作为太空"哨兵"的美国"国防支援计划"导弹预警卫星星座由5颗地球静止轨道卫星组成，其中3颗为工作星（印度洋、大西洋和太平洋上空各1颗），另外2颗为备用星，它们可对地球低纬度地区的任何地方进行监视。通常该卫星系统针对飞行时间较长的洲际弹道导弹能给出25分钟的预警时间，针对飞行时间次之的潜射弹道导弹能给出约15分钟的预警时间，但对飞行时间较短的战术弹道导弹只能给出5分钟的预警时间。图1为用航天飞机发射"国防支援计划"导弹预警卫星。

在海湾战争中，印度洋上空的"国防支援计划"导弹预警卫星一直监视着伊拉克发射"飞毛腿"导弹。初期，卫星的预警信息必须先下传给澳大利亚地面站，再经过太平洋上空的一颗"国防卫星通信系统"卫星，传送给美国本土地面站，预警信息经处理后，再经大西洋上空的1颗"国防卫星通信系统"卫星，传送给海湾地区的战区指挥官和防空指挥官。这样从导弹发射到战区收

图1　用航天飞机发射"国防支援计划"导弹预警卫星

到预警信息需要5分钟，而"飞毛腿"的飞行时间为7分钟，所以能够提供的预警时间最多为2分钟。为了获取更多的预警时间，美国空军马上采取了一些改进措施，利用数据传输系统，将"国防卫星通信系统"卫星的数据直接传送给海湾地区的美国陆军"爱国者"导弹连，"爱国者"导弹连通过新部署的机动式地面站接收数据后即可发射拦截导弹。这样，预警时间延长到

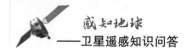

5 分钟左右。

在实战中，"国防支援计划"卫星仍暴露出一些明显不足，比如：对战术弹道导弹所提供的预警时间太短；很难监测移动式导弹的发射；存在一定的虚警和漏报现象。1990 年 12 月 2 日，在伊拉克发射"飞毛腿"导弹数小时前，导弹预警卫星曾发出导弹来袭警告，后经查证是一架飞行中的 B–52 轰炸机。1991 年 2 月 25 日，由于没有接到任何伊拉克"侯赛因"导弹的来袭警报，结果使 1 枚"侯赛因"导弹击中 1 座美国兵营，炸死 28 人，炸伤 97 人。

"国防支援计划"的致命弱点是卫星上只装有 1 台扫描型探测仪器，且扫描速度不高，每分钟仅自旋 6 圈，每 10 秒钟才能将其监视区域扫描一次，通常需扫描 4 ~ 5 次（40 ~ 50 秒）方能确认一枚导弹是否发射，并判定它飞向何处。图 2 为第三代"国防支援计划"卫星在轨飞行示意图。

图 2　第三代"国防支援计划"卫星在轨飞行示意图

简言之，美国第三代"国防支援计划"之所以只能用于战略导弹的预警，而对战术导弹的预警力不从心，主要原因是它为冷战时期的产物，本身就是为战略导弹的预警而设计的，因而轨道单一、探测手段单一、数据处理手段单一。

海湾战争以后，针对"国防支援计划"卫星的缺陷，美国通过压缩后期的信息处理时间来延长预警时间，使第三代"国防支援计划"的预警性能有了较大提高。但由于卫星已经无法进行大的变动，未能从根本上解决问题。为此，美国开始研制可同时预警战略导弹和战术导弹的新一代"天基红外系统"导弹预警卫星。它将由4颗地球静止轨道卫星（如图3所示）和2个大椭圆轨道卫星组成。

图3　地球静止轨道"天基红外系统"卫星

美国现已发射了3颗地球静止轨道"天基红外系统"卫星。与"国防支援计划"相比，地球静止轨道"天基红外系统"卫星最大的改进是采用双探测器体制。每颗卫星都装有1台高速扫描型探测器和1台凝视型探测器，前者用于扫描南北半球，探测导弹发射时喷出的尾烟，如果发现目标，则将信息提供给凝视型探测器；后者将导弹的发射画面拉近放大，紧盯可疑目标，获取详细的目标信息。这就如同看书，先是快速翻阅，在发现感兴趣的内容时，再进行仔细品味。

这种双探测器体制工作方式，可使卫星的扫描速度和灵敏度比"国防支援计划"高10倍，有效增强了探测战术导弹的能力。它能够在导弹刚一点火时就探测到其发射，在导弹发射后10～20秒内将警报信息传送给地面部队。

（撰写：庞之浩　审订：卫征）

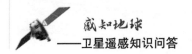

3 苏联／俄罗斯与美国的导弹预警卫星有什么不同？

苏联／俄罗斯导弹预警卫星与美国导弹预警卫星的工作原理一样，但分大椭圆轨道型和地球静止轨道型 2 种：一个是主要运行在轨道周期约 12 小时的椭圆轨道上的"眼睛"卫星系列（如图 1 所示），采用这种轨道可对北半球大部分国家的弹道导弹基地和航天发射场构成全天候的覆盖，但对低纬度地区的监视能力较差；另一个是运行在地球静止轨道上的"预报"卫星系列，这与美国导弹预警卫星相似。它们互相补充、相辅相成。

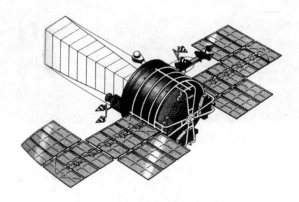

图 1 "眼睛"导弹预警卫星示意图

苏联／俄罗斯第一代导弹预警卫星"眼睛"运行在椭圆轨道上，由发动机舱、设备舱和光学舱 3 个部分组成，其探测系统包括 1 台反射镜直径约 0.5 米的望远镜和 1 台线阵或面阵红外波段固态探测器，用来探测导弹尾焰的红外辐射。此外，卫星还载有几台较小的望远镜，它们作为辅助观测手段，多半以光谱的红外部分和可见光部分提供广角对地观测。卫星将其各台望远镜所拍摄的图像实时、直接传给地面控制站。

"眼睛"卫星实现了 5 星组网。卫星近地点在南半球的轨道高度为几百到几千千米，远地点在北半球的轨道高度为 3 ~ 4 万千米，倾角 62 度，运行周期 12 小时，每天提供 14 小时的监视时间，其中 8 小时位于北半球上空，探测美国本土导弹发射的轨道位置。要想对美国洲际弹道导弹基地保持每天24小时不间断监视，至少需要4颗卫星。

　　理想的"眼睛"卫星星座应由9颗沿标准轨道运行的卫星组成，轨道面间隔40度，这样每80分钟会有1颗卫星通过一个远地点位置。当卫星以很高的高度在欧洲上空飞行时，它们可以"越过"北极看到美国大陆，因而也能对美国进行观测。但是，由于资金原因，9星满员的状态极为罕见，实际上多为6颗卫星组网工作。

　　该卫星网能监视美国几乎全部弹道导弹发射场，对美国的全部洲际弹道导弹可提供全天时覆盖和30分钟的预警，并能在导弹发射几分钟内，将获得的预警信息传送到苏联/俄罗斯境内的地面数据中转站。

　　"眼睛"只能探测从美国本土发射的洲际导弹，无法对所有可能的导弹发射地点（如海洋中的潜艇）进行昼夜24小时观测，后来苏联/俄罗斯又研制了运行在地球静止轨道的第二代导弹预警卫星"预报"。

　　"预报"卫星由主仪器舱、大型太阳电池帆板和一个内置的大型望远镜筒组成，重约3吨。其中大型望远镜筒中载有重约600千克的由多个铍镜组成的光学成套设备，每7分钟对地球表面扫描一次，保护仪器免受杂散辐射的影响。星上还载有核爆炸探测器。探测器的关键部件是硫化铅CCD探测元。图2为"预报"卫星飞行示意图。

图2　"预报"卫星飞行示意图

其最重要的特征是具有俯视能力，可对大部分海洋进行监视。"预报"卫星既能探测从美国本土基地发射的洲际弹道导弹，提供约 25 分钟的预警时间，也可探测由潜艇从海上发射的潜射弹道导弹。

若没有"预报"，当大椭圆轨道卫星少于 4 颗时，苏联/俄罗斯导弹预警卫星系统便无法对美国领土实施不间断覆盖。有了"预报"以后，即使没有 1 颗大椭圆轨道卫星在工作，系统照样能够探测导弹发射，只是覆盖质量可能有所降低，探测可靠性也许不够高，但整个系统不会对美国导弹的发射完全视而不见。

"预报"卫星采用 4 星组网工作模式，主要监视来自美国东部和欧洲大陆的陆基导弹以及来自大西洋的潜射导弹对苏联/俄罗斯构成的威胁。4 星组网模式可以形成横贯美国东海岸至中国东部的导弹发射监测带，与设计中的 9 星大椭圆卫星组网模式相互补充，进一步提高了导弹预警能力。

2017 年 5 月 25 日，第 2 颗"冻土"导弹预警卫星发射。"冻土"系统由大椭圆轨道预警卫星和静止轨道预警卫星组成，能够探测来自导弹、喷气式飞机的热信号以及地球上的其他热源，覆盖区域更加广泛，能够更精确地探测导弹。

（撰写：庞之浩　审订：卫征）

4 海洋监视卫星有几种？美国为什么采用星座方式？

由于海军的作用更加凸显，用来监视海上舰船和潜艇活动、侦察舰艇上雷达信号和无线电通信的海洋监视卫星应运而生，并发挥重要作用。冷战期间，每当苏联海军进行海上军事演习时，美国就用海洋监视卫星密切关注苏联舰队动向。海洋监视卫星能有效探测和鉴别海上舰船和潜艇活动，确定其位置、航向和航速，侦察舰艇上雷达信号和无线电通信。这种卫星分主动型（又叫雷达型）和被动型（又叫电子型）2类，其中主动型海洋监视卫星可提供有关舰船大小的情报；被动型海洋监视卫星能提供舰船上电子设备的情况。

为了全面增强其在海洋方面的监视能力，美国海军于20世纪70年代研制被动型海洋监视卫星。这种卫星的公开代号为"白云"（如图1所示），但是在美国的保密文件中称这种卫星为"命运三女神"，其正式名字为海军海洋监视卫星。这种卫星先后发展了两代，居世界先进水平。

白云卫星是通过成像侦察卫星从不同空间位置测定舰载无线电电子装备方位的方法，来确定敌舰型号和所处位置，并对它们进行跟踪。所获得的定位信息可以定时传给美国海军舰队。

其独特之处在于1颗主卫星和3颗子卫星（如图2所示）成组工作的方式。主卫星是用光学成像侦察手段来获取舰船图像。3颗子卫星之间构成一个三角形，星间距离范围为50～240千米。这3颗子卫星先通过星上的射频天线测定每颗子卫星收到舰船电磁信号的时间，再用三角测距原理计算出精确的信号发

图1　第一代"白云"卫星

射源距离和方位，对海上舰船实施定位，接着把定位信息传给主卫星进行处理，然后发回地面。

海湾战争发生前后，在轨的白云卫星有4组，每组白云卫星每天至少飞经海湾地区上空1次，最多达3次，对该地区的重要目标进行侦察、定位，为多国部队提供海上及部分陆基信号情报。例如，1990年7月29日，美国白云海洋监视卫星报告：伊拉克苏制大帝号雷达在关闭几个月后突

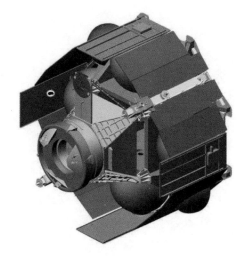

图2 "白云"子卫星

然在某日上午开启使用，这是伊拉克进攻科威特的迹象之一。1990年10月下旬，"白云"首次侦察到伊拉克的飞鹰号雷达的信号特征。在海湾战争期间，"白云"侦察到伊拉克使用小型雷达监视气球网（防空袭工具）的运动。

第二代"白云"的子卫星改用信号接收和定位能力更强的接收机，定位精度为2～3千米；每组卫星的布局结构也发生了变化，采用了新的基线，星间距离为30～110千米，卫星的侦察、处理和传输能力有较大增强，扩大了侦察目标的数量，卫星系统对海洋目标进行监视的范围也更大了，达到每组卫星可侦察7000平方千米范围，重访时间近2小时，可为装备有"战斧"式巡航导弹的美舰提供超视距侦察和目标指示。由此可见，第二代"白云"对海洋目标进行监视的动态范围、实时性和准确性都有了显著提高，同时，也很容易满足时间分辨率要求。

第二代白云卫星在重量和体积上也有较大增加，其主卫星重达7吨。重量和体积增加后，功能密度更高，整体性能更强，使海洋监视卫星成为可对动态目标快速定位，具有可见光、红外、微波等多种侦察手段的复杂系统。第二代"白云"主卫星目前有两种，采用"长曲棍球"雷达成像侦察卫星时，轨道高度700多千米，倾角63.42度；采用锁眼12号光学成像侦察卫星时，

轨道高约 455 千米，倾角 60.95 度。

美国在发展"白云"系列的同时，也曾开展代号为"飞弓"的主动型海洋监视卫星的研制工作，并执行了"海军海洋遥感卫星"计划，试图使用一种重量更重、倾角更大的卫星，以同时满足国防和民用需要。

接替第二代"白云"的是"海军天基广域监视系统"，它不是信号侦察卫星系统，而是红外成像侦察系统。它通过卫星上的高灵敏度红外 CCD 相机获取目标的红外图像，经处理后判明对方水面舰艇和潜艇的位置、方向与速度。后来为了节省经费，整合资源，它与"空军与陆军天基广域监视系统"合并，兼顾了空军的战略防空和海军海洋监视需求，成为美国国防部的一项新计划，即"联合天基广域监视系统"计划。

"海军天基广域监视系统"由 3 颗卫星组成星座，它们也称为"三胞胎"或"测距者"卫星（如图 3 所示）。每颗卫星上装载无源红外相机，特点是红外 CCD 灵敏度甚高，达 0.1K，具有足够能力跟踪水面舰船和潜艇及飞机的辐射热，主要侦察对象是对方的水面舰船和潜艇。为了建立"海军天基广域监视

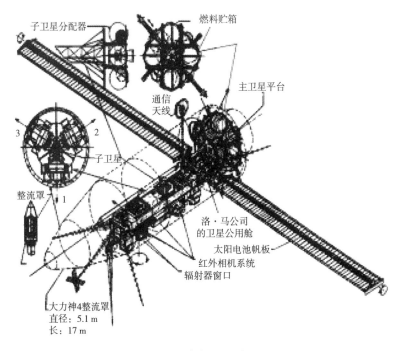

图3　"三胞胎"卫星外形图

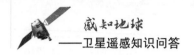
系统"，美国分别于 1990 年 6 月 7 日、1991 年 12 月 8 日、1993 年 8 月 4 日发射了 3 组"三胞胎"卫星。因 1993 年 8 月 4 日第 3 组卫星发射失败，此后，该计划宣告结束。

"空军与陆军天基广域监视系统"由 3 颗称为"独生子"的卫星组成星座，每颗卫星装载 1 部大型扫描雷达（雷达天线口径为 15.2 米）和 1 台电子侦察信号接收机，以雷达扫描方式探测对方飞机和水面舰船为主，配合接收目标的雷达发射信号，特点是具有全天候侦察能力，目的是战略空中防御，主要侦察对象是对方的飞机。1988 年 9 月 5 日、1989 年 9 月 6 日和 1992 年 4 月 25 日，美国先后发射了 3 颗"独生子"卫星，其中 1 颗因故障失效。该计划于 1992 年结束。

"联合天基广域监视系统"于 1994 年启动，其卫星称为"奥林匹克"，每隔 2 年发射 1 颗。该卫星所获取的侦察信息直接传送给美国的 5 个地面站，经分析处理后，再传给有关的作战单位。此卫星的主要用途是监视海上恐怖主义活动，判定船只的准确位置及航向，并提供关于潜在对手舰船战术的数据。

自 2001 年"9·11"恐怖袭击事件以来，由于表面上似乎无害的民用船只有可能参与核生化武器恐怖活动，而跟踪数量庞大的载有不明货物和船员的民用船只要比跟踪战舰困难得多，因此，天基海洋监视任务的重要性和艰巨性日益凸显出来。

近年来，随着俄罗斯海军活动范围的缩小，美国海洋监视卫星开始把东亚海区列为核心监控区域之一。

（撰写：庞之浩　审订：卫征）

5 为什么研制军用气象卫星?

2016 年 7 月 25 日,美国空军宣布,由于"国防气象卫星计划"–F19 卫星上的电力供应故障,这颗设计寿命为 5 年的军用气象卫星仅运行了两年就失效了。它给美国军方带来了较大影响,这是为什么呢?

目前,气象卫星在现代战争中的作用日益明显。例如,用光学成像侦察卫星拍摄重要军事目标或出动飞机轰炸要塞之前,需要知道那里的云层情况;在海上航行的舰艇需了解未来的海浪、水速及是否有大雾或台风等气象情报;空袭导弹的命中精度也与大气的温度、压力和风速等密切相关。所以,气象卫星已成为从空间获取战略目标和作战地区气象情报的重要手段。图 1 为打造中的"国防气象卫星计划"–F19 卫星。

图 1 打造中的"国防气象卫星计划"–F19 卫星

在1999年美国空袭南联盟的行动中有一个突出的特点，那就是动用了大量气象卫星。这主要是因为春季的巴尔干地区天气多变，常常阴云密布，而且丘陵地形起伏，从而给空袭行动带来了很大麻烦，对定时获取特定目标图像的侦察卫星来说影响也不小。为此，北约投入了10颗军用和民用气象卫星来洞察风云变幻。它们都把主要服务区对准了巴尔干地区，从不同角度获取气象信息，为空袭行动提供气象服务。所以，有人说气象卫星是现代战争的保护神。

目前，世界上已有多个国家拥有民用气象卫星，但只有美国研制了专门的军用气象卫星。它们的工作原理都是一样的，只不过星上遥感器配置有所不同，其中军用气象卫星具有分辨率高、保密性好等特点。

美国的军用气象卫星名为"国防气象卫星计划"（如图2所示），它所获得的云高及其类型、陆地和水面温度、水汽、洋面和空间环境等信息主要为军队使用，也向民间提供。该卫星用于战略和战术气象预报，为美国军方规划陆、海、空作战提供帮助。它装备了复杂的尖端遥感器，能够对云层覆盖进行可见光和红外成像，测量降水、表面温度、土壤湿度。卫星能够收集各种气象条件下的专业化全球气象信息、海洋信息、太阳－地球物理信息。

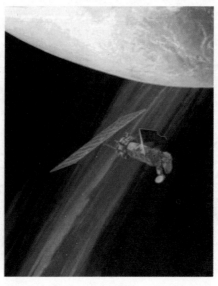

图2 "国防气象卫星计划"进入太空示意图

"国防气象卫星计划"与美国民用"诺阿"卫星同属于一类，运行在极地轨道。自 1965 年 1 月 19 日发射第 1 颗"国防气象卫星计划"卫星至今，已有 50 多年。在这期间，共发射 7 代 12 个型号 52 颗卫星，成功入轨 47 颗。

"国防气象卫星计划"已出色地向美国提供了数十年的环境信息支持，使军民气象预报员能探测发展中的气象类型，追踪覆盖偏远地区的气象系统，向军民团体发出可能对人员和资源造成危害的警告。

（撰写：庞之浩　审订：卫征）

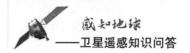
6 美国第七代"国防气象卫星计划"有什么特点？未来将研制哪种军用气象卫星？

与前几代美国"国防气象卫星计划"相比，目前在轨服役的第七代"国防气象卫星计划"是最先进的军用气象卫星。它配有更大的遥感器和更大的功率系统；增加了星载计算机的内存和电池能力，使得卫星更具自主性，延长了平均任务周期。其用途是：云图监测，以获得云的分类信息；强风监测，以改善风暴、旋风等预报；海况监测，为海军行动提供信息；微光监测，允许可见光遥感器在夜间月光下工作。图1为美国第七代"国防气象卫星计划"在轨飞行示意图。

图1 美国第七代"国防气象卫星计划"在轨飞行示意图

由于装有先进的遥感器，第七代"国防气象卫星计划"能提供云、风、土壤湿度、冰雪覆盖、火灾和尘暴等信息，全天候地收集气象信息、海洋信息，以及太阳和地球物理信息等，为美军的陆海空军事行动提供战略和战术气象预报。美国每个主要战区都有多个军用气象数据接收终端，能把所获信息直接传给地面指挥官。

从2006年11月4日发射的"国防气象卫星计划"-F17卫星起，"国防气象卫星计划"因集成了第二个惯性测量元件（它利用环状激光、对比机械装置和陀螺仪提供更强的精确指向机动性），所以提高了卫星姿态控制系统的性能，能够提供更精确、灵活的定位。

为了节省经费，并提高获取大气、海洋、陆地和空间环境等信息的能力，满足未来军民气象的观测需求，美国政府曾计划将"国防气象卫星计划"军用气象卫星和"诺阿"民用气象卫星合并，研制"国家极轨环境卫星系统"军民两用气象卫星（如图2所示），来取代"国防气象卫星计划"。但是到了2010年，由于经费超支、研制迟缓等原因，"国家极轨环境卫星系统"项目下马了。

图2　美国"国家极轨环境卫星系统"示意图

从2020年开始，美国"国防气象卫星计划"将逐渐由"后续气象系统"替代。"后续气象系统"卫星也是专门的军用气象卫星，其研制始于2010年。

（撰写：庞之浩　审订：卫征）